Angewandte Psychologie am Arbeitsplatz

Bettina Schleidt

Angewandte Psychologie am Arbeitsplatz

Springer

Bettina Schleidt
Sasbachwalden, Deutschland

ISBN 978-3-662-72702-7 ISBN 978-3-662-72703-4 (eBook)
https://doi.org/10.1007/978-3-662-72703-4

Die Deutsche Nationalbibliothek verzeichnet diese Publikation in der Deutschen Nationalbibliografie; detaillierte bibliografische Daten sind im Internet über https://portal.dnb.de abrufbar.

Planung/Lektorat: Alexander Horn
Springer ist ein Imprint der eingetragenen Gesellschaft Springer-Verlag GmbH, DE und ist ein Teil von Springer Nature.
Die Anschrift der Gesellschaft ist: Heidelberger Platz 3, 14197 Berlin, Germany

Geleitwort

Es gibt Bücher, bei denen man schon nach wenigen Seiten spürt, dass sie nicht nur mit dem Kopf, sondern auch mit dem Herzen geschrieben wurden. Dieses Buch ist für mich ein solches. Es vereint fachliche Tiefe mit einer spürbaren Nähe zur gelebten Realität des Arbeitslebens – und es zeigt, wie psychologisches Wissen Orientierung geben kann in einer Zeit, in der vieles im Umbruch ist: Arbeit, Führung, Zusammenarbeit und das Selbstverständnis des Menschen in der Organisation.

Die Autorin kenne ich seit vielen Jahren als kluge, zugewandte und streitbare Kollegin, mit der ich mich immer wieder über Fragen der Arbeitsgestaltung, psychischen Gesundheit und organisationalen Entwicklung austausche – fachlich anspruchsvoll, menschlich warm und nie um eine klare Haltung verlegen. Ihre besondere Stärke ist es, auch komplexe psychologische Zusammenhänge so aufzubereiten, dass sie verständlich, alltagstauglich und zugleich wissenschaftlich fundiert bleiben. In diesem Buch verbindet sie genau das mit einer Haltung, die ich in Zeiten wachsender Beschleunigung und wachsender Unsicherheit besonders schätze: einem durch und durch menschenfreundlichen Blick auf Arbeit.

Wer heute über Arbeit spricht, spricht über Wandel – aber nicht nur über technologischen Fortschritt oder neue Organisationsformen. Im Kern geht es um den Menschen, der diesen Wandel erlebt, mitgestaltet, begleitet oder mitunter auch schlichtweg aushalten muss. Es geht um Unsicherheiten, Ambivalenzen, Zielkonflikte, aber auch um neue Freiheiten und Gestaltungsspielräume. Als Arbeits- und Organisationspsychologe in einem Think Tank begleite ich seit vielen Jahren Projekte und Transformationsprozesse in technischen und sicherheitskritischen Kontexten und arbeite mit Führungskräften, Teams und EntscheiderInnen an der Frage, wie Arbeit unter sich wandelnden Bedingungen menschlich, wirksam und nachhaltig gestaltet werden kann – nicht trotz, sondern wegen der psychologischen Komplexität von Arbeitswirklichkeit.

Das vorliegende Buch greift genau diesen Nerv der Zeit auf. Es ist klug aufgebaut, wissenschaftlich fundiert, klar strukturiert und ausgesprochen praxisnah. Und es ist getragen von einer Haltung, die in der heutigen Arbeitswelt allzu leicht verloren geht: der respektvollen Zuwendung zum Menschen als lernendes, fühlendes und handelndes Wesen in organisationalen Systemen. Die Autorin verknüpft psychologische Grundlagen mit realistischen Anwendungsbeispielen und stellt konsequent den ressourcenorientierten Blick in den Mittelpunkt. Sie zeigt, wie Selbstwahrnehmung, Kommunikation, Teamdynamik, Führung und organisationales Lernen zusammenspielen – und wie man diese Felder so gestalten kann, dass Menschen nicht nur funktionieren, sondern sich entwickeln, gesund bleiben und wirksam werden.

Besonders hervorheben möchte ich die Idee, die fiktive Figur Lea als Begleiterin durch das Buch zu führen. Sie verleiht dem Text nicht nur eine narrative Struktur, sondern ermöglicht es auch, psychologische Konzepte in konkreten, nachvollziehbaren Situationen zu verankern. Damit gelingt der Autorin ein Spagat, den viele Fachbücher scheuen: Sie vermittelt psychologisches Wissen ohne pädagogischen Zeigefinger, bleibt nahe an der Erfahrungswelt der LeserInnen und lädt gleichzeitig zur kritischen Selbstreflexion ein – eine seltene und sehr gelungene Kombination.

Gerade in einer Zeit, in der Begriffe wie „Resilienz", „New Work" oder „Selbstführung" zunehmend inhaltsleer zu werden drohen, weil sie entweder überdehnt, instrumentalisiert oder unkritisch gefeiert werden, ist es wohltuend, ein Buch zu lesen, das sich auf den Kern psychologischer Arbeit konzentriert: das Verstehen, Erklären und Gestalten menschlichen Erlebens und Handelns in organisationalen Kontexten – mit aller Differenziertheit und Ambivalenz, die das mit sich bringt.

Ich bin überzeugt, dass dieses Buch nicht nur für Studierende und PraktikerInnen im Bereich Psychologie, Personal- und Organisationsentwicklung ein Gewinn ist. Es richtet sich an alle, die sich professionell oder persönlich mit der Frage auseinandersetzen, wie Arbeit gelingen kann – jenseits von Effizienzkennzahlen und Produktivitätsversprechen. Es bietet Impulse, Konzepte, Reflexionshilfen und auch Trost – für Führungskräfte, Teammitglieder, VeränderungsbegleiterInnen, aber auch für all jene, die in den Zumutungen und Herausforderungen moderner Arbeitswelten nicht nur Risiken, sondern auch Chancen zur Reifung, Klärung und Entwicklung sehen.

Ich freue mich sehr, dass ich dieses Vorwort schreiben durfte – und ich wünsche diesem Buch viele LeserInnen: solche, die auf der Suche sind, solche, die gestalten wollen, und solche, die sich immer wieder die Frage stellen, wie gute Arbeit eigentlich aussieht – und wie sie gelingen kann, im Kleinen wie im Großen.

Prof. Dr. Harald Schaub

Arbeits- und Organisationspsychologe,
Senior Experte für Human Factors & Ergonomie,
IABG – Think Tank für Sicherheit,
Technik und Organisation, München/Bamberg
im Februar 2026

Vorwort

Das Schreiben dieses Buches ist mir schon lange ein Herzensanliegen. Den ersten Impuls habe ich verspürt, als ich im Zuge meiner Promotion in den Ingenieurwissenschaften in verschiedenen Projekten mit angehenden und bereits berufserfahrenen IngenieurInnen zusammenarbeiten durfte.

Durch weitere berufliche Erfahrungen wurde mir zunehmend bewusst, welch zentrale Rolle die Psychologie am Arbeitsplatz spielt – und wie oft sie dennoch übersehen wird – teils mit gravierenden Folgen. Denn der „Faktor Mensch" mit seinem Denken, Fühlen und Handeln beeinflusst nicht nur das individuelle Arbeiten, sondern auch die Qualität der Zusammenarbeit und die Entwicklung von Teams und Organisationen maßgeblich. In einer Zeit, in der multiple Krisen, technologische Entwicklungen, zunehmende Komplexität und der Bedarf an vernetzten Arbeitsformen den beruflichen Alltag prägen, rückt er noch einmal stärker in den Fokus – gleichzeitig wird dem Menschen fachlich, sozial und mental immer mehr abverlangt.

Dennoch bleiben psychologische Aspekte, insbesondere in technisch geprägten und ingenieurwissenschaftlichen Berufsfeldern, häufig im Hintergrund – als etwas, das „irgendwie mitläuft", aber selten bewusst reflektiert oder gar gefördert wird. Dabei sind es vor allem Themen wie Kommunikation, Motivation, Führung oder Resilienz, die tagtäglich darüber entscheiden, wie gut Zusammenarbeit gelingt, wie Menschen ihr Potenzial entfalten können und wie nachhaltig sich Organisationen entwickeln.

Psychologie ist die Wissenschaft vom menschlichen Erleben und Verhalten. Sie hilft zu verstehen, wie Menschen denken, fühlen, handeln und wie sie kommunizieren, kooperieren und auf Veränderungen reagieren. Am Arbeitsplatz und natürlich auch darüber hinaus sind psychologische Prozesse oft unsichtbar, entfalten aber gleichzeitig eine enorme Wirkung. Denn sie beeinflussen unter anderem Entscheidungen, Motivation, Gesundheit oder das Miteinander im Team. In der Angewandten Psychologie geht es darum, wissenschaftliche Erkenntnisse praktisch nutzbar zu machen – auch und gerade im Berufsalltag. Sie unterstützt dabei, menschliches Verhalten im Arbeitskontext besser zu verstehen und daraus konkrete Ansätze für Themen wie gelingende Führung, effektive Zusammenarbeit, verständliche Kommunikation oder individuelle Entwicklung abzuleiten.

Dieses Buch richtet sich an bereits Berufstätige aller fachlicher Richtungen genauso wie an Studierende, BerufseinsteigerInnen und Führungskräfte sowie an Menschen, die sich damit auseinandersetzen wollen, wie angewandtes psychologisches Wissen ihre Arbeit und ihr Wohlbefinden verbessern kann und wie sie es für ihre persönliche Weiterentwicklung nutzen können.

Damit ist zum einen die Zielsetzung verbunden, ein grundlegendes Bewusstsein und Verständnis für die psychologischen Mechanismen zu schaffen, die unser (Arbeits-)Leben und unser Miteinander bestimmen. Es soll dazu anregen, das eigene Verhalten zu reflektieren, psychologische Prinzipien gezielt einzusetzen und sich mit wichtigen und auf in der Zukunft bedeutsamen Kompetenzen wie Resilienz, Anpassungsfähigkeit, Ressourcenorientierung oder Selbstführung auseinanderzusetzen.

Angewandte Psychologie am Arbeitsplatz spielt bisher in der beruflichen Ausbildung von IngenieurInnen, NaturwissenschaftlerInnen oder WirtschaftswissenschaftlerInnen und in nicht-sozialwissenschaftlich orientierten Studiengängen eine untergeordnete Rolle und ist kein etabliertes Lehrfach. Dieses Fachbuch (denn als Lehrbuch konnte es aus den genannten Gründen nicht eingeordnet werden) soll daher – und das ist die zweite Zielsetzung – einen Beitrag dazu leisten, dass sich das ändert. Anwendungsbezogenes psychologisches Wissen und dessen Anwendung sind aus meiner Sicht die Grundvoraussetzungen für ein gelingendes – nicht nur berufliches – Leben. Wo also soll Wissen dazu vermittelt werden, wenn nicht (spätestens) in der Berufsausbildung?

Gleichzeitig sei an dieser Stelle der Hinweis gestattet, dass jedes Handeln am Arbeitsplatz und darüber hinaus eine „zutiefst menschliche Angelegenheit" ist – bislang. Ich hoffe, dass wir nie die Zeit erleben werden, in der uns die Künstliche Intelligenz in irgendeiner Weise „abhängt". Und damit auch das geklärt ist: Ich habe mich bei der Erstellung dieses Buches von Künstlicher Intelligenz (KI) – sprich ChatGPT-4o – unterstützen lassen und war vor allem anfangs erstaunt, welche Qualität der Output hat(te). Vor allem bei der Entwicklung der fiktiven Person Lea, die an vielen Stellen des Buches durch Praxisbeispiele oder Reflexionsimpulse zu einem anschaulichen Anwendungsbezug beiträgt, oder beim Erstellen von Zusammenfassungen habe ich die KI als eine Art APU (*auxiliary power unit*, ein Hilfstriebwerk bzw. Hilfskrafterzeuger vornehmlich in Flugzeugen verbaut) und als sehr hilfreich erlebt – wohl wissend, dass die wirklich maßgebliche Kraft in mir selbst liegt und immer liegen wird.

Das Buch ist wie folgt aufgebaut: Nach dem einleitenden ersten Kapitel und einer Vorstellung von Lea werden im zweiten Kapitel zentrale psychologische Konzepte und deren Relevanz für den Arbeitsplatz vorgestellt. Anschließend werden verschiedene Ebenen der Anwendung betrachtet – von der einzelnen Person (Kap. 3) über die Zusammenarbeit im Team (Kap. 4), die Führung von Mitarbeitenden (Kap. 5) bis hin zur Organisation als Ganzes (Kap. 6). Zahlreiche Praxisbeispiele, praxisnahe Anleitungen und Checklisten ermöglichen es, das Wissen unmittelbar in den eigenen Arbeitsalltag zu integrieren und sich gezielte Impulse für das Vertiefen einzelner Aspekte zu holen.

Es würde mich freuen, wenn dieses Buch einen Beitrag dazu leisten würde, dass sich Wissen und Anwendung von Prinzipien der Angewandten Psychologie als eine unverzichtbare Ressource im Berufsleben etablieren. Mein besonderer und herzlicher Dank gilt allen WegbegleiterInnen, KollegInnen, fachlichen ExpertInnen und den Menschen, die mit ihrem Ideenreichtum, kritischem Blick oder dem Teilen vielfältiger beruflicher Erfahrungen zur Entstehung des Buches beigetragen haben. Ein herzlicher Dank geht außerdem an meinen Ansprechpartner beim Springer Verlag, Alexander Horn, für seine Unterstützung und sein Sein.

Sasbachwalden/Heidelberg
im Februar 2026

Bettina Schleidt

Interessenkonflikt

Der/die Autor*in hat keine für den Inhalt dieses Manuskripts relevanten Interessenkonflikte.

Inhaltsverzeichnis

Über die Autorin

Prof. Dr.-Ing. Bettina Schleidt Professorin für Psychologie an der School of Psychology der SRH University Heidelberg, Leitung des Schwerpunkts Wirtschaftspsychologie im Master-Studium, Anwendungsschwerpunkte u. a. Luftfahrtpsychologie und Notfallpsychologie. Studium der Psychologie (Diplom) an der TU Darmstadt. Promotion an der TU Kaiserslautern, Lehrstuhl Virtuelle Produktentwicklung (VPE), Prof. Dr. Martin Eigner, Promotionsschrift „Kompetenzen für Ingenieure in der unternehmensübergreifenden virtuellen Produktentwicklung". Berufshubschrauberpilotin. Rettungssanitäterin (DRK). Yogalehrerin (YAB). Fachliche Schwerpunkte: Coaching, Organisationsberatung, Peer Support, Psychologisches Assessment von PilotInnen, Human Factors, gesundheitspsychologische Themen.

Kontakt: SRH University Heidelberg, School of Psychology, Campus Heidelberg, Maria-Probst-Strasse 3, 69123 Heidelberg, Mobil: +49 176 2237 2348, e-Mail: bettina.schleidt@srh.de oder schleidt@gmx.de, www.ready-for-take-off.de.

Einleitung

1

1.1 Herausforderungen am Arbeitsplatz

Megatrends wie die nachhaltige Entwicklung von Natur und Menschen, der demografische Wandel oder weltweite Krisen beeinflussen die Wirtschaft und die Gesellschaft in signifikanter Weise und somit auch den einzelnen Menschen – im Leben genauso wie am Arbeitsplatz. Auch die digitale Transformation, Konzepte wie *New Work,* die zunehmende Bedeutung sogenannter *Future Skills* sowie der verstärkte Einsatz von Technologie – insbesondere *Künstliche Intelligenz (KI)* – prägen die heutige Arbeitswelt. Die damit verbundenen Veränderungen und Transformationsprozesse bergen neue Potenziale können jedoch auch vielfältige Belastungen mit sich bringen. Der Einsatz neuer Technologien kann zu einer Effizienzsteigerung in Prozessen führen und beispielsweise die Zusammenarbeit über Standorte hinweg erleichtern. Gleichzeitig wächst der Umfang verfügbarer Informationen dadurch stetig – um nicht zu sagen exponentiell – an, was zu Gefühlen wie Unsicherheit oder Überforderung führen kann – beispielsweise, wenn unklar ist, ob für eine Entscheidung zu einem bestimmten Zeitpunkt tatsächlich alle relevanten Informationen vorliegen.

Ständige Erreichbarkeit, eine Reizüberflutung durch digitale Kanäle oder unklare Grenzen zwischen Berufs- und Privatleben können beispielsweise kognitive Ermüdung oder das Entstehen chronischen Stresses begünstigen. Auch gibt es immer mehr Hinweise darauf, dass digitale Erreichbarkeit – möglicherweise in Kombination mit hoher Arbeitsintensität – das Risiko für die Entwicklung von Burnout erhöht (vgl. Pflügner et al., 2019).

Diese kognitiven Belastungen wirken sich also – sofern nichts entgegengesetzt werden kann – mittel- bis langfristig negativ auf die mentale und psychische Gesundheit des Einzelnen aus. Damit dürfte die Zunahme psychischer Erkrankungen am Arbeitsplatz im

B. Schleidt, *Angewandte Psychologie am Arbeitsplatz*,
https://doi.org/10.1007/978-3-662-72703-4_1

Zusammenhang stehen. Untersuchungen zeigen in den vergangenen Jahren einen stetigen Anstieg stressbedingter Belastungen, wie etwa Erschöpfung, Angststörungen und Depressionen. Gemäß dem Gesundheitsreport der DAK (2023) ist es in den letzten zehn Jahren nahezu zu einer Verdopplung der Fehltage aufgrund psychischer Erkrankungen gekommen. Als bedeutsame Einflussfaktoren können neben der bereits erwähnten Arbeitsverdichtung mangelnde Möglichkeiten zur Regeneration oder eine unzureichende Orientierung auf vorhandene Ressourcen gelten.

Die Anforderungen, die gegenwärtig an Menschen in der Arbeitswelt gestellt werden, haben sich jedoch nicht nur inhaltlich, sondern insbesondere auch strukturell stark verändert. Aktuelle Entwicklungen wie aktuelle geopolitische Spannungen, der immer stärkere Einsatz von Künstlicher Intelligenz (KI), hybride Arbeitsmodelle oder eine zunehmende (Arbeits-)Dynamik, haben zu einem Arbeitsumfeld geführt, das durch Komplexität, Beschleunigung und häufige Veränderungen geprägt ist. Diese Entwicklungen gehen mit einer Reihe psychologischer Herausforderungen einher, die sowohl Individuen als auch Organisationen vor immer wieder neue Aufgaben stellen und sich auf kurz oder lang auf ganze Branchen und Berufsbilder auswirken (werden).

Ein zentrales Thema ist zudem die Sinnorientierung in der Arbeit. Für viele Beschäftigte stellt die Ausübung ihrer Tätigkeit nicht mehr lediglich eine ökonomische Notwendigkeit dar – besonders in jüngeren Generationen wie der Generation Z. Vielmehr ist zu beobachten, dass viele Menschen einen tieferen Sinn in ihrer Tätigkeit suchen. Diese Entwicklung wird zunehmend auch unter dem Schlagwort *New Work* diskutiert und es gibt einige Belege dafür, dass sich die wahrgenommene Sinnhaftigkeit in der beruflichen Tätigkeit positiv auf Motivation, Resilienz oder das persönliche Engagement auswirkt (vgl. Rosso et al., 2010; Schnell, 2016).

Die moderne Arbeitsrealität und die damit verbundenen Bedingungen werden mitunter durch das Akronym VUCA beschrieben. Es steht für „Volatility" (Volatilität), „Uncertainty" (Unsicherheit), „Complexity" (Komplexität) und „Ambiguity" (Mehrdeutigkeit). Das ursprünglich aus dem militärischen Kontext stammende Konzept beschreibt eine neue Qualität beruflicher Herausforderungen und hat sich mittlerweile als ein mögliches Analysemodell für dynamische und nur bedingt planbare Umwelten etabliert (vgl. Bennett & Lemoine, 2014).

Der Begriff der *Volatilität* bezeichnet eine hohe Veränderungsgeschwindigkeit. Die Rahmenbedingungen, Projekte und Technologien unterliegen einem stetigen Wandel, der häufig unvorhersehbar ist. *Unsicherheit* steht für die mangelnde Vorhersehbarkeit von Entwicklungen trotz verfügbarer Informationen, was beispielsweise Prognosen oder eine fundierte Entscheidungsfindung erschwert. Unter *Komplexität* wird eine Vielzahl an Einflussfaktoren und Abhängigkeiten zusammengefasst, die durch vielfach unklare Wechselwirkungen gekennzeichnet sind. *Ambiguität* bezeichnet die Mehrdeutigkeit von Informationen und Situationen, die eine unterschiedliche Interpretation zulassen und wodurch eindeutige Lösungen nicht immer erkennbar sind.

In dieser von Unsicherheit geprägten VUCA-Welt ist es für Individuen zunehmend schwierig, den vielfältigen Ansprüchen gerecht zu werden, die tagtäglich an sie gestellt werden. So sind beispielsweise psychologische Kompetenzen erforderlich, die unter anderem in Abschn. 2.6.3 als sogenannte *Future Skills* thematisiert werden. Dazu zählen Ambiguitätstoleranz, Selbstführung, mentale Flexibilität oder einmal mehr Resilienz. Auch die Fähigkeit, mit Unsicherheit konstruktiv und kreativ umzugehen, darf als ein entscheidender Faktor für die Aufrechterhaltung von Gesundheit und Handlungs- bzw. Leistungsfähigkeit gelten. Was an dieser Stelle nicht verschwiegen werden sollte: Die VUCA-Welt mit ihren disruptiven Elementen birgt jedoch auch vielfältige Chancen, insbesondere im Hinblick auf Innovation sowie persönliche Entwicklung und Entfaltung.

Die beschriebenen Herausforderungen zeigen also: Die moderne Arbeitswelt erfordert in vielen Fällen *psychologische Flexibilität und Anpassungsfähigkeit*, was beispielsweise durch das Praktizieren von Selbstführung oder Achtsamkeit unterstützt werden kann.

Unternehmen, die diese Aspekte systematisch fördern, schaffen ein Umfeld, in dem ihre Mitarbeitenden dauerhaft gesund und leistungsfähig bleiben und sich aktiv weiterentwickeln können. Auch wird deutlich, warum es dringend geboten ist, stärker als bisher die *psychologische Perspektive in die Gestaltung moderner Arbeitswelten* zu integrieren. Im folgenden Abschnitt wird nun konkreter der Blick auf den Menschen an seinem Arbeitsplatz gerichtet.

1.2 Der Mensch an seinem Arbeitsplatz

Der Arbeitsplatz kann als ein komplexer Handlungsraum verstanden werden, in dem der Mensch in ein Gefüge von vielfältigen Wechselwirkungen eingebunden ist. Im Zentrum steht die einzelne Person mit ihren Fähigkeiten und Möglichkeiten sowie die jeweils zu bewältigenden Aufgaben. Das dabei entstehende Spannungsfeld kann durch die folgenden Komponenten beschrieben werden (siehe zur Verdeutlichung Abb. 1.1):

- Soziales Umfeld: KollegInnen, Vorgesetzte, KundInnen oder andere InteraktionspartnerInnen
- Technologie/Digitalisierung: verfügbare digitale und technische Hilfsmittel, Automatisierung, Künstliche Intelligenz (KI)
- Organisation: Strukturen, Abläufe oder Unternehmenskultur
- Umweltbedingungen: physische Umgebung, ergonomische Gestaltung des Arbeitsplatzes, Licht, Lärm, klimatische Bedingungen

Diese Dimensionen beeinflussen maßgeblich die individuelle Wahrnehmung und das Erleben bei der Ausübung der beruflichen Tätigkeit. Herausforderungen, die eine Person als belastend erlebt, können von einer anderen Person beispielsweise als motivierend und als Chance zum Lernen betrachtet werden. Außerdem ist anzumerken, dass ein angemessener Einsatz von Technologie nicht nur zur Optimierung von Prozessen und Interaktionen, sondern auch zur psychischen Entlastung des Menschen beitragen kann. Dies setzt jedoch voraus, dass die Rahmenbedingungen entsprechend gestaltet sind und der

Abb. 1.1 Mensch am Arbeitsplatz

Mensch befähigt wird, die dadurch entstehenden Potenziale eigenverantwortlich zu nutzen. Die Thematik des ressourcenorientierten Umgangs mit Herausforderungen am Arbeitsplatz wird in Abschn. 1.3 erörtert.

Diese Betrachtung von Arbeitsplätzen geht schwerpunktmäßig auf den *soziotechnischen Systemansatz* (vgl. Trist & Bamforth, 1951) zurück, in dem betont wird, dass Organisationen als Zusammenspiel technischer und sozialer Systeme verstanden werden sollten. Wirkungsvolle Arbeitsgestaltung berücksichtigt dabei sowohl die Anforderungen, die sich aus dem Einsatz einer (Informations-)Technologie ergeben – genauso aber auch die Bedürfnisse der Menschen im System nach beispielsweise Sinn, Beziehung, Autonomie oder persönlicher Entwicklung. Insbesondere in agilen, digitalen oder hybriden Kontexten wird deutlich, dass technische Tools nur in Abstimmung und im Zusammenspiel mit klaren Rollen und Verantwortlichkeiten, adäquater Kommunikation oder Interaktion – also sogenannten *weichen Faktoren* – ihre bestmögliche Wirkung entfalten.

Zudem haben die meisten Unternehmen und Organisationen in den vergangenen Jahrzehnten den Fokus bei der Gestaltung von Arbeitssystemen vorrangig auf technologische und organisatorische Optimierung gerichtet wurde der Mensch als maßgeblicher Erfolgs- und Einflussfaktor (zu) häufig außer Acht gelassen, auch wenn immer wieder festgestellt wurde, dass Projekte, die eben diesen *Faktor Mensch* bzw. psychologische Einflussfaktoren vernachlässigten, signifikant häufiger scheiterten und ihre Ziele nicht *in time, function und/oder budget* erreichten.

Ein wesentlicher Aspekt, der in den letzten Jahren zur Zunahme stressbedingter Erkrankungen führte, ist wie in Abschn. 1.1 kurz erläutert, das Fehlen ausreichender Regenerationsmöglichkeiten. Dabei geht es vor allem um das fehlende Bewusstsein für die

Bedeutung von Erholungsphasen für die persönliche Gesundheit, das Wohlbefinden und eine angemessene Leistungsfähigkeit. Das kann zu einer dauerhaften Stressbelastung führen, die mit massiven gesundheitlichen Beeinträchtigungen einhergehen kann, sowohl auf physischer als auch auf psychischer Ebene. Die damit verbundene *Ressourcenorientierung* ist sowohl in der beruflichen Ausbildung als auch in den Weiterbildungsangeboten von Unternehmen bisher nur unzureichend verankert.

Trotz der aufgezeigten Bedeutung psychologischer Faktoren am Arbeitsplatz wird die Vermittlung anwendungsbezogenen psychologischen Wissens in der beruflichen Aus- und Weiterbildung meist vernachlässigt. Der Fokus liegt primär auf fachlichen und methodischen Kompetenzen (siehe ausführlich dazu Abschn. 2.6), während bedeutsame persönliche und soziale Fähigkeiten kaum vermittelt werden. Eine umfassende Kompetenzorientierung, die alle vier Bereiche klassischer Kompetenzmodelle (siehe Abschn. 2.6.2) gleichermaßen abdeckt, ist in den meisten Bildungskonzepten nicht ausreichend verankert.

Eine nachhaltige Gestaltung der Arbeitswelt erfordert also eine ganzheitliche Perspektive, in der der Mensch mit seinen individuellen Voraussetzungen, Bedürfnissen und Ressourcen systematisch mitgedacht und durch entsprechende Aus- und Weiterbildungsangebote gestärkt wird.

Aufbauend darauf rückt im nächsten Abschnitt die Frage in den Fokus, wie ein gelingender Umgang mit diesen vielfältigen Bedingungen und Einflussfaktoren gestaltet werden kann.

1.3 Ressourcenorientierung am Arbeitsplatz

Die Positive Psychologie als wissenschaftlicher Ansatz fokussiert sich auf die Stärken des Menschen und die Bedingungen, die seine Gesundheit, Motivation und Leistungsfähigkeit fördern (vgl. Seligman, 2012). Zentrale Erkenntnis ist dabei, dass Menschen dann besonders zufrieden, leistungsfähig und gesund bleiben, wenn sie sich ihrer eigenen Ressourcen bewusst sind und diese gezielt einzusetzen wissen (siehe unter anderem Abschn. 2.5.2). Diese Ressourcen lassen sich auf vier verschiedenen Ebenen verorten: im sozialen Umfeld, in der technischen Unterstützung und Digitalisierung am Arbeitsplatz sowie in der eigenen Person und den organisationalen Rahmenbedingungen.

Das Wechselspiel zwischen Individuum, sozialem Umfeld, Technik und Organisation kann als ein bewährter Orientierungsrahmen zur systematischen Analyse von Arbeitsbedingungen und deren Auswirkungen auf den Menschen betrachtet werden. Im vorangegangenen Abschnitt wurden die Belastungen und Stressoren in den Mittelpunkt gestellt. Hier liegt der Schwerpunkt nun auf den Potenzialen und Möglichkeiten einer ressourcenorientierten Gestaltung der Arbeit – also zwei Seiten einer Medaille.

Der *Mensch* kann dabei als die *wichtigste und am direktesten zu beeinflussende Ressource* verstanden werden. Er verfügt über einzigartige kognitive Möglichkeiten, Fähigkeiten und Kompetenzen. Die Fähigkeit zur Selbstreflexion, die kontinuierliche (Weiter-)Entwicklung der eigenen Kompetenzen oder die regelmäßige Teilnahme an Fortbildungen können dabei unterstützen, um sich immer wieder neu an sich verändernde Gegebenheiten anzupassen und eine nachhaltige Leistungsfähigkeit zu gewährleisten.

Gleichzeitig gilt: Der Einzelne ist an seinem Arbeitsplatz immer auch Teil eines *sozialen Netzwerks,* das aus KollegInnen, Vorgesetzten und KundInnen besteht. Ein unterstützendes und wertschätzendes Arbeitsumfeld trägt nicht nur zur Förderung der psychischen Gesundheit bei, sondern wirkt sich auch positiv auf beispielsweise Motivation und Produktivität aus.

Bereits erwähnt wurde, dass *Technologie* als Stressfaktor wirken kann, sich jedoch – angemessen eingesetzt – gleichzeitig als entlastende Ressource herausstellen kann. Die Nutzung effizienter digitaler Werkzeuge, ergonomische Arbeitsplatzgestaltung oder (teil) automatisierte Prozesse können die Menschen bei der Ausführung ihrer vielfältigen Tätigkeiten unterstützen und von Routineaufgaben entlasten.

Auch die *Organisation* kann als Ressource gelten: Eine klare Struktur, transparente Prozesse, partizipative Führung und eine förderliche Unternehmenskultur bieten Stabilität und Orientierung. Sie schaffen die Voraussetzungen dafür, dass Mitarbeitende ihr Potenzial entfalten und sich mit den Zielen des Unternehmens identifizieren können.

Richtet man den Blick auf eine Gestaltung der Arbeit, die auf das Stärken von individuellen Ressourcen abzielt, können die nachfolgenden Aspekte von Bedeutung sein:

- Das Konzept des *Sinnerlebens in der Arbeit* betont, wie wichtig es für die persönliche Motivation oder Resilienz ist, wenn MitarbeiterInnen einen persönlichen Sinn in der beruflichen Tätigkeit erleben. Außerdem werden dadurch das Engagement und die langfristige Zufriedenheit gefördert.
- Das *Erleben von Kompetenz* sowie die daraus resultierende Selbstwirksamkeit sind eng miteinander verknüpft. Die Kenntnis der individuellen Stärken sowie deren gezielte Weiterentwicklung kann dazu beitragen, dass Belastungen reduziert werden und eine (pro)aktive Bewältigung von Herausforderungen ermöglicht wird.
- Die *Anpassungsfähigkeit* und der Aspekt des *lebenslangen Lernens* sind wesentliche Merkmale des Menschen. Kontinuierliche Weiterbildung und die Bereitschaft, sich immer wieder auf Veränderungen einzulassen, sind wesentliche Voraussetzungen für dauerhafte Leistungsfähigkeit und persönliche Weiterentwicklung in einem dynamischen Arbeitsumfeld.
- Es ist für den Menschen von entscheidender Bedeutung, *Selbstreflexion* und *mentale Flexibilität* zu kultivieren. Ein bewusster Umgang mit den eigenen Denkmustern, Emotionen und Verhaltensweisen fördert die Fähigkeit, konstruktiv mit Unsicherheiten und Herausforderungen umzugehen und sie als Chance zum Wachstum zu begreifen.

Um eine Brücke zu praxisrelevanten Lösungsansätzen zu bauen, werden in den folgenden Kapiteln entsprechende Ansätze präsentiert, um Arbeitsanforderungen adäquat zu meistern:

Individuelle Strategien: Ein elementarer Aspekt von Selbstführung (siehe Abschn. 3.5) besteht in der Fähigkeit, Prioritäten zu setzen und Stress zu regulieren. Die mentale Widerstandskraft wiederum ist ein wesentlicher Faktor, um Krisen zu bewältigen und gestärkt daraus hervorzugehen. Ein ressourcenorientiertes Mindset fördert die Sicht auf Herausforderungen als Entwicklungschancen (siehe Abschn. 3.4). Langfristige Leistungsfähigkeit setzt ausreichende Phasen der Erholung voraus (siehe Abschn. 3.6).

Soziale Ressourcen: Ein unterstützendes soziales Umfeld stellt eine wesentliche Komponente für die Aufrechterhaltung psychischer Gesundheit und die Förderung von Motivation dar. Im vierten Kapitel wird erörtert, wie eine klare und wertschätzende Kommunikation das Arbeitsklima verbessert. Die Abschn. 4.5 und 4.6 zeigen auf, wie teamstrukturen und psychologische Unterstützung die Zusammenarbeit fördern. In erfolgreichen Teams werden soziale Ressourcen aktiviert, die nicht nur die Resilienz stärken, sondern auch die Innovationskraft und das Engagement fördern.

Im Kap. 5 werden *organisationale Ansatzpunkte* erörtert. Eine zeitgemäße Führungskultur fokussiert sich auf Aspekte wie Transformation oder Motivation. Ebenso zentral sind eine passgenaue Personalauswahl, eine gezielte Personalentwicklung sowie eine Organisationsentwicklung, die Veränderungsprozesse strategisch begleitet und gleichzeitig die Mitarbeitenden im Blick behält (siehe Kap. 6). Auch die Organisationskultur nimmt eine wesentliche Rolle ein, da sie sich auf die Werte, das Verhalten und die Zusammenarbeit innerhalb eines Unternehmens auswirkt. Bei adäquater Ausgestaltung kann sie sich als ein bedeutsamer Faktor für Motivation, Mitarbeiterbindung oder innovativer Ideen erweisen (siehe Abschn. 6.7).

Die *technologische und digitale Unterstützung* am Arbeitsplatz erstreckt sich auf alle zuvor genannten Bereiche. Technologie kann wie bereits erwähnt als Stressfaktor wirken, aber auch als entlastende Ressource. Die effiziente Nutzung digitaler Werkzeuge, die ergonomische Gestaltung von Arbeitsplätzen und automatisierte Prozesse tragen dazu bei, die Arbeit der Menschen zu unterstützen.

Diese ressourcenorientierte Perspektive führt zur zentralen Fragestellung des vorliegenden Buches: *Auf welche Weise kann anwendungsbezogenes psychologisches Wissen über das menschliche Wahrnehmen, Denken, Fühlen und Handeln bei der Arbeit – und darüber hinaus, also im Leben;-) – den Menschen dabei unterstützen, sich dauerhaft wohlzufühlen, gesund und leistungsfähig zu sein und zu bleiben und mit den Herausforderungen am Arbeitsplatz gut zurecht zu kommen?*

Nach der Einführung von Lea, der Begleiterin durch dieses Buch, wird in Kap. 2 ein Überblick über verschiedene psychologische Grundlagen gegeben, die hilfreich sein können, um Antworten auf diese vielschichtige Frage zu finden.

Nachfolgend finden sich einige Fragen, die als Anregung zum Reflektieren zu den eigenen Ressourcen dienen können.

- Was sind meine persönlichen Stärken? Wie kann ich sie an meinem Arbeitsplatz nutzen?
- Wie sieht mein soziales Umfeld an meinem Arbeitsplatz und in meinem Privatleben aus? Wie erlebe ich es? Als unterstützend?
- Welche technischen Hilfsmittel stehen mir an meinem Arbeitsplatz zur Verfügung? Entlasten sie mich? Wie setze ich sie ein?
- Wie erlebe ich die Organisation, in der ich arbeite? Als strukturierend? Als inspirierend? Welche Werte sind im täglichen Miteinander von Bedeutung?
- Wo an meinem Arbeitsplatz gibt es möglicherweise bislang ungenutzte Ressourcen?

1.4 Lea – Die Begleiterin durch dieses Buch

Die Intention dieses Buches ist die praxisnahe und anschauliche Aufbereitung von psychologischem Fachwissen. Zu diesem Zweck wird an dieser Stelle eine fiktive Person eingeführt, die als Wegweiserin durch die nachfolgenden Kapitel dient: Lea.

Lea (siehe Abb. 1.2) ist 32 Jahre alt, hat Luft- und Raumfahrttechnik studiert und ist seit fünf Jahren als Ingenieurin bei AeroSpace Dynamics tätig, einem mittelständischen Unternehmen in der Luft- und Raumfahrtindustrie. Es ist ihre erste Anstellung nach Abschluss ihres Studiums und sie arbeitet zum einen in verschiedenen Projekten in unterschiedlichen Rollen mit. Zum anderen leitet sie immer wieder kleinere Teilprojekt. In ihrer täglichen Arbeit sieht sie sich einer Vielzahl von Anforderungen ausgesetzt, die technischer, organisatorischer sowie zwischenmenschlicher Natur sind. Die zunehmende Digitalisierung, wechselnde Teamkonstellationen, Termindruck und hohe Qualitätsansprüche prägen ihren Arbeitsalltag, ebenso wie der Wunsch, sich weiterzuentwickeln und in ihrer jeweiligen Rolle sicher und wirksam zu agieren.

Abb. 1.2 Lea an ihrem Arbeitsplatz

Lea gilt im Kollegenkreis als ausgeglichene Persönlichkeit mit einer grundsätzlich positiven Grundeinstellung, was möglicherweise darauf beruht, dass sie seit einigen Jahren Yoga praktiziert und regelmäßig meditiert. Sie begegnet Herausforderungen mit Ruhe und versucht, diese lösungsorientiert und sachlich anzugehen. Ihre Fähigkeit, Emotionen bei sich selbst zu erkennen, zu regulieren und konstruktiv damit umzugehen, hilft ihr meistens, auch in angespannten Situationen „kühlen Kopf" zu bewahren und handlungsfähig zu bleiben. Gleichzeitig verfügt sie über ein ausgeprägtes Einfühlungsvermögen und nimmt sich Zeit für ihre KollegInnen, wenn diese Unterstützung brauchen. Sie versucht, immer möglichst aktiv zuzuhören, hat eine „Antenne" für unausgesprochene Stimmungen im Team und vermittelt, wenn Konflikte entstehen. So trägt sie dazu bei, ein kooperatives und vertrauensvolles Arbeitsumfeld zu schaffen, ohne dabei ihre eigenen Ziele und Aufgaben aus dem Blick zu verlieren.

Leas Herausforderungen, Erfahrungen und Erkenntnisse werden im Buch mit psychologischem Wissen verknüpft. Sie steht damit für eine Vielzahl von Berufstätigen, die dem bereits beschriebenen Spannungsfeld am Arbeitsplatz ausgesetzt sind.

Unabhängig davon, ob Sie als LeserInnen wie Lea aus einem ingenieurwissenschaftlichen Berufsfeld kommen oder in einem anderen Fachbereich tätig sind – viele der Fragen, mit denen sich Lea konfrontiert sieht, betreffen uns alle.

- Wie bleibe ich in einem herausfordernden Arbeitsumfeld leistungsfähig und gesund?
- Wie kann ich psychologische Erkenntnisse nutzen, um besser mit anderen zusammenzuarbeiten?
- Wie gehe ich mit Stress um, wie entwickle ich mich weiter – und was gibt mir in meiner Arbeit Sinn?

Es wird daher empfohlen, sich von Leas Weg und ihren Erfahrungen inspirieren zu lassen. Vielleicht lassen sich darin Parallelen zur eigenen Arbeitsrealität entdecken und/oder neue Perspektiven für den persönlichen beruflichen Alltag finden.

Literatur

Bennett, N., & Lemoine, G. J. (2014). What VUCA really means for you. *Harvard Business Review, 92*(1/2), 27–30.

DAK-Gesundheit (2023). Gesundheitsreport 2023 – Psychische gesundheit in der Arbeitswelt. Hamburg: DAK-Gesundheit.

Pflügner, K., Mattke, J., Maier, C. (2019). Who is stressed by using ICTs? A qualitative comparison analysis with the big five personality traits to understand technostress, in: *Wirtschaftsinformatik 2017 proceedings,* AISeL, 1175–1189.

Rosso, B. D., Dekas, K. H., & Wrzesniewski, A. (2010). On the meaning of work: A theoretical integration and review. *Research in Organizational Behavior, 30*, 91–127. https://doi.org/10.1016/j.riob.2010.09.001

Schnell, T. (2016). *Psychologie des Lebenssinns.* Springer.

Seligman, M. E. P. (2012). *Flourish: A Visionary New Understanding of Happiness and Well-being*. Simon & Schuster.

Trist, E. L., & Bamforth, K. W. (1951). Some social and psychological consequences of the longwall method of coal-getting. *Human Relations, 4*(1), 3–38. https://doi.org/10.1177/001872675100400101

Psychologische Grundlagen

2

2.1 Ziele des Kapitels

In diesem Kapitel werden zentrale psychologische Grundlagen erörtert, die dabei unterstützen können, den Arbeitsalltag bewusster und erfolgreicher zu gestalten. Die Betrachtung psychologischer Einflussfaktoren – sowohl individuell als auch im sozialen und organisationalen Kontext – bildet zudem eine gute Basis für ein besseres Verständnis der sich anschließenden anwendungsbezogenen Kap. 3 bis 6.

Fragen, die im Folgenden beantwortet werden sollen, lauten:

- Wie nehmen Menschen Informationen auf, verarbeiten und bewerten sie? Wie nehmen Menschen ihre Arbeitsumgebung wahr? Wie beeinflussen kognitive Verzerrungen Entscheidungen?
- Wie entsteht Verhalten und wie kann es verändert werden? Wie lernt der Mensch? Welchen Einfluss haben Kompetenzen oder das persönliche Mindset auf Verhalten?
- Wie kann die Fokussierung auf Stärken, Sinnhaftigkeit und positive Erlebnisse die Arbeitszufriedenheit steigern?
- Was hält den Mensch gesund und leistungsfähig? Welche Coping-Strategien helfen, mit Belastungen umzugehen?
- Wie beeinflusst die Gestaltung von Arbeit das Verhalten, Wohlbefinden und die Gesundheit von Mitarbeitenden?
- Welche Rolle spielt Kommunikation am Arbeitsplatz und wie kann man sie bewusst(er) gestalten?

B. Schleidt, *Angewandte Psychologie am Arbeitsplatz*,
https://doi.org/10.1007/978-3-662-72703-4_2

Psychologie kann in diesem Zusammenhang als eine Schlüsseldisziplin für eine erfolgreiche Arbeitsgestaltung betrachtet werden. Sie durchdringt sämtliche Aspekte des Arbeitslebens, angefangen beim individuellen Erleben über die Zusammenarbeit mit anderen bis hin zu organisationalen Strukturen oder Veränderungsprozessen.

2.2 Einleitung

2.2.1 Angewandte Psychologie am Arbeitsplatz

Die Psychologie als Wissenschaft widmet sich der Erforschung des menschlichen Erlebens und Verhaltens. Im Fachbereich der Wirtschaftspsychologie liegt der Fokus dabei insbesondere auf dem beruflichen Handeln im wirtschaftlichen Umfeld. In der „Angewandten Psychologie am Arbeitsplatz" findet eine gezielte Übertragung psychologischer Forschungsergebnisse auf das Arbeitsumfeld statt. Damit ist die Zielsetzung verbunden, psychologische Prinzipien und Modelle so zu nutzen, dass menschliches Verhalten besser verstanden, erklärt und positiv sowie zielgerichtet beeinflusst werden kann.

In der Arbeitswelt umfasst dies zum einen die Anwendung psychologischer Erkenntnisse zur Optimierung der Arbeitsbedingungen, um eine humane Gestaltung der Arbeitsumgebung zu erreichen. Es beinhaltet darüber hinaus die Förderung von Kommunikation und Zusammenarbeit, die Reduzierung von Stress und Belastungen oder die Unterstützung der persönlichen Entwicklung und des Wohlbefindens der ArbeitnehmerInnen. Dabei ist zum einen das individuelle Verhalten zu berücksichtigen, zum anderen jedoch auch die Wechselwirkungen zwischen dem Individuum und seinen Aufgaben sowie die ihm an seinem Arbeitsplatz umgebende Technik, das soziale Umfeld oder die Organisation und Arbeitsprozesse, in die er eingebunden ist (siehe ausführlich Abschn. 1.2). Das Wechselspiel zwischen den einzelnen Bereichen beeinflusst, wie der Mensch seine Arbeit erlebt und wirkt sich damit auch auf sein Verhalten und den Umgang mit Herausforderungen aus.

Insbesondere in einer Zeit, in der technologische Entwicklungen, zunehmende Komplexität oder der Bedarf an interdisziplinärer Zusammenarbeit den beruflichen Alltag prägen, tritt die Relevanz psychologischen Wissens immer stärker in den Vordergrund. Das Verständnis für grundlegende psychologische Mechanismen kann dazu beitragen, daß der Mensch von diesen Entwicklungen nicht abgehängt bzw. entkoppelt wird. So kann nicht nur die eigene berufliche Rolle reflektierter gestaltet werden, sondern auch Wohlbefinden, Leistungsfähigkeit und langfristige Gesundheit gefördert werden.

In diesem Zusammenhang wird vielerorts vom sogenannten *„Faktor" Mensch* gesprochen. Damit gemeint ist das menschliche Wahrnehmen, Denken, Fühlen und Handeln am Arbeitsplatz – in einem Spannungsfeld, das durch die Interaktion zwischen sozialem Umfeld, Technik und Organisation entsteht. Zu den relevanten Faktoren zählen technologische Rahmenbedingungen, wie die eingesetzte Technik und digitale Tools, organisationale Einflussgrößen, wie Prozesse und Unternehmenskultur, sowie soziale Aspekte, wie Kommunikation und Zusammenarbeit mit KollegInnen. Auch Umweltfaktoren können von Bedeutung sein. (Schleidt, 2018)

Praxisbeispiel

Das Unternehmen, in dem Lea arbeitet, führt eine neue KI-gestützte Software ein. Wie Lea – als „Faktor Mensch" – auf diese Veränderung reagiert, hängt nicht nur von der Benutzerfreundlichkeit der Technik ab, sondern auch von ihrer persönlichen Einstellung zur Digitalisierung, ihren bisherigen Erfahrungen und Kompetenzen sowie der Art und Weise, wie die Einführung durch das Unternehmen gestaltet wird. Gibt es beispielsweise Schulungen? Versteht Lea den konkreten Nutzen der neuen Software für ihre Aufgaben? Wie gut ist das System in die bestehende IT-Landschaft integriert? Auch ihr soziales Umfeld spielt eine Rolle: Wenn KollegInnen die Software aktiv nutzen oder sich offen über Schwierigkeiten austauschen, kann das Leas Umgang mit der Neuerung auf die eine oder andere Weise beeinflussen. ◄

2.2.2 Rahmenmodell „Mensch am Arbeitsplatz"

In der modernen Arbeitswelt sollte also der Mensch mit seinem Denken, Fühlen und Handeln im Zentrum der Aufmerksamkeit stehen. Seine Leistungsfähigkeit und sein Verhalten sind dabei nicht nur von fachlicher Kompetenz oder technischen Rahmenbedingungen abhängig, sondern in hohem Maße auch von psychologischen Faktoren.

Wie der Einzelne an seinem Arbeitsplatz Informationen aufnimmt und verarbeitet, wird von verschiedenen Faktoren beeinflußt – siehe ausführlich Abschn. 1.2:

- Individuelle Faktoren: Dazu zählen unter anderem Erfahrungen, Wissen, Einstellungen, mentale und körperliche Fitness, Emotionen oder Gedächtnisinhalte.
- Technik und Systeme: Der Mensch agiert immer im Zusammenspiel mit der jeweils zur Verfügung stehenden Technologie – ihre Gestaltung und der jeweilige Automatisierungsgrad beeinflussen, wie leicht oder schwer Aufgaben zu bewältigen sind.
- Organisationale Rahmenbedingungen: Arbeitsabläufe, Strukturen und Prozesse setzen den Rahmen für menschliches Handeln.
- Soziale Einflüsse: Das Verhalten von KollegInnen, KundInnen oder Führungskräften kann als Modell, Verstärker oder auch Stress fördernd wirken – je nach Situation.

Ein integratives Rahmenmodell von Schleidt (2018) verdeutlicht, wie Reize aus der Arbeitsumgebung aufgenommen und verarbeitet werden, welche Faktoren diesen Prozess beeinflussen können und wie die Reize dann schließlich in zielgerichtetes Verhalten münden. Eine entsprechende Darstellung findet sich in Abb. 2.1.

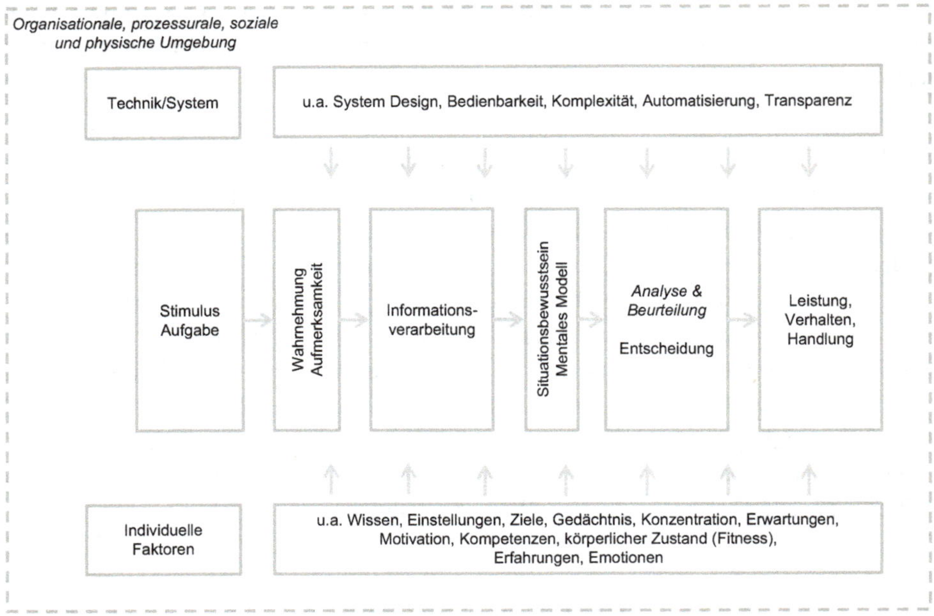

Abb. 2.1 Rahmenmodell „Mensch am Arbeitsplatz" (Schleidt, 2018)

Ausgehend von einer Aufgabe entstehen Reize, die auf die Sinnesorgane treffen. Dort wird ein komplexer kognitiver und biopsychologischer Verarbeitungsprozess initialisiert, dessen Ausgestaltung unter anderem von der momentanen Aufmerksamkeit und Konzentration, dem vorhandenen Wissen und den Erwartungen sowie den emotionalen Zuständen und kognitiven Kapazitäten der jeweiligen Person abhängt. Es wird ersichtlich, dass keine zwangsläufige Korrelation zwischen den äußeren Reizen und dem beobachtbaren Verhalten besteht. Vielmehr gibt es eine Vielzahl psychologischer Prozesse zwischen Wahrnehmung und Handlung, die den „Output" bzw. das Verhalten beeinflussen.

In einer Art „Zwischenschritt" entsteht eine mentale Repräsentation bzw. ein sogenanntes mentales Modell der Situation – also wie eine Person ihre aktuelle Lage und deren Entwicklung einschätzt. In diesem Zusammenhang kann auch vom sogenannten Situationsbewusstsein (vgl. Endsley, 1995) gesprochen werden, das beschreibt, wie gut Menschen in der Lage sind, Situationen zu erfassen, ihre Entwicklung zu antizipieren und darauf angemessen zu reagieren. Auf Grundlage dieser inneren Einschätzung erfolgt eine Beurteilung der Situation, insbesondere in Bezug auf potenzielle Verhaltensoptionen. Daraus resultieren spezifische Handlungsentscheidungen, die dann in konkretes Verhalten münden.

Diese Verarbeitungsprozesse verlaufen zum Teil bewusst, zu großen Teilen jedoch automatisiert und unbewusst. Aus diesem Grund sind sie anfällig für Wahrnehmungsfehler (siehe Abschn. 2.3.3), die beispielsweise durch Überforderung, eingeschränkte Aufmerksamkeit oder emotionale Verzerrung entstehen können. Darüber hinaus unterliegen sie natürlichen kognitiven Begrenzungen, wie etwa der begrenzten Kapazität des Arbeitsgedächtnisses oder der selektiven Aufmerksamkeit.

Mittels der Beschreibung dieses Modells soll ein Bewusstsein für quasi „unsichtbare" psychische Abläufe geschaffen werden, die sich erheblich auf die Arbeitsleistung bzw. das sicht- und beobachtbare Verhalten auswirken. Nur durch ein Verständnis dieser Prozesse ist es möglich, gezielte Maßnahmen abzuleiten, um beispielsweise Aufmerksamkeit, Entscheidungsfähigkeit, Selbststeuerung oder Stressbewältigung zu fördern. Darüber hinaus veranschaulicht es die Komplexität und Vielschichtigkeit psychischer Einflussfaktoren am Arbeitsplatz und verdeutlicht, warum Menschen auf objektiv identische Arbeitsbedingungen auf unterschiedliche Weise reagieren.

Im nächsten Abschnitt wird nun die menschliche Informationsverarbeitung ausführlicher betrachtet.

Leas Reflexionsmoment

„Manchmal frage ich mich, warum ich auf bestimmte Veränderungen bei der Arbeit so unterschiedlich reagiere – mal mit Neugier, mal mit Widerstand. Als die neue KI-gestützte Software eingeführt wurde, war ich zunächst skeptisch. Nicht, weil ich Technik ablehne – sondern weil ich mir unsicher war, ob ich damit zurechtkomme. Erst durch das begleitende Training und Gespräche im Team wurde mir klar, wie stark meine persönliche Einstellung, meine bisherigen Erfahrungen und auch das Verhalten meiner KollegInnen meine Sicht beeinflusst haben. Ich habe erkannt: Es geht nicht nur darum, was sich verändert, sondern wie ich die Veränderung wahrnehme – und wie gut ich darin unterstützt werde, mit ihr umzugehen."

Reflexionsfragen für Sie:

Welche psychischen Faktoren könnten Ihr Denken, Fühlen und Handeln in Ihrem Arbeitsumfeld beeinflussen – insbesondere bei Veränderungen? Welche Rolle könnten dabei die zur Verfügung stehende Technik, die Organisation oder Ihr soziales Umfeld spielen?

2.3 Menschliche Informationsverarbeitung

Die menschliche Informationsverarbeitung ist also ein komplexer kognitiver Vorgang, der es dem Menschen ermöglicht, mit einer sich ständig wandelnden Umwelt angemessen umzugehen. Es handelt sich dabei um einen dynamischen Prozess, der in der Regel automatisch und unbewusst abläuft, was letztlich eine wichtige Voraussetzung dafür ist, um mit der enormen Menge an Informationen, die täglich auf den Menschen einwirken, umgehen zu können (vgl. Anderson, 2015).

2.3.1 Prozess der Informationsverarbeitung

Der Prozess der Informationsaufnahme und -verarbeitung durch den Menschen kann in fünf zentrale Schritte untergliedert werden:

1. *Aufnahme von Informationen – Sensorische Reizaufnahme*
   Informationen aus der Umwelt erreichen den Menschen über verschiedene Sinneskanäle: visuell (Sehen), auditiv (Hören), kinästhetisch (Fühlen), olfaktorisch (Riechen) und gustatorisch (Schmecken). Diese sensorischen Reize werden von den jeweiligen Sinnesorganen aufgenommen und als elektrische Impulse an das Gehirn weitergeleitet. Bereits an dieser Stelle findet eine erste Vorselektion statt und nicht jeder Reiz wird in gleichem Maße weiterverarbeitet wie der andere. Ein Beispiel ist die sogenannte *sensorische Adaptation*, durch die die Wahrnehmung konstanter Reize, wie beispielsweise Uhrenticken im Hintergrund, reduziert wird.
2. *Selektive Aufmerksamkeit – Was gelangt ins Bewusstsein?*
   Aufgrund der limitierten Kapazität des menschlichen Gehirns können nicht alle eingehenden Reize gleichzeitig verarbeitet werden, daher wird die Aufmerksamkeit selektiv auf spezifische Aspekte gelenkt, die in der jeweiligen Situation bedeutsam erscheinen. Welche Informationen als relevant erachtet werden, wird anhand verschiedener Faktoren wie beispielweise Zielen, Erwartungen oder der beigemessenen emotionalen Bedeutung bestimmt. Diese Eigenschaft des menschlichen Gehirns kann als eine Art „Filterfunktion" betrachtet werden und dient dem Schutz vor Reizüberflutung, birgt jedoch auch die Gefahr, dass wichtige Informationen diesen Filter nicht passieren und damit nicht bewusst wahrgenommen werden. Die Aufmerksamkeit ist dabei stark kontextabhängig und Faktoren wie Stress, Müdigkeit oder Ablenkung können sie entsprechend beeinflussen.
3. *Kognitive Verarbeitung – Kategorisieren, Interpretieren, Verknüpfen*
   Die als relevant eingestuften Informationen werden in bestehende Wissensstrukturen eingeordnet, wobei eine Interpretation der wahrgenommenen Informationen erfolgt, indem diese mit bereits bekannten Informationen abgeglichen werden. In diesem Kontext spielen kognitive Schemata, Heuristiken und mentale Modelle eine zentrale Rolle (siehe Gigerenzer, 2007; Kahneman, 2011). Diese vereinfachten Denkstrukturen können dazu beitragen, dass Entscheidungen in kürzerer Zeit getroffen werden. Allerdings besteht auch die Möglichkeit, dass sie zu systematischen (Beurteilungs-)Fehlern führen, beispielsweise durch den sogenannten Confirmation Bias oder auf Stereotypen beruhende Denkmuster (siehe Abschn. 2.3.3). In dieser Phase manifestiert sich die subjektive Wahrnehmung einer Situation, die häufig deutlich von der objektiven Realität abweicht. An dieser Stelle kommt dem *Gedächtnis* eine Schlüsselrolle zu. Es findet ein Abgleich zwischen neuen Informationen und bereits im Langzeitgedächtnis gespeicherten Inhalten statt. Die Wahrnehmung des Menschen wird durch Erinnerungen, Erfahrungen und Erlerntes „eingerahmt". Ohne die Fähigkeit, Informationen im Ge-

dächtnis zu speichern und zu abrufen, wäre der Mensch nicht in der Lage, Reize zu ordnen, Situationen zu erkennen oder ihnen eine Bedeutung beizumessen. Die Wahrnehmung ist folglich stets rekonstruktiv – das Gehirn vervollständigt und interpretiert auf der Basis von gespeicherten Mustern.

4. *Urteilen und Entscheiden – Ableitung von Handlungsoptionen*
   Auf Basis der kognitiven Interpretation erfolgen eine Bewertung der Informationen und Handlungsoptionen werden abgeleitet. In diesem Prozess werden sowohl vergangene Erfahrungen als auch emotionale Zustände und situative Rahmenbedingungen berücksichtigt. Die Entscheidungsfindung kann dabei auf zwei Arten erfolgen: Intuitiv, das heißt schnell und automatisiert, oder kontrolliert, das heißt bewusst und reflektiert. Die Entscheidung für eine der beiden Arten ist dabei unter anderem abhängig von der Komplexität des jeweiligen Sachverhalts sowie der verfügbaren Zeit. Fehlentscheidungen entstehen häufig durch kognitive Verzerrungen wie den Ankereffekt (siehe Abschn. 2.3.3). Das Gedächtnis spielt auch hier eine zentrale Rolle, beispielsweise bei der Anwendung früherer Entscheidungsstrategien oder der Wiederentdeckung emotionaler „Erinnerungsspuren".
5. *Speicherung und Abruf – Lernen durch Erfahrung*
   Ein Teil der verarbeiteten Informationen wird im Langzeitgedächtnis gespeichert, insbesondere dann, wenn sie emotional bedeutsam, häufig wiederholt oder bewusst reflektiert wurden. Die Fähigkeit, bei ähnlichen bzw. vergleichbaren Situationen auf frühere Erfahrungen zurückzugreifen, ist ein bedeutsamer Aspekt menschlicher Handlungsfähigkeit. Das Gedächtnis ist dabei jedoch kein exaktes Speichermedium, sondern vielmehr eine Art Netzwerk aus Erinnerungsfragmenten, das selektiv und veränderlich ist. So konnte gezeigt werden, dass bereits der Prozess des Abrufens von Gedächtnisinhalten an sich diese modifizieren kann (vgl. Schacter, 2001).

Das Gedächtnis erfüllt somit nicht nur die Funktion eines Speichers, sondern nimmt auch eine aktive Rolle in der Gestaltung und (Re-)Konstruktion der persönlichen Realität ein. Es beeinflusst die Wahrnehmung, die (Verhaltens-)Reaktion, die daraus erfolgt, und wie aus Erfahrungen gelernt wird (vgl. Baddeley et al., 2020).

Praxisbeispiel

Lea, die in einem interdisziplinären Projektteam arbeitet, betritt den Konferenzraum zu einem wichtigen Statusmeeting.

- Reizaufnahme: Sie nimmt visuelle Reize wie die Körpersprache der Anwesenden, akustische Reize wie Gespräche oder die Temperatur des Raums wahr.
- Aufmerksamkeit: Ihre Aufmerksamkeit richtet sich sofort auf den Projektleiter, der ungewöhnlich ruhig wirkt. Sie blendet andere Reize – z. B. das Ticken der Wanduhr – automatisch aus, da sie in dieser Situation keine Bedeutung haben.

- Kognitive Verarbeitung: Sie interpretiert den Gesichtsausdruck des Projektleiters als angespannt und erinnert sich an eine kritische E-Mail vom Vortag. Ihre mentale Verknüpfung könnte dabei wie folgt aussehen: „Heute wird es unangenehme Neuigkeiten geben."
- Urteilen und Entscheiden: Sie entscheidet sich, zunächst nichts zu sagen, sondern aufmerksam zuzuhören. Gleichzeitig bereitet sie sich innerlich auf mögliche Kritik vor und wird sich bewusst, dass sie sich angespannt fühlt.
- Speicherung: Später wird sie sich möglicherweise vor allem an die kritischen Kommentare erinnern, auch wenn der Projektleiter sich beispielsweise positiv über den Projektfortschritt geäußert hatte. ◄

Das vorliegende Beispiel verdeutlicht, dass die menschliche Informationsaufnahme und -verarbeitung eine zügige Orientierung ermöglicht, jedoch gleichzeitig anfällig für Fehler ist. Zudem erfolgt sie selektiv und kann von emotionalen Prägungen oder aktuell abrufbaren Gedächtnisinhalten beeinflusst werden. Auch hat die Art und Weise, wie Informationen im Gedächtnis gespeichert werden, einen signifikanten Einfluss auf die Beurteilung zukünftiger Situationen und Erfahrungen.

Einmal mehr wird deutlich, dass Wahrnehmung nicht als neutraler Abbildungsprozess der Realität zu betrachten ist, sondern als subjektiver und kontextabhängiger Konstruktionsvorgang. Sie wird dabei von verschiedenen internen und externen Faktoren beeinflusst, die sich darauf auswirken, welche Reize überhaupt wahrgenommen werden und wie diese anschließend interpretiert werden:

a) *Individuelle Interessen, Erfahrungen und Erwartungen*: Jeder Mensch hat eine individuelle Lern- und Lebensgeschichte. Frühere Erlebnisse, Sozialisationsprozesse, kulturelle Prägungen oder persönliche Überzeugungen wirken wie Filter und steuern, welchen Reizen Aufmerksamkeit geschenkt wird – und welchen nicht. Auch gilt: Informationen, die beispielsweise unseren Erwartungen entsprechen, werden bevorzugt aufgenommen und verarbeitet.
b) *Emotionale Zustände:* Gefühle wie Angst, Freude oder Stress können die kognitive Leistungsfähigkeit erheblich beeinflussen. In Situationen, die als Druck erzeugend wahrgenommen werden, kann es zu einer verstärkten Fokussierung auf potenzielle Bedrohungen oder Fehlerquellen kommen. Demgegenüber steht die Tendenz, dass positive Emotionen oder ein Zustand der Entspannung die Offenheit für neue Eindrücke erhöhen kann.
c) *Extreme Reize* stellen eine besondere Form der externen Stimuli dar, die eine hohe Aufmerksamkeit erzeugen. Beispiele für extreme Reize sind intensive oder neuartige Reize, wie beispielsweise grelles Licht, laute Geräusche oder plötzliche Bewegungen. Dieser Mechanismus der Fokussierung ist evolutionspsychologisch sinnvoll, da er potenziell relevante und möglicherweise bedrohliche Umweltveränderungen rasch ins Bewusstsein bringt, um entsprechend darauf reagieren zu können.

Praxisbeispiel

Lea und ihr Kollege Ralf nehmen an derselben Teamdiskussion teil und nehmen sie völlig unterschiedlich wahr: Ralf fokussiert sich stark auf den Inhalt der Argumente, da er derzeit an einem ähnlichen Thema arbeitet. Lea hingegen nimmt besonders deutlich den gereizten Tonfall einzelner Kollegen wahr, da sie in einem früheren Projekt negative Erfahrungen mit dem Thema, das diskutiert wird, gemacht hat. ◄

2.3.2 Grenzen der Informationsverarbeitung

Die menschliche Informationsverarbeitung unterliegt – wie im vorherigen Abschnitt bereits kurz angeklungen – verschiedenen Einschränkungen. Die kognitiven Ressourcen, insbesondere die Kapazität des Arbeitsgedächtnisses, sind limitiert. In ruhigen und übersichtlichen Situationen ist das Gehirn meist in der Lage, Reize zu filtern, ihnen Bedeutungen zu geben und auf dieser Grundlage angemessene Entscheidungen zu treffen. In Situationen, die von Zeitdruck, emotionalem Stress oder hoher Komplexität geprägt sind, werden jedoch Grenzen erkennbar.

In der heutigen Arbeitswelt, in der permanent eine Vielzahl an Reizen gleichzeitig auf Individuen einwirkt und Entscheidungen häufig unter Unsicherheit getroffen werden müssen, ist daher ein Anstieg kognitiver Verzerrungen und Fehlverarbeitungen zu verzeichnen. Stress wirkt dabei wie eine Art „kognitiver Engpass“: Er verschiebt den Fokus, schränkt die Perspektive ein und führt in vielen Fällen zu impulsiven statt reflektierten Entscheidungen. Lazarus und Folkman (1984) fanden heraus, dass sich die Art und Weise der Informationsverarbeitung einer Person unter kognitiver Belastung stark verändert. Es lassen sich dabei mehrere typische Muster beobachten, die auch in arbeitspsychologischen Kontexten immer wieder zu finden sind.

- *Tunnelblick:* Die Aufmerksamkeit fokussiert sich auf spezifische Aspekte des Geschehens. In stressreichen Situationen reduziert bzw. verengt sich das Wahrnehmungsspektrum, sodass periphere Informationen – selbst wenn sie grundsätzlich beachtenswert sind – nicht mehr adäquat wahrgenommen oder sogar vollständig ausgeblendet werden. Dies kann die situative Urteilsfähigkeit erheblich einschränken und das Risiko von Fehlentscheidungen erhöhen (vgl. Klein, 2009).
- *Schnelle, impulsive Reaktionen*: Unter hoher Belastung tendiert das Gehirn dazu, auf erlernte Handlungsmuster und Heuristiken (siehe Abschn. 2.3.3) zurückzugreifen. Obgleich diese mentalen Abkürzungen eine beschleunigte Entscheidungsfindung ermöglichen, basieren sie oftmals nicht mehr auf einer rationalen Analyse, sondern häufig auf emotionalen Impulsen oder stark vereinfachten Wahrnehmungsfiltern (vgl. Kahneman, 2011). In als belastend wahrgenommenen Entscheidungssituationen wird in der Regel das intuitive System („System 1“) aktiviert, während das reflektierte, analytische Denken („System 2“) in den Hintergrund tritt.

- *Fehlinterpretationen:* Die Kombination aus eingeschränkter Aufmerksamkeit, Informationsüberflutung und emotionaler Anspannung kann dazu führen, dass Signale falsch interpretiert werden oder ihre Bedeutung verkannt wird. Dadurch kann sich die Qualität der aus den Interpretationen resultierenden Entscheidungen – und des daraus resultierenden Verhaltens – verringern.

Das nachfolgende Praxisbeispiel verdeutlicht, wie kognitive Überlastung – insbesondere, wenn Zeitdruck vorhanden ist – zu selektiver Wahrnehmung und einem Tunnelblick führen kann.

Praxisbeispiel

Lea arbeitet an der Vorbereitung einer technischen Präsentation für ein bevorstehendes Review-Meeting mit der Projektleitung. Der Zeitrahmen ist eng, parallel laufen mehrere Arbeitspakete, und sie trägt die Verantwortung für ein kleines Teilprojekt. Infolge des wachsenden Drucks verengt sich ihre Aufmerksamkeit zunehmend auf visuelle und gestalterische Elemente der Präsentation. Eine entscheidende Kennzahl zur Bauteilbelastung, die ursprünglich aus einer internen Simulationsrechnung stammt, gerät dabei aus dem Fokus. In der Präsentation wird diese Zahl nicht korrekt kommuniziert – mit der Folge, dass im Anschluss eine falsche Priorisierung für die Ressourcenverteilung im Projekt getroffen wird. Der Fehler fällt erst in einer späteren Umsetzungsphase auf, verursacht zusätzliche Abstimmungen und beeinträchtigt den Projektzeitplan. ◄

2.3.3 Entscheiden unter Unsicherheit & typische Wahrnehmungsfehler

Die Fähigkeit, in einer Situation angemessen entscheiden zu können, stellt eine zentrale Anforderung in der beruflichen Tätigkeit dar. Dies betrifft alle Ebenen und Bereiche eines Unternehmens, sei es die Unternehmensleitung, das Projektmanagement oder die Führung von Mitarbeitenden. In der klassischen Wirtschaftstheorie wird vielfach die Auffassung vertreten, dass der Mensch als *homo oeconomicus* Entscheidungen trifft, indem er rein rational Kosten und Nutzen abwägt und sich für die objektiv beste Alternative entscheiden. Die psychologische Forschung zeigt jedoch seit vielen Jahren ein anderes Bild.

Menschen treffen ihre Entscheidungen selten auf rein rationale Weise. In komplexen oder zeitkritischen Situationen nutzen sie stattdessen sogenannte Heuristiken. Heuristiken sind mentale Abkürzungen oder Faustregeln, die schnelle Urteile ermöglichen, ohne alle verfügbaren Informationen vollständig zu kennen und zu berücksichtigen. Diese Heuristiken sind nicht als „Fehler" zu betrachten, sondern als evolutionär entwickelte Mechanismen, die in vielen Kontexten als effizient und zielführend angesehen werden dürfen (vgl. Gigerenzer, 2007). Mit ihrem Einsatz können auch Risiken verbunden sein. So kann die Verwendung von Heuristiken in inadäquaten Kontexten zu systematischen Verzerrungen (–> *Bias*) führen und somit eine der jeweiligen Situation angemessene Entscheidungsfindung beeinträchtigen.

Zu den typischen Heuristiken und kognitiven Verzerrungen, die auch am Arbeitsplatz eine Rolle spielen können, zählen beispielsweise:

1) *Verfügbarkeitsheuristik (Availability Heuristic)*
   Diese Heuristik beschreibt die Tendenz, die Wahrscheinlichkeit oder Bedeutung eines Ereignisses danach zu beurteilen, wie leicht entsprechende Beispiele und Informationen dazu ins Gedächtnis kommen. Je präsenter oder emotional eindrücklicher ein Ereignis ist, desto höher wird seine Relevanz eingeschätzt (vgl. Tversky & Kahneman, 1973).

Praxisbeispiel

In einem Meeting äußert Lea Bedenken gegenüber einer neuen Projektmanagement-Software, weil ein Kollege vor einiger Zeit von Problemen mit der Anwendung berichtet hatte. Obwohl objektive Bewertungen und aktuelle Nutzererfahrungen durchweg positiv sind, stuft sie das Tool unbewusst als riskant ein – allein aufgrund der leicht abrufbaren negativen Erinnerung. Ihr Urteil basiert somit stärker auf subjektiver Eindrücklichkeit als auf der Abwägung realer Daten. ◄

2) *Ankereffekt (Anchoring Bias)*
   Frühe oder zuerst genannte Informationen wirken als Bezugsrahmen in der Urteilsbildung – selbst wenn sie objektiv irrelevant sind. Diese ersten Informationen „verankern" das Denken und beeinflussen sich anschließende Einschätzungen und Urteile.

Praxisbeispiel

In einer internen Abstimmung zur Budgetplanung für ein neues Projekt nennt ein Kollege frühzeitig eine sehr hohe Schätzung für den benötigten Ressourcenaufwand. Obwohl Lea die tatsächlichen Anforderungen geringer einschätzt, orientiert sie sich in der weiteren Diskussion unbewusst an dieser Zahl, was dann beispielsweise ihre Argumentation beeinflusst. ◄

3) *Overconfidence Bias (Selbstüberschätzung)*
   Dieser Bias beschreibt die Tendenz von Menschen, ihre eigenen Fähigkeiten, Urteile oder Kenntnisse zu überschätzen. Das kann dazu führen, dass Risiken unterschätzt werden oder Entscheidungen vorschnell getroffen werden.

Praxisbeispiel

Lea ist überzeugt, dass sie die Projektlaufzeit zur Entwicklung eines neuen Satellitenbauteils realistisch einschätzen kann – schließlich lag sie bei einem ähnlichen Projekt vor zwei Jahren mit ihrer Einschätzung auch richtig. Neue Daten zur vergleichsweise höheren Komplexität der aktuellen Anforderungen blendet sie jedoch aus. Ihre Selbstsicherheit führt dazu, dass sie bei der Planung des Projektes mögliche Risiken unterschätzt und Pufferzeiten zu stark reduziert. ◄

4) *Loss Aversion (Verlustaversion)*
Verluste werden emotional stärker gewichtet als gleich hohe und wahrscheinliche Gewinne. Daraus ergibt sich, dass dem Vermeiden von Verlusten eine höhere Bedeutung beigemessen wird als dem Streben nach Gewinnen. Dieses Prinzip, bekannt aus der *Prospect Theory* (Kahneman & Tversky, 1979), erklärt, warum Menschen häufig risikoavers handeln – selbst dann, wenn es eine objektiv vorteilhaftere Handlungsoption gibt.

Praxisbeispiel

Lea steht vor der Entscheidung, in ihrem Projektteam eine neue, automatisierte Simulationssoftware einzuführen. Obwohl Analysen zeigen, dass die langfristigen Effizienzgewinne erheblich wären, zögert sie. Die Sorge vor möglichen Anfangsproblemen bei der Implementierung und dem damit verbundenen Schulungsaufwand gewichtet sie höher als den erwartbaren Nutzen. Sie entscheidet sich gegen die Einführung. ◄

5) *Bestätigungsfehler (Confirmation Bias)*
Der Bestätigungsfehler beschreibt die kognitive Tendenz, Informationen so auszuwählen, zu interpretieren und zu erinnern, dass sie bestehende Überzeugungen oder Annahmen stützen – selbst wenn widersprechende Belege vorliegen. Diese Verzerrung wirkt sich insbesondere in Entscheidungssituationen aus, in denen bereits eine erste Einschätzung getroffen wurde und anschließend gezielt nach bestätigenden Informationen gesucht wird, während widersprechende Daten ignoriert oder abgewertet werden (vgl. Nickerson, 1998).

Praxisbeispiel

Lea bewertet ein neues technisches Konzept skeptisch, da sie bei einem ähnlichen Projekt negative Erfahrungen gemacht hat. Obwohl aktuelle Daten und verschiedene ExpertInnen aus dem Team die Erfolgsaussichten positiv bewerten, sucht Lea in den Diskussionen gezielt nach Schwachstellen und interpretiert Aussagen ihrer KollegInnen vor allem so, dass sie ihre Zweifel bestätigen. Dieses Verhalten verlangsamt die Entscheidungsfindung im Team und verhindert eine sachliche Bewertung. ◄

Tab. 2.1 Ausgewählte Heuristiken und kognitive Verzerrungen in der Entscheidungsfindung

Heuristik/ Verzerrung	Beschreibung	Typische Wirkung	Beispiel aus dem Arbeitskontext
Verfügbarkeits-heuristik	Urteile basieren auf leicht abrufbaren, oft emotional geprägten Informationen.	Verzerrte Risikowahrnehmung, Fehleinschätzungen von Wahrscheinlichkeiten	Ein Mitarbeiter lehnt ein neues Tool ab, weil er von Problemen in einem anderen Team gehört hat.
Ankereffekt	Erste Information (z. B. Zahl) beeinflusst nachfolgende Urteile.	Verzerrte Bewertungen, z. B. in Verhandlungen	Eine zu Beginn genannte Gehaltszahl prägt den weiteren Gesprächsverlauf.
Overconfidence Bias	Überschätzung der eigenen Urteilsfähigkeit oder Expertise.	Fehlentscheidungen, mangelnde Rückversicherung	Eine Führungskraft ignoriert kritische Daten, weil sie sich „ganz sicher" ist, richtig zu liegen.
Loss Aversion	Verluste werden emotional stärker gewichtet als gleich hohe Gewinne.	Vermeidung risikobehafteter, aber sinnvoller Optionen	Ein Projekt wird nicht gestartet, weil mögliche Schwierigkeiten schwerer wiegen als potenzielle Vorteile.
Bestätigungs-fehler (Confirmation Bias)	Bevorzugen von Informationen, die bestehende Überzeugungen stützen.	Einseitige Informationssuche, Tunnelblick	Ein Team sucht gezielt nach Belegen, die ihre Strategie stützen, und ignoriert kritische Hinweise (-> *Gruppendenken*, siehe Abschn. 4.3.3)

In Tab. 2.1 sind verschiedene Informationen zu den aufgeführten Heuristiken und Biases noch einmal zusammengefasst.

Die Forschung zeigt, dass Heuristiken keineswegs als „irrational" zu betrachten sind, sondern in vielen Situationen adaptive, leistungsfähige Werkzeuge darstellen – insbesondere dann, wenn Informationen als unsicher oder unvollständig wahrgenommen werden. Entscheidend ist demnach nicht, ob eine Entscheidung mit oder ohne Heuristiken getroffen wird, sondern ob der Einsatz der Heuristik zur jeweiligen Entscheidungssituation passt. Gigerenzer (2007) vertritt die Auffassung, dass ein reflektierter Umgang mit Heuristiken dazu beitragen kann, eine bewusstere Entscheidungsfindung zu fördern, insbesondere in komplexen Arbeitsumfeldern.

Die Kenntnis typischer Verzerrungen ermöglicht die Entwicklung von passenden „Gegenmaßnahmen", auf die an anderer Stelle eingegangen wird.

Abschließend werden drei weitere wissenschaftlich fundierte Wahrnehmungsverzerrungen präsentiert, die im beruflichen Kontext die Einschätzung von Situationen und damit verbundenes (Entscheidungs-)Verhalten potenziell beeinflussen können.

- *Halo-Effekt:* Eine einzelne, meist positive Eigenschaft (z. B. Freundlichkeit) strahlt auf die Gesamtbeurteilung aus – selbst wenn andere relevante Aspekte gar nicht bekannt oder überprüft sind. Besonders häufig tritt dieser Effekt in Mitarbeitergesprächen oder bei der Beurteilung neuer Teammitglieder auf.
- *Primacy- und Recency-Effekt:* Menschen erinnern sich besonders gut an die ersten und letzten Informationen, die sie erhalten. Anfangs- und Schlussmomente haben eine überproportionale Wirkung auf die Gesamtbeurteilung – beispielsweise bei Präsentationen oder in Vorstellungsgesprächen.
- *Stereotype und Vorurteile:* Personen oder Situationen werden auf Grundlage der Zugehörigkeit zu einer sozialen Kategorie (z. B. Alter, Geschlecht, Beruf) voreilig – und oftmals negativ – bewertet. Diese automatischen Zuschreibungen beeinflussen Urteile, bevor objektive Informationen verarbeitet wurden und für Urteile herangezogen werden können.

Praxisbeispiel

Lea hält eine neue Kollegin für besonders talentiert, weil sie ihr in der ersten Woche durch hohe Einsatzbereitschaft aufgefallen ist. Dieses positive Anfangsbild (-> *Primacy-Effekt*) beeinflusst auch spätere Einschätzungen, selbst wenn die neue Kollegin nach der ersten Woche eher durchschnittliche Leistungen zeigt. ◄

2.3.4 Strategien zur Verbesserung der Informationsverarbeitung

Um in komplexen, dynamischen Arbeitssituationen fundierte Entscheidungen treffen zu können und handlungsfähig zu sein und zu bleiben, ist daher die Anwendung gezielter Strategien zur Verbesserung der Informationsverarbeitung hilfreich. Nachfolgend werden fünf Handlungsfelder vorgestellt, die konkrete Ansätze zur Optimierung kognitiver Prozesse im Arbeitsalltag beinhalten.

1. *Bewusstes Reflektieren: Metakognition und Selbstwahrnehmung fördern*
   Das bewusste Hinterfragen der eigenen kognitiven Prozesse, Annahmen und Bewertungen wird als Metakognition bezeichnet. Das ist die Fähigkeit, das eigene Denken zu beobachten, zu analysieren und zu regulieren (vgl. Flavell, 1979). Durch das Thematisieren und das Vermitteln von Wissen über beispielsweise Heuristiken oder typische Wahrnehmungsfehler können Mitarbeitende ihrem Denken Stück für Stück „auf die Schliche kommen" und Fehleinschätzungen entgegenwirken.

Praxisbeispiel

Nach einer intensiven Diskussion im Projektmeeting denkt Lea darüber nach, warum sie sich in der Abstimmung für ein bestimmtes Konzept ausgesprochen hat. Im Nachgang wird ihr bewusst, dass sie vor allem der Präsentation einer Kollegin zugestimmt hat, zu der sie ein besonders gutes Verhältnis pflegt und nicht weil sie das Konzept inhaltlich besser fand. ◄

2. *Kognitive Diversität nutzen: Unterschiedliche Perspektiven aktiv einbinden*
Teams profitieren in aller Regel von einer Vielfalt an Perspektive, sowohl in fachlicher als auch in kognitiver Hinsicht. Der Begriff der kognitiven Diversität bezeichnet Unterschiede in Bezug auf Denkstile, Problemlösungsansätze, Wissensstände oder Erfahrungshorizonte. Heterogen zusammengesetzte Teams sind oftmals in der Lage, fundiertere Entscheidungen zu treffen, da unterschiedliche Sichtweisen – sofern sie offen geäußert und diskutiert werden – die Wahrscheinlichkeit kollektiver Denkfehler wie beispielsweise das Gruppendenken (vgl. Janis, 1972) reduzieren.

Praxisbeispiel

In einem laufenden Projekt zu einer Systemintegration schlägt Lea vor, zusätzlich einen Kollegen aus dem Qualitätsmanagement in die Sitzungen des Projektteams einzuladen. Sie weiß, dass dessen Sichtweise oft konträr zur technischen Perspektive ist – gerade deshalb schätzt sie seine Impulse zur Risikobewertung oder Entscheidungsfindung. ◄

3. *Entscheidungen gezielt verzögern: Emotionsregulation und Perspektivwechsel ermöglichen*
Eine hohe Entscheidungsgeschwindigkeit führt im unternehmerischen Alltag nicht zwangsläufig zu einer besseren Qualität der getroffenen Entscheidungen. Insbesondere unter Stress oder Zeitdruck wird häufig die intuitive („System 1“) Verarbeitung nach Kahneman (2011) präferiert (siehe Abschn. 2.3.2). Die bewusste Entscheidung, einen Entscheidungsprozess zu entschleunigen oder hinauszuzögern, kann dabei unterstützen, Abstand zu emotionalen Reaktionen zu gewinnen und neue Perspektiven und Informationen zu integrieren.

Praxisbeispiel

Nach einem angespannten und hitzigen Austausch mit einem externen Zulieferer entscheidet sich Lea bewusst dafür, die nächste Entscheidung über eine technische Schnittstellenlösung erst am Folgetag zu treffen. Sie merkt, dass sie emotional aufgeladen ist und nutzt die verbleibende Zeit, um Rückmeldungen ihres Teams zu sichten und ihre Bewertung der Schnittstellenlösung zu überdenken. ◄

4. *Mentale Techniken anwenden: Achtsamkeit und Meditation*
Um die Informationsverarbeitung zu optimieren und zu stabilisieren, können gezielt mentale Techniken eingesetzt werden. So kann das Praktizieren von Achtsamkeit die bewusste Steuerung der Aufmerksamkeit, und die persönliche Regeneration unterstützen (vgl. Kabat-Zinn, 2003). Regelmäßiges Meditieren stärkt beispielsweise Fokus und Konzentration.

Praxisbeispiel

Lea nutzt eine kurze Atemmeditation vor herausfordernden Meetings, um in sich zu gehen und sich auf den gegenwärtigen Moment zu fokussieren. ◄

5. *Technologische Unterstützung einbinden: Datenbasierte Systeme zur Entlastung nutzen* Digitale Werkzeuge wie beispielsweise Decision Support Systems (DSS) bieten strukturierte Entscheidungsgrundlagen, indem sie auf algorithmische Datenanalysen zurückgreifen. Auch der Einsatz von künstlicher Intelligenz (KI) kann dazu beitragen, bestimmte – möglicherweise wiederkehrende Muster in Daten zu erkennen, Prognosen zu erstellen und somit die Qualität menschlicher Entscheidungen zu verbessern. Voraussetzung dafür ist, dass ihr Einsatz kritisch reflektiert und mit technischer Kompetenz erfolgt.

Praxisbeispiel

Lea arbeitet gemeinsam mit ihrer Führungskraft an der Auswahl neuer Teammitglieder für ein kommendes Projekt. Um aus einer Vielzahl an Bewerbungen eine fundierte Vorauswahl zu treffen, nutzt sie eine KI-gestützte Plattform, die auf Basis vordefinierter Kriterien eine erste Einschätzung liefert – beispielsweise zur Passung der Kompetenzen oder zu bisherigen Projekterfahrungen. Die finale Entscheidung, welche BewerberInnen in die engere Wahl kommen, trifft Lea jedoch nicht allein: Im Vier-Augen-Prinzip reflektiert sie die Vorschläge, die die KI gemacht hat, gemeinsam mit ihrer Führungskraft und gleicht sie mit ihrem persönlichen Eindruck aus, den sie sich in telefonischen Interviews verschafft hat. So gelingt es ihr, datenbasierte Unterstützung gezielt zu nutzen, ohne dabei den „Faktor Mensch“ und ihre Intuition aus dem Blick zu verlieren. ◄

Die Art und Weise, wie Informationen aufgenommen, selektiert und interpretiert werden, prägt nicht nur individuelle Entscheidungen, sondern auch Zusammenarbeit, Kommunikation und Führung in Organisationen. Eine detaillierte Erläuterung erfolgt in den nachfolgenden Kapiteln.

Die Bewusstmachung dieser Prozesse trägt vor allem zur Stärkung der *kognitiven Souveränität* des Einzelnen bei. Durch den gezielten Einsatz spezifischer Strategien zur Selbstregulation und Entscheidungsfindung – sowohl im persönlichen Bereich als auch auf Team-Ebene – können Denkfallen vermieden, die Informationsverarbeitung verbessert und in der Konsequenz fundiertere und qualitativ hochwertige Entscheidungen getroffen werden. Damit wird die Grundlage für ein situativ angemessenes Verhalten gelegt – das Thema des nächsten Abschnitts.

Leas Reflexionsmoment

„Neulich im Projektmeeting habe ich mich dabei ertappt, wie ich eine Kollegin, mit der ich bisher wenig zusammengearbeitet habe, vorschnell als wenig engagiert eingeschätzt habe – nur weil sie ruhig war und kaum etwas gesagt hat. Später stellte sich heraus, dass sie einfach sehr konzentriert zugehört und nebenbei Notizen gemacht hatte. Mir wurde klar: Ich hatte ihre Zurückhaltung falsch interpretiert – wahrscheinlich, weil ich in dem Moment gestresst war und aus verschiedenen Gründen ziemlich unter Zeitdruck stand. Seitdem versuche ich, bewusster darauf zu achten, wie ich

Situationen wahrnehme und beurteile und wie stark mein aktueller Zustand – ob emotional oder kognitiv – meine Einschätzungen möglicherweise beeinflusst.“

Reflexionsfragen für Sie:

In welchen beruflichen Situationen neigen Sie dazu, Urteile voreilig zu treffen? Welche Rolle spielen dabei Zeitdruck, Erwartungen oder in welchem emotionalen Zustand Sie gerade sind?

2.4 Handeln und Lernen

Verhalten kann zumeist als das Resultat eines zielgerichteten psychologischen Prozesses gelten, der dem jeweiligen Handeln vorausgeht. Es geht also beispielsweise um die Fähigkeit, Absichten zu formulieren, Handlungsstrategien zu entwickeln, Verhalten zu initiieren und dieses dann im Verlauf aktiv zu steuern sowie bei Bedarf anzupassen (vgl. Kuhl, 1985).

Nachfolgend werden zwei bekannte psychologische Handlungstheorien vorgestellt, die verdeutlichen, wie Handeln entsteht und welche Rolle beispielsweise Wünsche, Motive oder Intentionen spielen.

2.4.1 Theorien zum Entstehen von Handlung

Das *Rubikon-Modell der Handlungsphasen* (vgl. Heckhausen & Gollwitzer, 1987) ist eine der bekanntesten motivationspsychologischen Theorien zur Beschreibung zielgerichteten Handelns. Der Prozess unterteilt sich in vier klar voneinander abgegrenzte Phasen, die durch unterschiedliche psychologische Mechanismen charakterisiert sind.

In der ersten Phase findet ein Abwägen der verschiedenen Handlungsoptionen statt. Dieser Prozess wird als *prädezisionales Abwägen* bezeichnet. Der Fokus liegt auf der Motivation, die in diesem Zusammenhang auch als Zielsetzung definiert werden kann und dem Bilden einer Intention. Der Mensch beurteilt den Nutzen und den Aufwand, um das Ziel zu erreichen sowie die Erfolgsaussichten alternativer Optionen und wählt die für ihn vorteilhafteste aus. Nach erfolgter Auswahl beginnt die Phase der konkreten Planung (–> *präaktionale Phase*). Dabei werden Strategien entwickelt, wie das Ziel erreicht werden soll, und es werden Ressourcen identifiziert und vermutete Hindernisse antizipiert. In dieser Phase wechselt die Motivation zur Volition. Der Fluss Rubikon, der als Namensgeber des Modells dient, wurde nun überschritten und es gibt (zumindest theoretisch) kein Zurück mehr. Die Implementierung der geplanten Maßnahmen erfolgt durch aktives Handeln in der *aktionalen Phase*. Dies veranschaulicht die Effektivität der gewählten Strategie(n), wobei Störungen oder Widerstände beispielweise Anpassungsfähigkeit, Selbstregulation oder Ausdauer erfordern. Wie wahrscheinlich und wie schnell die Intention realisiert werden kann, hängt vor allem von der Stärke der Volition ab. Im vierten Schritt der *postaktionalen Phase* erfolgt eine abschließende Bewertung der Handlungsergebnisse. War das Vorgehen erfolgreich? Welche Erkenntnisse konnte ich gewinnen? Diese Reflexion beeinflusst wiederum zukünftige Zielsetzungen oder Selbstwirksamkeitserwartungen und ist wie in der ersten Phase von motivationalen Aspekten geprägt.

Praxisbeispiel

Lea überlegt, sich beruflich weiterzuentwickeln, und informiert sich über passende Weiterbildungsmöglichkeiten. Nach Gesprächen mit KollegInnen und der Personalabteilung entscheidet sie sich für ein modular aufgebautes Programm im Bereich „Technisches Projektmanagement" *(Abwägen)*. Gemeinsam mit ihrer Führungskraft plant sie Entlastungen ein, um Lernphasen integrieren zu können *(Planen)*. Der Start gelingt: Lea besucht Seminare, nutzt Pausen zur Regeneration und überträgt erste Inhalte direkt in ihre Projekte *(Handeln)*. Nach einigen Monaten reflektiert sie ihre Lernstrategie, reduziert übermäßigen Aufwand und gewinnt durch praxisnahen Fokus mehr Energie und Motivation *(Bewerten)*. ◀

In der *Theorie des geplanten Verhaltens* (vgl. Ajzen, 1991) wird die Auffassung vertreten, dass Verhalten maßgeblich durch bewusste Absichten bzw. Intentionen beeinflusst wird. Ajzen zufolge sind diese abhängig von drei psychologischen Hauptfaktoren.

Die *Einstellung gegenüber dem Verhalten* umfasst persönliche Überzeugungen über das Verhalten und dessen Konsequenzen. Dabei geht es um die Frage, ob es aus persönlicher Perspektive als sinnvoll, lohnend und moralisch akzeptabel erachtet werden kann. Auch die *subjektiven Normen*, d. h. subjektiv wahrgenommene soziale Erwartungen von KollegInnen oder Vorgesetzten können sich auf das Verhalten einer Person auswirken. Je mehr sie davon ausgeht, dass wichtige Bezugspersonen in ihrem sozialen Umfeld eine Handlung befürworten, steigt die Wahrscheinlichkeit, dass sie diese ausführt. Die Dimension der *wahrgenommenen Verhaltenskontrolle* beinhaltet die individuelle Einschätzung der subjektiven Fähigkeit, das angestrebte Verhalten tatsächlich umsetzen zu können. Die Wahrscheinlichkeit, eine Handlung auszuführen, steigt dann mit der Einschätzung, die nötigen Fähigkeiten, Kompetenzen und Ressourcen zu haben, um das Verhalten zu realisieren.

Praxisbeispiel

Lea entscheidet sich, für die Führung ihres Teams einen partizipativen Führungsstil anzuwenden.

- Einstellung: Sie ist davon überzeugt, dass partizipative Führung Innovation und Motivation im Team stärkt.

- Subjektive Norm: Das Unternehmen legt Wert auf offene Kommunikation und eine weitreichende Beteiligung der Mitarbeitenden.
- Wahrgenommene Verhaltenskontrolle: Lea hat bereits verschiedene Trainings zum Thema besucht und fühlt sich gut vorbereitet.

Daraus ergibt sich, dass ihre Intention voraussichtlich stark ausgeprägt ist – und das Verhalten in der Folge mit hoher Wahrscheinlichkeit umgesetzt wird. ◄

Allerdings besteht zwischen einer starken Intention und einer tatsächlichen Verhaltensänderung oft eine Diskrepanz, die durch den Einfluss von unter anderem Gewohnheiten oder unbewussten Routinen bedingt sein kann (-> *Intentions-Verhaltens-Lücke*). Im Folgenden geht es um die Fragestellung, auf welche Weise Menschen dazu in der Lage sind, ihr Verhalten gezielt zu verändern, und welche (lern-)psychologischen Prozesse dabei eine Rolle spielen.

2.4.2 Lernen und Verhaltensveränderung

In der Arbeitswelt stellt die Lernfähigkeit eine der zentralen Voraussetzungen für persönliche Weiterentwicklung und situativ angemessenes Verhalten dar. Lernen ist ein fundamentaler psychologischer Prozess, der es dem Menschen ermöglicht, sich fortwährend an neue Bedingungen anzupassen, Kompetenzen (weiter) zu entwickeln und bestehende Verhaltensmuster zu verändern. In der Psychologie wird daher Lernen zumeist als eine dauerhafte Verhaltensänderung aufgrund von Erfahrung definiert (vgl. Schunk, 2012). Es gibt verschiedene Lerntheorien, die entsprechende Erklärungsansätze bereitstellen, und von denen nun einige kurz vorgestellt werden.

1. *Klassisches Konditionieren:* Diese Form des Lernens basiert auf der Assoziation zweier Reize. Ein ursprünglich neutraler Reiz wird durch wiederholte Kopplung mit einem bedeutungsvollen Reiz zum Auslöser einer unwillkürlichen Reaktion. Diese Form der Konditionierung erfolgt unbewusst und kann starke emotionale Reaktionen auslösen (vgl. Pavlov, 1927).

Beispiel:
Wird eine Person wiederholt in Meetings kritisiert, kann bereits das Betreten des Besprechungsraums bei ihr Stress auslösen.

2. *Operantes Konditionieren*: Im Fokus steht das Lernen durch Konsequenzen. Das menschliche Verhalten wird durch positive Verstärkung (Belohnung) oder negative Verstärkung (Bestrafung) beeinflusst. (vgl. Skinner, 1953)
   Solche Zusammenhänge können beispielsweise in der Mitarbeiterführung oder bei Veränderungsprozessen im Change Management von Bedeutung sein.

Beispiel:
Erhält eine Person positive Rückmeldung dafür, dass sie andere an ihrem Wissen teilhaben lässt, so ist es wahrscheinlich, dass sie dieses Verhalten wiederholen wird.

3. *Lernen am Modell:* Menschen lernen durch die Beobachtung anderer Personen und übernehmen deren Verhalten – möglicherweise vor allem dann, wenn die beobachtete Person als kompetent oder sympathisch wahrgenommen wird. Diese Form des Lernens kann sowohl bewusst als auch unbewusst ablaufen. Forschungen von beispielsweise Bandura (1977) deuten darauf hin, dass das Modelllernen eine zentrale Stellung bei der Entwicklung von Unternehmenskulturen einnimmt.

Beispiel:
Neue Mitarbeitende übernehmen das Kommunikationsverhalten, das sie bei ihrer Führungskraft beobachten.

4. *Kognitives Lernen:* Diese Lernform basiert auf psychischen Prozessen wie Einsicht, Denken, Reflektion und Problemlösung. Dabei steht der Aspekt des bewussten Durchdringens von Zusammenhängen im Vordergrund.

Beispiel:
Eine Projektmanagerin analysiert nach einer gescheiterten Präsentation die Ursachen und entwickelt daraus eine neue Strategie für zukünftige Aufgaben dieser Art.

Praxisbeispiel

Lea arbeitet regelmäßig in einem agilen Projektteam, in dem iteratives Vorgehen, Austausch und gemeinsames Lernen zur täglichen Praxis gehören. Besonders wertvoll empfindet sie die regelmäßigen Retrospektiven, in denen nicht nur Ergebnisse, sondern auch Vorgehensweisen reflektiert werden. Durch das Beobachten erfahrener KollegInnen – etwa im Umgang mit komplexen Produktanforderungen – entwickelt sie implizites Wissen weiter, das in keiner Schulung vermittelt wird. Dieses *soziale Lernen* durch kollegiales Feedback, gemeinsame Problemlösungen und Weitergabe von Erfahrungswissen unterstützt Leas Entwicklung deutlich nachhaltiger als dies formale Trainings allein tun würden. ◀

Lernen kann also als ein gestalterischer Prozess verstanden werden, in dem Wissen, Fähigkeiten und Verhaltensweisen durch unter anderem Erfahrungen, die Beobachtung anderer Menschen oder Übung verändert und erweitert werden können.

2.4.3 Zwei Modelle zur Verhaltensänderung

Verhaltensänderungen erfolgen selten spontan oder linear. Insbesondere in komplexen beruflichen Kontexten, wie auch Lea sie erlebt – mit hohem Leistungsdruck, multiplen Rollen und damit verbundenen Anforderungen und dem Wunsch nach Entwicklung – ist Veränderung zumeist ein dynamischer, mehrstufiger Prozess. Das *Transtheoretische Modell (TTM)* nach Prochaska und DiClemente (1983) stellt ein praxisorientiertes Rahmenmodell dar, um diesen Prozess besser zu verstehen und gezielt zu unterstützen.

Dabei werden sechs Phasen beschrieben, die Menschen typischerweise durchlaufen, wenn sie eine nachhaltige Verhaltensänderung anstreben. Dahinter steht die Annahme, dass eine Verhaltensänderung nicht durch ein singuläres Ereignis hervorgerufen wird, sondern durch ein Zusammenspiel von Motivation, Einsicht, Planung, Ressourcenaktivierung und Umgang mit Rückschlägen.

Phase 1: ***Absichtslosigkeit (Precontemplation)***
In dieser Phase sind das Bewusstsein oder die Einsicht in das problematische Verhalten nicht vorhanden. Eine berufstätige Person – wie Lea – könnte beispielsweise trotz hoher Belastung bzw. Überlastung nicht in Erwägung ziehen, Änderungen hinsichtlich ihres Arbeitspensums oder ihres Umgangs mit Stress vorzunehmen, obwohl es ihr zunehmend schlechter geht. Häufig werden dann zunächst rationale Argumente, die auf die spezifischen (Arbeits-)Bedingungen der Branche oder andere externe Faktoren abzielen, angeführt.

Praxistip:

Hier können gezielte Feedbackprozesse (z. B. Mitarbeitergespräche) oder Gesundheits-Checks erste Anhaltspunkte liefern, um Selbstreflexion anzuregen. Auch in Teamgesprächen können Belastungen thematisiert werden.

Phase 2: ***Absichtsbildung (Contemplation)***
In dieser Phase werden erstmals Zweifel laut, ob das aktuelle Verhalten tatsächlich langfristig tragfähig ist. Lea beginnt, eine gewisse Erschöpfung zu verspüren und Fehler zu machen. Sie stellt sich jedoch die Frage, ob diese Phänomene tatsächlich auf sie selbst zurückzuführen sind oder ob sie vielmehr eine „normale" Reaktion auf die herausfordernde Situation darstellen. Diese Phase ist durch eine ambivalente Grundstimmung gekennzeichnet, in der sowohl die Notwendigkeit von Veränderungen als auch deren potenzielle Belastungen und Risiken wahrgenommen werden.

Praxistip:

In der Personalentwicklung bieten sich hier Coachings oder strukturierte Reflexionsangebote an, beispielsweise in Form von Peer-Gruppen (-> *Kollegiale Beratung*). Zudem kann die Auseinandersetzung mit anwendungsbezogenem psychologischem Wissen zur Bewusstseinsbildung beitragen.

Phase 3: ***Vorbereitung (Preparation)***
Die Person fasst einen konkreten Vorsatz zur Verhaltensänderung und beginnt, erste Schritte zu planen. Lea könnte also den Entschluss fassen, an einem Zeitmanagement-Seminar teilzunehmen und mit ihrer Führungskraft realistische Projektfristen zu besprechen. Ihre Motivation ist hoch, gleichzeitig besteht Unsicherheit darüber, wie der Transfer in den Arbeitsalltag gelingen kann.

Praxistip:

An dieser Stelle kann professionelle Begleitung in Form von Coaching besonders wirksam sein. Auch Zielvereinbarungen im Rahmen von Entwicklungsgesprächen oder die Arbeit mit Checklisten zur Selbstführung können helfen, den Übergang zur Handlung zu unterstützen.

Phase 4: ***Handlung (Action)***
Es erfolgt die Umsetzung konkreter Verhaltensänderungen. Lea dokumentiert ab sofort systematisch ihre Arbeitszeit, integriert bewusst Pausen in ihren Arbeitsrhythmus und priorisiert ihre Aufgaben neu. In dieser Phase kommt es mitunter zu Störungen, da neue Routinen etabliert werden müssen, die mit etablierten Automatismen konkurrieren und möglicherweise gegen externe Widerstände verteidigt werden müssen.

Praxistip:

Ein unterstützendes Umfeld ist nun besonders wichtig. Außerdem spielen Führungskräfte eine wichtige Rolle, indem sie erste Erfolge anerkennen und Rückhalt bieten. Auch digitale Tools zur Selbstorganisation wie z. B. Fokus-Apps können hilfreich sein.

Phase 5: ***Aufrechterhaltung (Maintenance)***
Das neue Verhalten ist mittlerweile ein integraler Bestandteil des beruflichen Alltags geworden, bedarf jedoch einer kontinuierlichen aktiven Stabilisierung. Rückfälle sind nicht auszuschließen und in vielen Fällen „an der Tagesordnung". Lea durchlebt beispielsweise eine Phase, die von einem hohen Termindruck geprägt ist und zeigt wiederholt ein Verhalten, das sich an früheren Mustern orientiert. Sie erkennt dies jedoch rechtzeitig, setzt sich damit auseinander und passt ihre Strategien an.

Praxistip:

In dieser Phase können kollegiale Austauschformate wie beispielsweise eine Kollegiale Beratung stärkend wirken. Auch regelmäßige Selbstreflexion – etwa mit Hilfe des Führens eines Tagebuches oder Journals – kann die nachhaltige Umsetzung des neuen Verhaltens fördern.

Phase 6: ***Rückfall (Relapse)***
Obwohl diese Phase im ursprünglichen Modell nicht explizit als sechste Stufe benannt ist, wird sie heute vielfach als Bestandteil des Modells betrachtet. Rückfälle sind dabei nicht als Scheitern des gesamten Prozesses zu betrachten, sondern bieten vielmehr die Möglich-

keit zu einer neuerlichen Ausrichtung. Für Lea bedeutet dies, aus den gemachten Erfahrungen zu lernen, ohne das Gefühl zu entwickeln, perfekt sein zu müssen, und sich dennoch kontinuierlich weiterzuentwickeln.

Das Transtheoretische Modell veranschaulicht, dass eine nachhaltige Verhaltensänderung am Arbeitsplatz nicht durch kurzfristige Maßnahmen erreicht werden kann. Es bietet einen wertvollen Orientierungsrahmen, um eigene Veränderungsprozesse bewusst zu gestalten und dabei Geduld und Nachsicht mit sich selbst zu üben, wenn damit verbundene Herausforderungen zu bewältigen sind.

Einsicht und Planung allein reichen jedoch zumeist nicht aus, um eine Verhaltensänderung umzusetzen. Vielmehr ist auch die richtige Form der Motivation von Bedeutung. An dieser Stelle setzt die *Selbstbestimmungstheorie* von Deci und Ryan (2000) an, die die grundlegenden Bedingungen beschreibt, unter denen Menschen motiviert, engagiert und langfristig veränderungsbereit sind. In der Theorie wird dargelegt, unter welchen Bedingungen Menschen eine gesteigerte Motivation und Lernbereitschaft aufweisen. Die Grundlage bildet die Annahme, dass Menschen drei grundlegende psychologische Bedürfnisse haben, die im Folgenden beschrieben werden.

1. *Autonomie*: *Das Bedürfnis, das eigene Handeln selbstbestimmt zu gestalten.*
   Autonomie beschreibt das Gefühl, Entscheidungen treffen zu können, die im Einklang mit den eigenen Werten und Zielen stehen. Menschen streben danach, das Gefühl zu haben, dass sie „Urheber" ihres Verhaltens sind und nicht bloß Ausführende äußerer Anweisungen. Im beruflichen Kontext zeigt sich, dass Mitarbeitende, denen die Möglichkeit eingeräumt wird, bei der Festlegung von Zielen, Maßnahmen und der zeitlichen Ausgestaltung ihrer Tätigkeit mitzuwirken, eine höhere Motivation, Kreativität und Bereitschaft zur Verantwortungsübernahme aufweisen als Mitarbeitende, die strikte Vorgaben befolgen müssen und keine Gestaltungsspielräume haben.

Beispiel:
Eine Mitarbeiterin, die selbst entscheiden darf, wie sie eine Aufgabe bearbeitet, wird diese engagierter angehen als jemand, dem ein starrer Ablauf vorgegeben wird.

2. *Kompetenz bzw. das Bedürfnis, sich als selbstwirksam und fähig zu erleben.*
   Kompetenz wird definiert als das Streben nach erfolgreicher Bewältigung von Herausforderungen, der Weiterentwicklung von Fähigkeiten und dem Erleben von Fortschritten (siehe ausführlich Abschn. 2.6). Menschen zeigen eine deutlich höhere Motivation, wenn sie die Erfahrung machen, dass sie an ihrem Arbeitsplatz auf ihre Tätigkeit Einfluss haben und ihr Handeln zu sichtbaren und erfolgreichen Ergebnissen führt. Für Lern- und Veränderungsprozesse ist es von entscheidender Bedeutung, dass Aufgaben weder zu leicht noch überfordernd sind, sondern als machbar und entwicklungsfördernd erlebt werden.

Beispiel:
Ein Kollege, der ein neues digitales Tool erfolgreich anwendet, bekommt positives Feedback vom Team – seine Kompetenzwahrnehmung steigt und fördert die Bereitschaft zu lernen.

3. *Soziale Eingebundenheit: Das Bedürfnis nach Zugehörigkeit und unterstützenden Beziehungen.*
   Der Mensch ist ein soziales Wesen. Die Motivation, sich als Teil eines Ganzen zu erleben, ist dabei von zentraler Bedeutung. Die Anerkennung, der Respekt und die Wertschätzung der eigenen Person haben genauso wie Beziehungen, die auf Vertrauen, Offenheit und gegenseitiger Unterstützung basieren, einen positiven Einfluss auf das persönliche Wohlbefinden sowie auf Lernen und Verhalten.

   Am Arbeitsplatz kann das Gefühl der sozialen Eingebundenheit durch die Zugehörigkeit zu einem Team, die wahrgenommene Unterstützung durch Führungskräfte oder KollegInnen sowie das gemeinsame Verfolgen von Zielen gestärkt werden.

Beispiel:
Ein neuer Mitarbeiter, der von Beginn an in das Team integriert wird, Fragen stellen darf und sich konstruktiv in die anstehenden Aufgaben einbringen kann, fühlt sich bereits nach kurzer Zeit als zugehörig und ist schneller produktiv.

Nur wenn alle drei Bedürfnisse erfüllt sind, entsteht intrinsische Motivation, also eine Motivation, die aus dem Menschen selbst heraus entfaltet und besonders nachhaltig wirkt.

Praxisbeispiel

Bei AeroSpace Dynamics erlebt Lea, wie sich ihre Lern- und Arbeitsmotivation deutlich steigert, seitdem sie mehr Entscheidungsspielräume in einem Teilprojekt erhält. Sie kann eigenverantwortlich Prioritäten setzen, bekommt regelmäßig Weiterbildungen zu aktuellen Softwaretools angeboten und arbeitet zunehmend interdisziplinär. Diese Kombination aus Autonomie, Kompetenzentwicklung und sozialer Eingebundenheit stärkt nicht nur ihr fachliches Wachstum, sondern auch ihre Identifikation mit dem Unternehmen. ◄

2.4.4 Möglichkeiten zur gezielten Verhaltensveränderung

Wie im letzten Abschnitt verdeutlicht wurde, erfordert die Umsetzung von Verhaltensveränderungen eine konkrete Absicht, klare Strukturen, Motivation oder psychologische Unterstützung. Darüber hinaus können die nachfolgend aufgeführten Punkte wertvolle Impulse liefern.

- *Zielsetzung nach der SMART-Methode*: Gemäß dieser Methode sollten Ziele spezifisch, messbar, attraktiv, realistisch und zeitlich terminiert formuliert sein. Diese Struktur erleichtert die Handlungsplanung und schafft Verbindlichkeit. Das Formulieren klarer Ziele geht mit einer erhöhten Wahrscheinlichkeit für deren Umsetzung sowie einer Steigerung der Motivation einher (vgl. Locke & Latham, 2002), siehe Abschn. 5.6.1.
- *Gewohnheitsbildung*: Die Integration neuer Verhaltensweisen in das alltägliche Verhalten wird durch die Verknüpfung mit konkreten Alltagssituationen begünstigt. Als Beispiel kann hier eine kurze Planungseinheit in Verbindung mit einer Tasse Kaffee oder vor dem Start in den Arbeitstag genannt werden. Die regelmäßige Wiederholung des Verhaltens fördert dessen Automatisierung und entlastet zugleich das Arbeitsgedächtnis.
- *Selbstreflexion*: Es kann unterstützend wirken, sich regelmäßig selbst zu reflektieren bzw. das eigene Verhalten zu überdenken, um Fortschritte sichtbar zu machen und Verhaltensabweichungen frühzeitig zu erkennen. Reflexive Prozesse fördern zudem die Selbstwirksamkeit und ermöglichen bei Bedarf eine Anpassung des Verhaltens.
- *Belohnungssysteme* unterstützen die Verankerung neuer Routinen im Sinne des operanten Konditionierens (siehe Abschn. 2.4.2). Sie fördern die positive Verstärkung, die durch sichtbare Erfolgserlebnisse oder symbolische Belohnungen charakterisiert ist. Die Kopplung von Verhalten und positiver Konsequenz im Sinne einer Belohnung steigert die Motivation und erhöht die Wahrscheinlichkeit der Wiederholung.
- *Soziale Unterstützung* wird definiert als der Austausch mit KollegInnen, MentorInnen oder in Peer-Gruppen. Dieser Austausch kann die Motivation steigern, emotionale Rückendeckung bieten und praktische Anregungen für eine erfolgreiche Umsetzung von Verhaltensveränderungen liefern. Gerade im organisationalen Kontext fördern unterstützende Beziehungen die Veränderungsbereitschaft und persönliche Lernprozesse (vgl. Bandura, 1997).

Praxisbeispiel

Lea möchte ihre persönliche Arbeitsweise weiterentwickeln und hat sich das Ziel gesetzt, ihre Aufgaben besser als bisher zu priorisieren. Konkret plant sie, morgens stets ihre Tagesaufgaben schriftlich festzuhalten und mit der wichtigsten Aufgabe des Tages zu beginnen (Gewohnheitsbildung), wöchentlich ihren Fortschritt anhand kurzer Notizen zu reflektieren (Selbstreflexion) und sich bei gelungenem Zeitmanagement kleine Pausen als Belohnung zu gönnen (Belohnungssystem). Diese Maßnahmen stützt sie auf ein konkretes, schriftlich fixiertes Ziel (-> SMART-Methode) und tauscht sich regelmäßig mit einer Kollegin aus, um Erfahrungen zu besprechen und sich gegenseitig zu motivieren (soziale Unterstützung). ◄

Leas Reflexionsmoment

„Als ich vor einiger Zeit Feedback bekommen habe, dass ich in Meetings zu schnell Entscheidungen treffe, war ich zunächst gekränkt. Aber ich habe mir die Rückmeldung zu Herzen genommen. Statt wie bisher direkt in die Umsetzung zu gehen, versuche ich nun, bewusster innezuhalten, Fragen zu stellen und mein eigenes Verhalten zu reflektieren. Dabei ist mir aufgefallen: Lernen beginnt oft genau da, wo es sich ggf. unangenehm oder herausfordernd anfühlt. Und Veränderung braucht mehr als bloß guten Willen – sie braucht so etwas wie eine konkrete Strategie, angemessene Planung oder Wiederholung."

Reflexionsfragen für Sie:

Wie gehen Sie mit neuen Anforderungen oder Veränderungswünschen an Ihr Verhalten um? Was hilft Ihnen dabei, alte Muster zu hinterfragen und neue Verhaltensweisen zu etablieren?

Im nächsten Abschnitt geht es nun darum, welche Rolle die persönliche Einstellung spielt, wenn es um Leistungsfähigkeit, Gesundheit und Wohlbefinden am Arbeitsplatz geht.

2.5 Persönliches Mindset

2.5.1 Was ist das Mindset?

Der Begriff *Mindset* beschreibt die Denkweisen, Überzeugungen und innere Haltung eines Menschen und hat Auswirkungen darauf, wie Individuen Herausforderungen begegnen, wie sie lernen oder wie sie sich weiterentwickeln. Aus psychologischer Perspektive kann das Mindset also als eine kognitive Einstellung definiert werden, die die Wahrnehmung, das Treffen von Entscheidungen und das Verhalten eines Individuums maßgeblich beeinflusst.

Grundsätzlich können zwei verschiedene Arten von *Mindsets* unterschieden werden (vgl. Dweck, 2006).

Menschen mit einem *Fixed Mindset* gehen davon aus, dass Intelligenz, Talente und Fähigkeiten durch Gene oder eine wie auch immer beschaffene Begabung festgelegt sind und daher kaum willentlich beeinflussbar sind. Das führt zu bestimmten Denk- und Verhaltensmustern: So werden Misserfolge in den meisten Fällen als persönliches Scheitern interpretiert, weil das wahrgenommene Verhalten direkt mit dem Selbstwert verbunden ist. Fehler wirken dabei als bedrohlich für das Selbstbild und werden häufig verdrängt. Außerdem werden Herausforderungen meist gemieden, weil davon ausgegangen wird, dass man ihnen nicht gewachsen ist. Sie gelten eher als Bedrohung, denn als Chance zur Entwicklung. Kritik wird in den meisten Fällen als Angriff erlebt, nicht zuletzt, weil Feedback als Bestätigung mangelnder Kompetenz gewertet wird. Diese Haltung kann dazu führen, dass Menschen unter ihrem Potenzial bleiben, sich zu sehr auf ihre Komfortzone beschränken oder sich selbst immer wieder im Weg stehen.

Das Konzept des *Growth Mindset* hingegen beschreibt ein entwicklungsorientiertes Selbstbild. Menschen mit diesem Mindset gehen davon aus, dass Kompetenzen durch gezielte Anstrengungen in unterschiedlichen Bereichen erweitert werden können, beispielsweise durch Lernen, regelmäßiges Üben, Reflexion oder Willensstärke. Diese Haltung ist mit einer grundlegend anderen Ausrichtung verbunden: Fehler werden als Gelegenheiten zum Lernen interpretiert und Rückschläge werden als integraler Bestandteil der persönlichen Entwicklung angesehen. Scheitern ist unter dieser Perspektive eine Möglichkeit des Lernens, sofern es konstruktiv aufgearbeitet wird. Der Fokus liegt auf der aktiven Gestaltung von Herausforderungen. Menschen mit einem Growth Mindset sind bereit, Neues auszuprobieren und auch unangenehme Lernerfahrungen durchzustehen, da sie darauf vertrauen, dass diese Phasen zur persönlichen Weiterentwicklung beitragen. Anstrengung wird außerdem als notwendiger Teil von Erfolg verstanden. Erfolg wiederum wird nicht ausschließlich auf Talent zurückgeführt, sondern er wird vielmehr als das Resultat von Ausdauer, Strategie und kontinuierlicher Entwicklung betrachtet.

Dieses Mindset fördert Resilienz, Flexibilität und langfristiges Lernen und erweist sich insbesondere in dynamischen Arbeitskontexten, in denen ständige Veränderung und Weiterentwicklung erforderlich sind, als vorteilhaft.

Praxisbeispiel

Lea erhält nach einer Projektpräsentation von ihrer Führungskraft ein konstruktives Feedback: Ihre inhaltliche Darstellung sei überzeugend, die visuelle Struktur jedoch ausbaufähig. Sie nimmt die Rückmeldung als Chance wahr und nutzt sie, um ihre Präsentationstechnik gezielt weiterzuentwickeln – für sie ein normaler Teil ihres Lernprozesses. Ihre Kollegin hingegen, die ebenfalls Feedback erhalten hat, empfindet die Rückmeldung als persönliche Kritik. Sie zieht sich zurück und vermeidet künftig ähnliche Situationen. ◄

Dieses Beispiel zeigt, wie ein Growth Mindset – wie es Lea verkörpert – dazu beitragen kann, Feedback als Entwicklungschance zu sehen, während das Fixed Mindset ihrer Kollegin letztlich eher in Abwehr und Vermeidung münden wird.

Die Denkweise eines Menschen beeinflusst also maßgeblich seine Reaktion auf das, was in seiner Umwelt geschieht, und damit auch die Entfaltung des eigenen Potenzials, persönliche Flexibilität und die Fähigkeit zu lebenslangem Lernen. Und die gute Nachricht lautet: Mindsets sind veränderbar. Durch bewusste Reflexion von beispielsweise Glaubenssätzen (möglicherweise auch mit professioneller Unterstützung), konstruktives Feedback, neue Erfahrungen oder Vorbilder können starre Überzeugungen nach und nach hinterfragt und durch wachstumsorientierte Denkweisen ersetzt werden.

Ein Mindset entfaltet sich in einem unterstützenden Umfeld und entsprechende Rahmenbedingungen können individuelles Wachstum, Lernbereitschaft und psychische Widerstandskraft fördern. Hier setzt die Positive Psychologie an, denn sie liefert das Fundament, um wachstumsorientiertes Denken zu fördern.

2.5.2 Positive Psychologie als Fundament

Die Positive Psychologie stellt einen relativ jungen, aber durchaus zentralen Bereich der modernen Psychologie dar, dessen Etablierung in den frühen 2000er-Jahren maßgeblich durch die Arbeiten von Martin Seligman geprägt wurde. Im Gegensatz zu traditionellen Ansätzen, die sich in erster Linie auf die Behandlung psychischer Störungen und Defizite konzentrieren, fokussiert sich die Positive Psychologie auf die Frage, welche Faktoren Menschen widerstandsfähig gegen psychische Herausforderungen machen, sie langfristig gesund erhalten und zu einem Zustand der Zufriedenheit verhelfen.

Es sei an dieser Stelle darauf hingewiesen, dass es nicht um naives „positiv Denken“ geht, sondern um eine fundierte, empirisch gestützte Perspektive auf menschliche Stärken, Potenziale und gelingende Lebensführung. Die Positive Psychologie ist ein wissenschaftliches Fachgebiet, das sich mit den Faktoren beschäftigt, die das persönliche und berufliche Wohlergehen von Menschen fördern.

Die wesentlichen Prinzipien der Positiven Psychologie lassen sich wie folgt zusammenfassen:

1) *Stärkenorientierung statt Defizitfokus:* Menschen verfügen über individuelle Talente, Ressourcen und Kompetenzen – unabhängig von ihren Schwächen. Die Positive Psychologie hat sich zum Ziel gesetzt, das Identifizieren, die Wertschätzung und Weiterentwicklung dieser individuellen Kompetenzen zu fördern. Dies hat nicht nur einen positiven Effekt auf das Selbstvertrauen, sondern fördert auch Motivation und Leistungsfähigkeit, auch aber nicht nur im beruflichen Kontext.
2) Im *lösungsfokussierten Denken* wird der Fokus bewusst auf funktionierende Verhaltensweisen und Strategien und gelungene bzw. erfolgreiche Erfahrungen gerichtet. Das bedeutet nicht, dass Schwierigkeiten ignoriert oder ausgeblendet werden, sondern dass ein konstruktiver Umgang damit gestärkt wird.
3) *Förderung von Resilienz:* Resilienz bezeichnet die psychische Widerstandskraft eines Individuums, das heißt, die Fähigkeit, auch unter widrigen Umständen stabil, handlungsfähig und gesund zu bleiben. Dazu werden Interventionen eingesetzt, die beispielsweise einen Perspektivwechsel, den Aufbau von Selbstwirksamkeit, die Stärkung der Selbstregulation oder die Förderung sozialer Beziehungen beinhalten und den Menschen auf kognitiver als auch emotionaler Ebene ansprechen.

Forschungsergebnisse legen nahe, dass resiliente Menschen mit Stress und damit verbundenen Belastungen anders umgehen als weniger widerstandsfähige Personen. Sie erkennen Herausforderungen als integralen Bestandteil des Lebens an, mobilisieren innere und äußere Ressourcen und entwickeln bewusst Strategien, um ihr seelisches Gleichgewicht wiederherzustellen (vgl. Rutter, 2006).

Im Rahmen der Positiven Psychologie entwickelte Seligman (2011) mit dem sogenannten PERMA-Modell ein integratives Konzept, das beschreibt, welche psychologischen Faktoren zu einem erfüllten, gesunden und leistungsfähigen Leben beitragen. Im Gegensatz zu früheren Ansätzen, in denen psychische Gesundheit und Wohlbefinden primär über Abwesenheit von Krankheit definiert wurden, wird hier also der Frage nachgegangen, welche Faktoren dazu beitragen, dass Menschen im Laufe ihres Lebens eine positive Entwicklung durchlaufen.

PERMA steht als Akronym für fünf zentrale Wirkdimensionen, die – jede für sich und im Zusammenspiel – wesentlich zur psychischen Gesundheit und persönlichen Entwicklung beitragen.

A) ***P**ositive Emotions – Positive Emotionen*
Der gezielte Aufbau und Erhalt positiver Gefühle wie Freude, Dankbarkeit oder Zuversicht bildet einen Grundpfeiler der psychischen Gesundheit. Positive Emotionen haben nicht nur einen stimmungssteigernden Effekt, sondern erweitern auch kognitiv größere Spielräume (vgl. Fredrickson, 2001).

B) ***E**ngagement – Engagement und Flow*
Das Wohlbefinden des Menschen wird durch das Aufgehen in Tätigkeiten, wenn die Zeit sprichwörtlich „wie im Flug vergeht", verstärkt. Der sogenannte Flow-Zustand (Csikszentmihalyi, 1990) entsteht dann, wenn Anforderungen und Fähigkeiten in Balance sind und dadurch eine tiefe Konzentration auf die Tätigkeit möglich ist.

C) ***R**elationships – Soziale Beziehungen*
Soziale Beziehungen stellen eine zentrale Ressource für Zufriedenheit, psychische Stabilität und Lernbereitschaft dar. Insbesondere stabile, unterstützende Beziehungen sind für die psychische Gesundheit und das Wohlbefinden von entscheidender Bedeutung. Zu den relevanten Faktoren zählen sowohl enge Bindungen im Privatleben als auch ein von Wertschätzung geprägtes soziales Klima am Arbeitsplatz.

D) ***M**eaning – Sinn und Bedeutung*
Menschen brauchen das Gefühl, dass ihr Handeln einen Zweck erfüllt, der über sie selbst hinausgeht. Die Ausübung einer Tätigkeit wird als sinnvoll erlebt, wenn sie als identitätsstiftend, motivierend und Orientierung gebend empfunden wird. Besonders in herausfordernden Zeiten sind die Sinnhaftigkeit und das Gefühl, „etwas zum Großen und Ganzen" beizutragen, von großer Bedeutung.

E) *Accomplishment – Zielerreichung und persönliche Entwicklung*
Die bewusste Erfahrung von persönlichen Entwicklungsfortschritten, das Erreichen individuell definierter Ziele und der wahrgenommene Ausbau persönlicher Kompetenzen wirkt sich stärkend auf das Selbstvertrauen aus.

Praxisbeispiel

Lea erlebt ihre Tätigkeit bei AeroSpace Dynamics als sinnstiftend, weil sie an Projekten arbeitet, die zur Entwicklung sicherer Luftfahrttechnologien beitragen. Das gibt ihr das Gefühl, einen bedeutsamen Beitrag zu leisten (*Meaning*). Ihr Unternehmen unterstützt sie darin, regelmäßig individuelle Lern- und Entwicklungsziele zu setzen, etwa durch ein jährliches Entwicklungsgespräch und den Zugang zu gezielten Fortbildungen (*Accomplishment*). Gleichzeitig erfährt sie in ihrem Projektteam ein hohes Maß an kollegialer Unterstützung und Vertrauen (*Relationships*). ◄

Das PERMA-Modell zeigt sich in Leas Alltag damit nicht nur als theoretisches Konzept, sondern als konkret erlebte Grundlage für psychisches Wohlbefinden, intrinsische Motivation und nachhaltige Leistungsbereitschaft.

2.5.3 Mindset & Resilienz: Eine wechselseitige Beziehung

Ein *Growth Mindset*, d. h. die Überzeugung, dass Entwicklung möglich und sinnvoll ist, ist – wie bereits kurz angeklungen – eng mit dem Konzept der Resilienz verbunden. Resilienz bezeichnet die psychische Widerstandskraft eines Menschen, also die Fähigkeit, sich trotz widriger Umstände, Belastungen oder Krisen erfolgreich anzupassen, sich immer wieder auszubalancieren und gestärkt daraus hervorzugehen (Luthar et al., 2000). Es handelt sich dabei um ein dynamisches Anpassungspotenzial, das sich im Laufe des Lebens weiterentwickeln lässt.

Menschen, die der Überzeugung sind, dass sie sich an neue Gegebenheiten anpassen und persönlich wachsen können, zeigen seltener ein Gefühl der Hilflosigkeit und bleiben damit auch in schwierigen Situationen handlungsfähig. Diese Überzeugung stärkt die Selbstwirksamkeitserwartung, also das Vertrauen in die eigene Fähigkeit, Einfluss auf die Situation nehmen zu können. Ein wachstumsorientiertes Mindset fördert die Entwicklung resilienter Bewältigungsstrategien, wie etwa lösungsorientiertes Denken oder die bewusste Nutzung sozialer Ressourcen.

Gleichzeitig wirkt dieser Zusammenhang auch in umgekehrter Richtung: Das Mindset wird durch die Erfahrung der eigenen Resilienz gestärkt. Das Verarbeiten von Rückschlägen, das Lernen aus Fehlern oder Fehlentscheidungen oder das Aufrechterhalten der eigenen Handlungsfähigkeit – auch unter widrigen Bedingungen – sind wesentliche Elemente, die auf die persönliche Anpassungsfähigkeit und Flexibilität einzahlen. Diese posi-

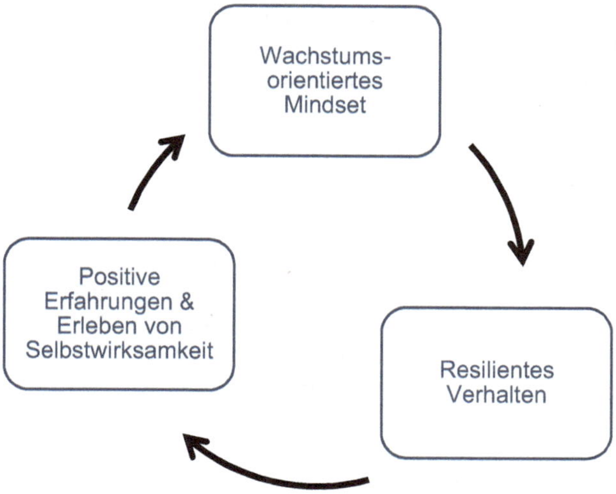

Abb. 2.2 Sich selbst verstärkender Kreislauf von Mindset und Resilienzerfahrungen

tiven Erfahrungen beeinflussen die kognitive und emotionale Selbstwahrnehmung und fördern letztlich die Überzeugung, dass die Bewältigung von Herausforderungen sich positiv auf das persönliche Wachstum auswirkt.

Es entsteht ein positiver und sich selbst verstärkender Kreislauf wie in Abb. 2.2 dargestellt: Ein wachstumsorientiertes Mindset fördert Resilienz und Erfahrungen der Resilienz wiederum stärken das Mindset. Diese Wechselwirkung ist insbesondere im beruflichen Kontext von Bedeutung, da Mitarbeitende immer wieder und in immer kürzeren Abständen mit Veränderungen und der Herausforderung, sich anpassen zu müssen, konfrontiert sind. Gedanklich könnte man sich diesen Kreislauf auch als eine sich aufwärts richtende Spirale vorstellen, wodurch die Orientierung hin zu persönlicher Weiterentwicklung und Wachstum verdeutlicht werden kann.

Praxisbeispiel

Lea hat als Teilprojektleiterin bei AeroSpace Dynamics begonnen, in ihren Teamrunden regelmäßig Stärkenanalysen durchzuführen. Gemeinsam mit ihren KollegInnen reflektiert sie, welche individuellen Ressourcen im Projekt besonders wirksam waren. Zudem etabliert sie kurze Feedbackformate, in denen Erfolge bewusst sichtbar gemacht werden. Statt sich ausschließlich auf Probleme zu fokussieren, richtet sie gemeinsam mit ihrem Team die Aufmerksamkeit gezielt auf das, was bereits gut funktioniert, und wie es weiterentwickelt werden kann. Dadurch entsteht ein Klima der Lösungsorientierung und Motivation, das nicht nur die psychische Belastbarkeit stärkt, sondern auch Kreativität oder Innovationsbereitschaft fördert. ◄

In Tab. 2.2 ist ein beispielhafter Ablauf einer Sitzung, in der Stärken analysiert werden können, dargestellt.

Tab. 2.2 Stärkenrunde in drei Schritten

Schritt	Frage/Impuls	Ziel	Mögliche Methoden/ Tools
1. Rückblick mit Ressourcen-fokus	„Was lief gut – und warum?“	Positive Erfahrungen bewusst machen und persönliche Beiträge erkennen	Kurzberichte im Plenum, Kartenabfrage, digitales Whiteboard
2. Stärken benennen und würdigen	„Welche Stärke zeigt sich darin?“	Stärken sichtbar machen und gegenseitige Wertschätzung fördern	Peer-Feedback, offene Dialogrunde
3. Übertrag und Transfer	„Was lernen wir daraus für die nächste Aufgabe?“	Stärken gezielt für kommende Aufgaben nutzbar machen	Transferfragen, Anpassung von Rollen/Aufgaben, Aktionsplanung

Leas Reflexionsmoment

„In einer besonders fordernden Zeit mit vielen Projekten parallel war ich kurz davor, alles infrage zu stellen – meine Rolle, meine Fähigkeiten, sogar meine Berufswahl. Doch dann habe ich mir bewusst gemacht, was ich schon alles geschafft habe. Ich begann, mich nicht nur auf das zu konzentrieren, was fehlt oder nicht klappt, sondern auch auf das, was gelingt – und was die Gründe dafür waren. Dieser Perspektivwechsel hat mir geholfen, wieder handlungsfähig zu werden und nach vorn zu blicken. Ich habe gelernt: Mein Mindset entscheidet mit, wie ich Herausforderungen erlebe und ob ich daran wachse.“

Reflexionsimpuls für Sie:

Wie sprechen Sie innerlich mit sich selbst in stressigen oder herausfordernden Situationen? Unterstützt Sie Ihr Mindset – oder bremst es Sie manchmal aus?

2.6 Kompetenzen

2.6.1 Was sind Kompetenzen?

Kompetenzen stellen ein bedeutsames Fundament erfolgreichen beruflichen Handelns dar. Im Folgenden werden zwei Definitionen vorgestellt, die verdeutlichen, dass das Konstrukt der Kompetenzen sehr facettenreich ist.

Kompetenz kann beispielsweise als die Gesamtheit kognitiver Fähigkeiten definiert werden, die notwenig ist, um spezifische Probleme zu lösen oder in komplexen Situationen angemessen handeln zu können (vgl. Weinert (2001). Dabei geht es auch um motivationale, volitionale bzw. willentliche oder soziale Aspekte.

Unter *Kompetenz* kann zudem die *individuelle Disposition bzw. Aufstellung* einer Person verstanden werden, ein auf ein sich veränderndes Arbeitsumfeld bezogenes zielgerichtetes Verhalten zeigen zu können. Dabei können zwei Ebenen unterschieden werden: Eine nicht beobachtbare d. h. handlungsregulatorische und steuernde Ebene und eine beobachtbare Ebene (vgl. Schleidt, 2009; Erpenbeck & Rosenstiel, v., 2007).

Kompetenzen sind in einen Zusammenhang mit dem jeweiligen situativen Kontext zu setzen, in dem sie durch gezeigtes Verhalten bzw. Handeln sichtbar werden. Auch können sie immer wieder erweitert werden und spielen eine wichtige Rolle für die Passung zwischen einer Person und dem jeweiligen Arbeitsplatz sowie den dort durchzuführenden Tätigkeiten. Dies wird ausführlicher in den Abschn. 6.3 (Personalauswahl) und 6.5 (Personalentwicklung) erörtert.

Seit vielen Jahren gibt es daher in vielen Unternehmen eine systematische Förderung von Kompetenzen. Grundlage dafür ist in vielen Fällen ein unternehmensübergreifendes Kompetenzmodell, auf das im nächsten Abschnitt eingegangen wird.

2.6.2 Kompetenzmodelle

Ob eine Person für eine bestimmte Tätigkeit geeignet ist und wie sie sich weiterentwickeln kann – etwa durch Neuorientierung oder die Übernahme neuer Rollen und Aufgaben – hängt maßgeblich von ihren vorhandenen Kompetenzen ab (vgl. Schleidt, 2009).

In der psychologischen Literatur hat sich eine Gliederung in vier zentrale Kompetenzfelder etabliert, die häufig in sogenannten Kompetenzmodellen zusammengefasst werden. Diese bieten eine strukturierte Grundlage zum systematischen Erstellen von Rollen- oder Anforderungsprofilen, für die Analyse individueller Stärken und für das Identifizieren von kompetenzbezogenen Entwicklungsbereichen. Das Kompetenzmodell von u.a. Erpenbeck & von Rosenstiel (2007) bietet dabei ein bewährtes Raster zur Differenzierung und umfasst die vier nachfolgend aufgeführten Kompetenzbereiche:

1. *Fachliche Kompetenzen:*
   Fachkompetenzen bezeichnen das Vermögen zum Ausführen fachlicher Aufgaben, das auf soliden berufsspezifischen Kenntnissen und Fertigkeiten basiert. Sie stellen die inhaltliche Grundlage für professionelles Arbeiten dar und umfassen sowohl theoretisches Wissen als auch praktische bzw. „handwerkliche" Fähigkeiten.

   Zu den relevanten Kompetenzen zählen beispielsweise technisches Know-how, branchenspezifisches Fachwissen, die Anwendung von Normen und Standards oder fachspezifische Softwarekenntnisse. Fachliche Kompetenzen sind verglichen mit anderen Kompetenzen gut erkennbar und bis zu einem gewissen Maß auch messbar (z. B. über Abschlüsse, Noten oder Leistungsnachweise).

Beispiel:
Lea verfügt über ein profundes Wissen bezüglich der Eigenschaften diverser Werkstoffe und setzt dieses Wissen gezielt für beispielsweise Konstruktionsaufgaben ein.

2. *Methodische Kompetenzen:*
   Diese Kompetenzdimension beschreibt die Fähigkeit, Aufgaben systematisch anzugehen, Informationen zu strukturieren und geeignete Lösungswege zu entwickeln. Methodische Kompetenzen sind insbesondere in dynamischen, komplexen Arbeitskontexten relevant.

   Zu typischen Kompetenzen zählen beispielsweise analytisches Denken, Problemlösung, Projektmanagement, Planungsfähigkeit oder strukturierte Entscheidungsfindung.

Beispiel:
Ein Kollege von Lea ist für die Strukturierung eines neuen IT-Projektes verantwortlich, wofür er agile Methoden anwendet und die zur Verfügung stehenden Ressourcen zielgerichtet plant.

3. *Soziale Kompetenzen:*
   Soziale Kompetenz umfasst die Fähigkeit zur konstruktiven und effektiven Kommunikation und Zusammenarbeit mit anderen. Im Rahmen des beruflichen Alltags und der damit verbundenen Zusammenarbeit mit anderen gewinnt sie zunehmend an Bedeutung, insbesondere in interdisziplinären, virtuellen oder hybriden Teams.

   Zu den wichtigen Kompetenzen zählen neben Empathie bzw. Einfühlungsvermögen, Kommunikationsfähigkeit, Teamorientierung oder Konfliktfähigkeit.

Beispiel:
Ein Kollege von Lea erkennt in einem Teammeeting frühzeitig Spannungen und initiiert und moderiert einen konstruktiven und wertschätzenden Dialog zur Lösung des Konfliktes.

4. *Persönliche Kompetenzen* (auch personale bzw. Selbstkompetenzen genannt):
   Personale oder persönliche Kompetenzen beziehen sich auf die individuellen Fähigkeiten, mit sich selbst umzugehen. Sie bilden die Grundlage für eigenverantwortliches, selbstständiges und reflektiertes Handeln.

   Beispielhafte personale Kompetenzen sind Selbstreflexion, Selbstführung, Belastbarkeit oder selbstständiges Handeln. Anders als fachliche oder methodische Kompetenzen sind personale Kompetenzen in vielen Fällen nicht unmittelbar sicht- und beobachtbar sondern können nur indirekt aus dem Verhalten über verschiedene Situationen hinweg erschlossen werden.

Praxisbeispiel

Lea erlebt im Projektalltag häufig, dass technisch/fachliche Kompetenzen allein nicht ausreichen. Als sie kurzfristig die Leitung eines Teilprojekts übernehmen soll, fühlt sie sich zunächst unsicher, ob sie dieser Aufgabe gewachsen ist. In einem Gespräch mit ihrem Vorgesetzten erkennt sie jedoch, dass sie in der Vergangenheit bereits ähnliche Situationen erfolgreich gemeistert hat. Mit einem gestärkten Gefühl von Selbstwirksamkeit strukturiert sie das Projekt, kommuniziert klar mit ihrem Team und behält auch in herausfordernden Situationen einen kühlen Kopf. Ihre persönliche Kompetenz wird so zu einem stabilisierenden Faktor in diesem Projekt – für sie selbst genauso wie für ihr Umfeld. ◄

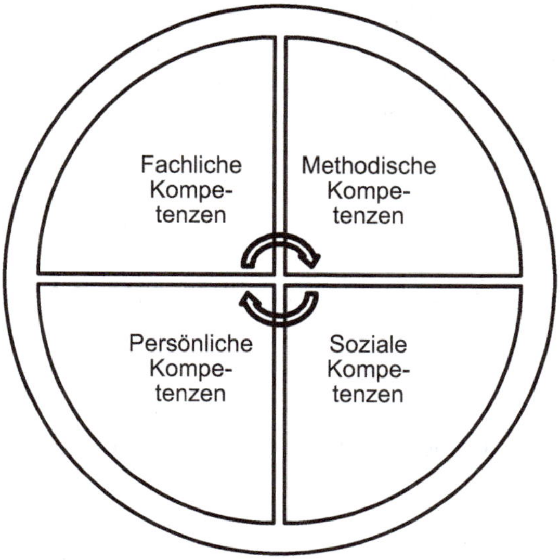

Abb. 2.3 Kompetenzbereiche im Zusammenspiel

Eine zusätzliche und durchaus aufschlussreiche Differenzierung wird im sogenannten *Eisbergmodell der Kompetenzen* (vgl. Spencer & Spencer, 1993) vorgenommen. Dieses Modell veranschaulicht den Unterschied zwischen sichtbaren und mehr oder weniger verborgenen Kompetenzanteilen: Über der Wasseroberfläche, das heißt oberen Bereich, zeigen sich beobachtbare Kompetenzen wie Fachwissen, Sprachkenntnisse oder Projektmanagement, also fachliche und methodische Kompetenzen. Unter der Wasseroberfläche bzw. im unteren Bereich verbergen sich häufig verborgene, aber für das Verhalten und die Zusammenarbeit genauso bedeutsame persönliche und soziale Kompetenzen. Ein ausbalanciertes Verhältnis aller vier Kompetenzbereiche – siehe Abb. 2.3 – kann als wichtige Voraussetzung für Leistungsfähigkeit oder psychisches Wohlbefinden am Arbeitsplatz gelten.

Für eine erfolgreiche Arbeitsweise in der Zukunft werden neben den beschriebenen vier Kompetenzbereichen zunehmend sogenannte *Future Skills* thematisiert, die noch stärker als bisher Aspekte wie Selbstorganisation, Anpassungsfähigkeit, Kooperation und Lernfähigkeit in den Vordergrund stellen. Der nun folgende Abschnitt thematisiert diese Zukunftskompetenzen.

2.6.3 Future Skills

Angesichts des fortschreitenden Wandels der Arbeitswelt – nicht zuletzt durch Digitalisierung und den zunehmenden Einsatz Künstlicher Intelligenz – stehen Mitarbeitende und Führungskräfte vor neuen, komplexen Anforderungen. Während die bisher beschriebenen Kompetenzen und Qualifikationen weiterhin eine zentrale Rolle spielen, rücken gleichzeitig sogenannte *Future Skills* immer stärker in den Fokus: überfachliche Kompetenzen, die Menschen in Hinblick auf die Zukunft dazu befähigen, mit Komplexität, Veränderungsdynamiken und wachsenden Anforderungen am Arbeitsplatz souverän und gestalterisch umzugehen (vgl. Stifterverband & McKinsey, 2021; OECD 2020).

Nachfolgend werden einige Denkanstöße dazu gegeben, welche Kompetenzen zu diesen Future Skills zählen könnten.

- *Lebenslanges Lernen*
  Die Fähigkeit und die Bereitschaft, neugierig zu sein und zu bleiben, kontinuierlich neues Wissen und neue Kompetenzen zu erwerben und sich regelmäßig fortzubilden, sind wesentliche Voraussetzungen für die sich abzeichnenden Veränderungen in der Berufswelt. In Phasen sich wandelnder Berufsbilder erfährt die damit verbundene *Learning Agility* eine deutliche Aufwertung. (vgl. Erpenbeck & Sauter, 2024; Stifterverband & McKinsey, 2021)
- *Eigenverantwortung*
  Menschen, die eigenverantwortlich handeln, übernehmen bewusst Verantwortung für ihre Entscheidungen, die Bearbeitung von Aufgaben und für die Konsequenzen ihres Handelns. Dies erfordert unter anderem die Fähigkeit zur Selbstführung (siehe Abschn. 3.5) oder Selbstdisziplin. In einigen Fällen wird diese Kompetenz auch als „Unternehmerisches Denken und Handeln" bezeichnet.
- *Anpassungsfähigkeit & Flexibilität*
  Sich an neue – nicht zuletzt technische und technologische – Gegebenheiten und Situationen anpassen zu können und Flexibilität, was das eigene Handeln betrifft, gehen quasi „Hand in Hand". Flexibilität umfasst dabei nicht nur die kurzfristige Reaktion auf Veränderungen, sondern auch die Fähigkeit zur Veränderung der eigenen Denkweise bzw. des Mindsets oder von gewohnten Verhaltensweisen. (vgl. OECD, 2020)
- *Kreativität & Innovationskompetenz*
  Die Kompetenz, neue Ideen zu entwickeln, etablierte Denkmuster zu durchbrechen und Innovationen voranzutreiben, ist ebenfalls von Bedeutung. Dabei geht es um Themen wie interdisziplinäres Denken, Perspektivwechsel oder kreative Problemlösungsstrategien. (vgl. Amabile, 1996; World Economic Forum, 2025)
- *Digitale Kompetenz*
  Digitale Kompetenz beschreibt die Fähigkeit, sich sicher, reflektiert und verantwortungsbewusst in digitalen Umgebungen zu bewegen. Dazu zählen der kompetente Umgang mit digitalen Werkzeugen und Kommunikationsmedien ebenso wie die Fähigkeit zur kritischen Bewertung digitaler Informationen (-> *Data Literacy*), zur Berücksichtigung ethischer Aspekte oder zur effektiven Zusammenarbeit in virtuellen Räumen (vgl. Vuorikari et al., 2022). In diesem Zusammenhang kann auch die sogenannte *Digital Literacy* aufgeführt werden, die das Beherrschen grundlegender digitaler Skills, z. B. das Nutzen gängiger Software und das Interagieren mit KI umfasst. (vgl. Stifterverband & McKinsey, 2021; World Economic Forum, 2025)

- *Systemisches Denken*
  Die Erkennung von Zusammenhängen und Wechselwirkungen in komplexen Systemen ist ein wesentlicher Aspekt dieser Kompetenz. Eine systemische Denkweise trägt dazu bei, Entscheidungen und die damit verbundenen Konsequenzen und Auswirkungen nicht isoliert, sondern im Kontext ihrer organisatorischen und sozialen Einbettung zu betrachten. (vgl. Senge, 2006)

Es lässt sich festhalten, dass Future Skills als Fundament für Zukunftsfähigkeit auf individueller genauso wie auf organisationaler Ebene betrachtet werden können. Die aktive Auseinandersetzung mit diesen Kompetenzen beispielsweise in Form von regelmäßigen Weiterbildungen trägt maßgeblich zur Aufrechterhaltung der persönlichen Fähigkeit bei, eine sich kontinuierlich wandelnde Arbeitswelt aktiv zu gestalten und mit den technologischen Veränderungen Schritt zu halten. Vor diesem Hintergrund sollte auch überlegt werden, ob diese Kompetenzen stärker als bislang in der schulischen Ausbildung und in der beruflichen (Hochschul-)Ausbildung Teil des Lehrplanes werden sollten. (vgl. Stifterverband & McKinsey, 2021)

Als Nächstes geht es nun um Wege, wie Kompetenzen entwickelt werden können – sowohl individuell als auch auf organisationaler Ebene.

2.6.4 Entwicklung von Kompetenzen

Die Notwendigkeit, die eigenen Kompetenzen kontinuierlich weiterzuentwickeln, wurde bereits in den vorangegangenen Abschnitten deutlich herausgearbeitet. Sowohl individuelle Initiativen als auch strukturierte Maßnahmen im Rahmen betrieblicher Personalentwicklung (vgl. Abschn. 6.5) bieten hierfür geeignete Ansatzpunkte. Im Folgenden werden verschiedene Möglichkeiten vorgestellt, mit denen Kompetenzentwicklung unterstützt werden kann.

- *Selbstreflexion*
  Selbstreflexion bildet das Fundament jeder persönlichen Entwicklung. Sie ermöglicht es, das eigene Denken, Fühlen und Handeln systematisch zu hinterfragen, mögliche blinde Flecken zu erkennen und die eigene Wirkung im beruflichen Kontext bewusster zu gestalten. Wer sich regelmäßig mit den eigenen Werten, Kompetenzen und Verhaltensmustern auseinandersetzt, schafft die Voraussetzung für gezielte Lern- und Veränderungsprozesse. Methoden wie strukturiertes Journaling oder gezielte Reflexionsfragen können diesen Prozess effektiv unterstützen und im Arbeitsalltag verankern.

Praxisbeispiel

Lea stellt in einem Teammeeting fest, dass sie sich bei einem kontroversen Thema nicht aktiv eingebracht hat, und das, obwohl sie fachlich gut vorbereitet war. Im Nachgang fragt sie sich, warum das so war und ob dies mit ihrem Selbstbild oder bestimmten Verhaltensmustern zusammenhängt. Um ihre persönliche Weiterentwicklung in den Blick zu nehmen, nutzt sie bewusst Selbstreflexion als Werkzeug, um daraus Entwicklungsziele abzuleiten.

Journaling-Fragen zur persönlichen Kompetenzentwicklung könnten dabei wie folgt lauten:

1. Welche persönliche Kompetenz hat mir heute gefehlt und wie hat sich das konkret gezeigt?
2. Was habe ich in dieser Situation über mich selbst gelernt und welches Entwicklungsfeld ergibt sich daraus?
3. Wie könnte ich diese Kompetenz gezielt stärken und welche konkreten Schritte wären dafür sinnvoll? ◄

- *Systematische Weiterbildung*
  Systematische Weiterbildung zielt darauf ab, Lernprozesse gezielt zu strukturieren, um den kontinuierlichen Ausbau beruflich relevanter Fähigkeiten zu fördern. Neben klassischen Weiterbildungsformaten – siehe ausführlich Abschn. 6.5.4 – gewinnen zunehmend flexible und praxisnahe Lernformen an Bedeutung – etwa digitale Lernplattformen, Microlearning, MOOCs (Massive Open Online Courses), Podcasts oder Peer-Learning. Entscheidend ist, dass die Weiterbildung nicht punktuell erfolgt, sondern in den jeweiligen beruflichen Kontext eingebettet und an konkreten Entwicklungszielen ausgerichtet ist.

Praxisbeispiel

Lea bemerkt, dass ihr in Projektbesprechungen mit internationalen Teams oft das nötige Selbstvertrauen fehlt, komplexe technische Zusammenhänge auf Englisch klar zu erklären. Daher entscheidet sie sich für einen systematischen Lernweg: Sie wählt ein digitales Weiterbildungsprogramm, das fachspezifisches Englisch mit Präsentationstechniken kombiniert, ergänzt durch wöchentliche Peer-Learning-Sessions mit KollegInnen. Durch die bewusste Integration der Weiterbildung in ihren Arbeitsalltag gelingt es ihr so, ihre Kommunikationskompetenz gezielt auszubauen. ◄

- *Mentoring & Coaching*
  Während Mentoring vor allem den Wissenstransfer durch den gezielten Austausch mit erfahreneren KollegInnen unterstützt und damit Zugang zu implizitem Erfahrungswissen, beruflichen Strategien und alternativen Perspektiven eröffnet, zielt Coaching primär auf die Förderung von Selbstreflexion, Zielklarheit und Handlungskompetenz ab - auch in Hinblick auf eine „Hilfe zur Selbsthilfe".
  Praxistip:
  Unternehmen, die strukturierte Mentoring-Programme etablieren, profitieren in der Regel von höherer Mitarbeiterbindung und schnelleren Kompetenzzuwächsen bei neuen KollegInnen (-> Onboarding).

- *Feedbackkultur*
  Eine etablierte Feedbackkultur kann als wesentlicher Bestandteil einer lernförderlichen Arbeitsumgebung gelten. Feedback entfaltet sein entwicklungsförderndes Potenzial insbesondere dann, wenn es regelmäßig, verhaltensbezogen, konstruktiv und wertschätzend gegeben wird. Eine solche Kultur ermutigt dazu, Rückmeldungen nicht nur hierarchieabhängig – also „top-down" –, sondern auch „bottom-up" oder sogar als 360-Grad Feedback zu geben. Auf diese Weise werden Vertrauen, Dialogbereitschaft und die Übernahme von Verantwortung für das eigene Lernen und Handeln gefördert.
  Praxistip:
  Teams, die nach Abschluss eines jeden Projekts gezielt Feedback-Runden durchführen („Was lief gut? Was lernen wir daraus?") und die ihre *lessons learned* systematisch aufarbeiten und konsequent in den nächsten Projekte berücksichtigen, verbessern die Qualität ihrer Zusammenarbeit und damit auch die Projektergebnisse.

- *Interdisziplinäres Arbeiten*
  Interdisziplinäres Zusammenarbeit ermöglicht den Austausch zwischen unterschiedlichen fachlichen Perspektiven und hilft dabei, bestehende Denk- und Handlungsmuster zu erweitern. Die aktive Mitarbeit in bereichsübergreifenden Teams, die Kooperation in fachlich gemischten Tandems sowie die Mitwirkung an innovationsorientierten Projekten fördern nicht nur Kreativität und systemisches Denken, sondern stärken auch die Fähigkeit, komplexe Problemstellungen ganzheitlich zu analysieren und zu lösen. Solche Erfahrungen können maßgeblich zur Entwicklung von nicht zuletzt Future Skills wie Anpassungsfähigkeit, Kreativität und Problemlösefähigkeiten unterstützen.

Praxisbeispiel

Lea wird Teil eines bereichsübergreifenden Projektteams bei AeroSpace Dynamics, das eine neue Sensoriklösung entwickelt. Neben TechnikexpertInnen sind auch KollegInnen aus der Softwareentwicklung und Datenanalyse beteiligt. Anfangs ist Lea unsicher, da viele Themen außerhalb ihres Fachgebiets liegen. Doch durch den intensiven Austausch lernt sie, ihre technische Expertise verständlich einzubringen und andere Perspektiven zu integrieren. So erweitert sie ihre Kommunikationskompetenz und lernt, komplexe Probleme ganzheitlich zu betrachten. ◄

Reflexionsimpulse für Sie

Welche Ihrer Kompetenzen – fachlich, methodisch, sozial oder persönlich – möchten Sie gezielt weiterentwickeln? Welche davon sind aktuell besonders relevant für Ihre berufliche Rolle? Wie könnte sich Ihr Arbeitsplatz beispielsweise in Hinblick auf den zunehmenden Einsatz von Künstlicher Intelligenz (KI) zukünftig entwickeln? Welche Kompetenzen könnten dann stärker benötigt werden als bisher?

Die gezielte Entwicklung persönlicher, sozialer oder überfachlicher Kompetenzen bildet nicht nur die Grundlage für berufliche Wirksamkeit, sondern leistet auch einen wesentlichen Beitrag zur psychischen Stabilität und Selbstfürsorge. In diesem Zusammenhang gewinnt die Frage an Bedeutung, wie Gesundheit am Arbeitsplatz verstanden, gefördert und erhalten werden kann. Darum geht es im nächsten Abschnitt.

2.7 Gesundheit am Arbeitsplatz

2.7.1 Verständnis von Gesundheit

Gesundheit am Arbeitsplatz meint mehr als die bloße Abwesenheit von Krankheit. In Anlehnung an die Definition der Weltgesundheitsorganisation (WHO, 1946) wird sie als ein Zustand körperlichen, psychischen und sozialen Wohlbefindens verstanden, der durch zahlreiche arbeitsbezogene und individuelle Faktoren beeinflusst wird. Ein gesundheitsförderliches Arbeitsumfeld stärkt nicht nur die Leistungsfähigkeit, sondern wirkt sich positiv auf Motivation, Zufriedenheit und langfristige Beschäftigungsfähigkeit aus. Gesundheit wird dabei als gemeinsame Verantwortung von Organisation und Individuum begriffen – im Sinne eines aktiven, wechselseitigen Gestaltungsprozesses.

Einen besonderen Beitrag zur Gesundheitsforschung leistet das sogenannte Salutogenese-Modell (Antonovsky, 1997). Dieses Modell geht nicht der Frage nach „Was macht krank?“, sondern beschäftigt sich vielmehr mit der Frage „Was hält Menschen trotz Belastungen gesund?“. Im Fokus steht das sogenannte Kohärenzgefühl, welches als eine Überzeugung und ein überdauerndes Vertrauen in die eigenen Kompetenzen zur Bewältigung herausfordernder Situationen definiert werden kann. Es setzt sich aus drei Komponenten zusammen:

1. *Verstehbarkeit:* Die Fähigkeit, Reize und Ereignisse als strukturiert, erklärbar und vorhersehbar wahrzunehmen. Menschen erleben ihr Leben und ihre Umwelt als kognitiv nachvollziehbar und als einer Art inneren Logik folgend.
2. *Handhabbarkeit:* Die Überzeugung, dass ausreichend interne und externe Ressourcen zur Verfügung stehen, um Herausforderungen zu bewältigen. Anforderungen erscheinen dadurch als handhabbar und nicht als überwältigend.
3. *Sinnhaftigkeit:* Die Überzeugung, dass das eigene Leben und die darin enthaltenen Herausforderungen einen Sinn haben und es sich lohnt, sich diesen aktiv zu stellen. Sie verleiht dem eigenen Handeln Tiefe und Engagement.

Die individuelle Ausprägung des Kohärenzgefühls gilt als zentraler Einflussfaktor für die Widerstandsfähigkeit gegenüber Stress. Je höher sie ausfällt, desto besser gelingt es Menschen, auch in herausfordernden Situationen gesund und leistungsfähig agieren zu können.

Die Gesundheit einer Person an ihrem Arbeitsplatz ergibt sich entsprechend aus der Interaktion günstiger (externer) Umgebungsbedingungen und gesunder Verhaltensweise, die psychisch (intern) beeinflusst werden. Dieses Verständnis bildet auch die Grundlage der modernen Gesundheitspsychologie, in der Gesundheit als multifaktorielles Zusammenspiel aus individuellen, sozialen und organisationalen Faktoren verstanden wird.

Im *individuellen Kontext* stehen das persönliche Gesundheitsverhalten sowie die psychische Selbstregulation im Mittelpunkt. Zu den relevanten Aspekten zählen unter anderem:

a) *Stressbewältigung:* Ein konstruktiver Umgang mit Belastungen kann durch verschiedene Strategien gefördert werden, etwa durch das Praktizieren von Entspannungstechniken, das Setzen realistischer Ziele oder durch kognitive Umstrukturierung. Letztere bezeichnet einen psychologischen Prozess, bei dem belastende oder dysfunktionale Gedankenmuster bewusst hinterfragt und durch realistischere, hilfreichere Bewertungen ersetzt werden, verbunden mit dem Ziel, emotionale Reaktionen positiv zu beeinflussen und die Handlungsfähigkeit zu stärken.
b) *Selbstfürsorge* bedeutet, die eigenen Bedürfnisse bewusst wahrzunehmen und ihnen aktiv Raum zu geben, beispielsweise im Hinblick auf regelmäßige Bewegung, gesunde Ernährung, ausreichend Schlaf oder das Setzen klarer Grenzen im sozialen und beruflichen Umfeld.
c) *Work-Life-Balance* beschreibt die Fähigkeit, berufliche und private Lebensbereiche in eine gesunde Relation zueinander zu bringen und zwar als fortlaufender, individueller Aushandlungsprozess, der kontinuierlich an sich verändernde Rahmenbedingungen angepasst werden sollte.

Die *soziale Dimension* von Gesundheit wird wesentlich durch die Qualität zwischenmenschlicher Beziehungen im Arbeitskontext bestimmt. Ein unterstützendes Teamklima, das von Vertrauen, Offenheit und Wertschätzung geprägt ist, wirkt stabilisierend und fördert das psychische Wohlbefinden. Ebenso kommt der Führungskultur eine zentrale Bedeutung zu: Eine vertrauensvolle, transparente an Werten orientierte Führung schafft psychologische Sicherheit und wirkt als sozialer Schutzfaktor gegenüber Belastungen. Nicht zuletzt stärkt soziale Unterstützung im Kollegenkreis, beispielsweise durch Gesten der Hilfsbereitschaft oder kooperative Zusammenarbeit die emotionale Resilienz der Mitarbeitenden.

Auf *organisationaler Ebene* beeinflussen Strukturen und Rahmenbedingungen die Gesundheit oft stärker, als gemeinhin angenommen wird.

a) *Arbeitszeitmodelle*: Flexible, familienfreundliche und planbare Arbeitszeiten unterstützen die Regeneration der Mitarbeitenden und verhindern das Entstehen von dauerhaftem Stress.
b) *Arbeitsplatzgestaltung*: Ergonomie, Lichtverhältnisse, Raumklima und die Ausstattung des Arbeitsplatzes wirken sich unmittelbar auf Konzentration, Wohlbefinden und Leistungsfähigkeit aus.
c) *Unternehmenskultur*: Eine Kultur, die Lernen, Fehlerfreundlichkeit oder Teilhabe fördert, wirkt sich positiv auf die psychische und physische Gesundheit der Mitarbeitenden aus.

Im nächsten Abschnitt wird der Frage nachgegangen, wie Gesundheit entsteht und welche psychologischen Erklärungsmodelle es dazu gibt.

2.7.2 Erklärungsmodelle

Ein theoretischer Rahmen zur Erklärung von arbeitsbedingter Gesundheit ist das *Job-Demands-Resources-Modell* (Bakker & Demerouti, 2007). Diese Theorie beschreibt die Wechselwirkung zwischen Arbeitsanforderungen (Demands) und Ressourcen (Resources) und deren Einfluss auf die Gesundheit und Leistungsfähigkeit von Mitarbeitenden. Es wurde festgestellt, dass hohe Anforderungen (z. B. Zeitdruck, emotionale Belastung, Multitasking) bei fehlenden Ressourcen zu Stress und Erschöpfung führen können. Ressourcen, wie beispielsweise Handlungsspielraum, Anerkennung, Feedback, soziale Unterstützung und sinnvolle Aufgaben, können hingegen die Wirkung von Belastungen reduzieren und gleichzeitig die Motivation, das Engagement und die Gesundheit fördern. Nicht die Abwesenheit von Anforderungen ist dabei entscheidend, sondern ein gesundes Verhältnis zwischen Anforderungen und Ressourcen.

Praxisbeispiel

Auch wenn Lea in ihrem Projekt phasenweise eine hohe Arbeitslast zu bewältigen hat – etwa durch enge Deadlines –, gelingt es ihr, gesund und leistungsfähig zu bleiben. Entscheidend dafür ist, dass sie Einfluss darauf nehmen kann, wie sie ihre Arbeit verrichtet, dass sie regelmäßig konstruktives Feedback von ihrem Vorgesetzten erhält und sich in ihrem Team gut aufgehoben fühlt.

In einem anderen Projekt hingegen, das auf den ersten Blick weniger anspruchsvoll erscheint, fühlt sich Lea deutlich stärker belastet: Die Aufgaben sind monoton, Entscheidungsfreiheit fehlt, und es gibt kaum Austausch zwischen den Teammitgliedern. Daran wird deutlich, dass nicht die objektive Arbeitslast allein über die psychische Gesundheit entscheidet, sondern letztlich ein komlexes Zusammenspiel aus Aspekten wie Autonomie, Anerkennung und sozialem Rückhalt. ◀

Ein weiterer Faktor für psychisches Wohlbefinden und nachhaltige Leistungsfähigkeit ist neben dem Zusammenspiel von Arbeitsanforderungen und Ressourcen eine angemessene Passung zwischen der Person und ihrer beruflichen Umgebung.

Die sogenannte *Person-Job-Passung* beschreibt die Kongruenz zwischen den individuellen Merkmalen eines Menschen – wie beispielsweise Fähigkeiten, Werte, Interessen und Bedürfnisse – und den Anforderungen, Möglichkeiten und Rahmenbedingungen des Arbeitsplatzes. Das Konzept basiert auf der Annahme, dass eine gesunde Arbeitsatmosphäre dort vorzufinden ist, wo eine ausreichende Balance zwischen den Faktoren „Wollen", „Können" und „Sollen" besteht. Die theoretische Grundlage bildet das *FIT-Modell* (Kristof-Brown et al., 2005), das verschiedene Dimensionen dieser Passung unterscheidet, die sich gegenseitig beeinflussen und gemeinsam die Gesundheit und Arbeitszufriedenheit beeinflussen. Drei von ihnen werden nachfolgend vorgestellt.

Die erste vorgestellte Dimension ist der *Demand-Abilities Fit*. Die Anforderungen des Jobs (z. B. Fachwissen, Belastbarkeit, Kommunikation) entsprechen den Fähigkeiten und Qualifikationen der Person. Fehlt diese Passung, entstehen häufig Über- oder Unterforderungen, die auf Dauer zu Stress, Überforderung oder Langeweile führen können.

Der zweite Aspekt, der als *Needs–Supplies Fit* bezeichnet wird, befasst sich mit der Kongruenz zwischen den Bedürfnissen, Werten und Erwartungen einer Person und den Ressourcen, die in einem bestimmten Kontext zur Verfügung stehen. Dabei kann es beispielsweise um Themen wie Arbeitsplatzsicherheit, Entwicklungsperspektiven, Sinnorientierung oder das Bedürfnis nach Anerkennung gehen. Ein Mismatch in diesem Bereich kann trotz vorhandener fachlicher Eignung zu innerer Kündigung, Unzufriedenheit oder dauerhafter Demotivation führen.

Der dritte Bereich ist der sogenannte *Person-Environment Fit*. Diese Passung bezeichnet die Kongruenz zwischen den Werten, Normen und der Kultur eines Unternehmens und der Persönlichkeit sowie der Haltung der Mitarbeitenden. Die Eignung einer Person für eine Position beispielsweise in einem Start-up-Unternehmen ist nicht allein durch die Übereinstimmung der Persönlichkeit mit den Anforderungen der Tätigkeit zu bestimmen. Auch die kulturelle Kompatibilität ist ein entscheidender Faktor. So kann es für eine introvertierte und strukturierte Person schwierig sein, sich langfristig in einer stark extrovertierten und unkonventionellen Start-up-Kultur mit einem gewissen Ausmaß an „kreativem Chaos“ zu behaupten.

Eine hohe Passung zwischen dem Individuum und seinem Arbeitsplatz sowie den damit verbundenen Aufgaben fördert Motivation, Identifikation, Engagement und Resilienz. Dies resultiert nicht nur in einer gesteigerten Leistung, sondern auch in einem verbesserten Schutz vor chronischem Stress. Eine inadäquate Passung kann dahingegen zu emotionaler Erschöpfung, Frustration und langfristigen gesundheitlichen Beschwerden führen.

Praxisbeispiel

Lea ist – wie wir bereits wissen – fachlich sehr qualifiziert und bringt viel Erfahrung im Bereich simulationsbasierter Entwicklungsprozesse mit. In einem neuen Projekt wird sie jedoch in ein sehr strukturiertes, hierarchisch geführtes Team eingebunden, das wenig Raum für eigene Ideen lässt und meistens nach standardisierten Abläufen arbeitet.

→ fachlich passt sie gut zur Aufgabe (Demand–Abilities-Fit ist gegeben),
→ doch ihr Wunsch nach Autonomie, kreativer Mitgestaltung und flexibler Zusammenarbeit wird nicht erfüllt (Needs–Supplies-Fit ist nicht gegeben).
→ Auch mit der formal geprägten und Risiken eher vermeidenden Teamkultur kann sie sich nur schwer identifizieren (Person–Environment-Fit ist gering).

Mit der Zeit spürt Lea einen zunehmenden inneren Widerstand, ihre Motivation sinkt, und sie fühlt sich oftmals innerlich ausgelaugt. ◄

Die Person-Job-Passung mit ihren unterschiedlichen Ausprägungen kann also als ein wichtiger Hebel für gesunde, motivierte und langfristig leistungsfähige Mitarbeitende betrachtet werden. Unternehmen, die diese Passung über den gesamten Mitarbeiterlebenszyklus hinweg im Auge behalten, investieren damit langfristig in die Gesundheit und Zukunftsfähigkeit ihrer Organisation.

Doch auch bei guter Passung zwischen Person und Arbeitsplatz bleiben Belastungen nicht aus. Umso wichtiger ist es, zu verstehen, wie Stress entsteht, und welche psychologischen Mechanismen dabei wirksam sind.

2.7.3 Stress und seine Entstehung

Stress ist als eine Reaktion des Körpers und Geistes auf Anforderungen zu verstehen, die als bedeutsam, herausfordernd oder potenziell überfordernd erlebt werden. Es handelt sich also nicht um ein rein negatives Phänomen, sondern vielmehr um eine evolutionär entwickelte Anpassungsreaktion, deren Ziel es ist, den Organismus in einen Zustand der Alarmbereitschaft zu versetzen, um auf potenzielle Bedrohungen reagieren zu können. Der Begriff „Stress" stammt ursprünglich aus der Physik (engl. strain = Belastung) und wurde in den 1930er-Jahren vorrangig durch die Arbeiten von Hans Selye in die Medizin und Psychologie übertragen.

Wenn Menschen Stress erleben, werden über das limbische System (v. a. Amygdala und Hypothalamus) neuroendokrine Prozesse aktiviert. Die Ausschüttung von Adrenalin und Cortisol hat eine Reihe von Effekten, zu denen unter anderem folgende zählen: Die physiologischen Auswirkungen dieser Aktivierung umfassen einen erhöhten Puls und Blutdruck, eine beschleunigte Atmung, eine aktivierte Muskulatur, eine fokussierte Aufmerksamkeit und eine Hemmung nicht akut überlebenswichtiger Systeme wie beispielsweise die Verdauung. Diese Reaktion war in der Vergangenheit für das Überleben essenziell („Kampf oder Flucht"). In der heutigen Zeit kann sie jedoch dauerhaft aktiviert werden, beispielsweise durch permanent wahrgenommenen Zeitdruck, soziale Konflikte oder andauernde Reizüberflutung, mitunter bis in die Abendstunden hinein.

Es lassen sich zwei Formen von Stress unterscheiden:

Eustress beschreibt eine Form des Stresses, der aktivierend und motivierend wirkt und Menschen dabei unterstützt, Herausforderungen mit Energie und Fokus zu bewältigen. Eustress ist zeitlich begrenzt, wird als vorteilhaft und kontrollierbar erlebt.

Distress, der als negativer Stress verstanden werden kann, entsteht insbesondere dann, wenn Anforderungen als unangenehm, bedrohlich oder unkontrollierbar empfunden werden und Ressourcen zu ihrer Bewältigung fehlen. Dauerhafter Distress kann zu einer Erschöpfung körperlicher und psychischer Reserven führen und langfristig gesundheitliche Schäden verursachen, wie beispielsweise Schlafstörungen, Konzentrationsprobleme, Burnout, Depressionen oder auch kardiovaskuläre Erkrankungen.

Es sei an dieser Stelle auch kurz erwähnt, dass fließende Übergänge zwischen Eustress und Distress bestehen können. So kann Eustress bei zu hoher Intensität oder zu langer Dauer in Distress umschlagen. Darüber hinaus gibt es individuelle Unterschiede in der Wahrnehmung von Stress. Was eine Person als Eustress beispielsweise in einer anspruchsvollen Tätigkeit erlebt, kann sich bei einer anderen Person als Distress äußern.

Um dem Phänomen Stress adäquat begegnen zu können, kann es hilfreich sein, die psychologischen Entstehungsbedingungen von Stress zu verstehen. Er entsteht nämlich nicht allein durch externe Faktoren, sondern in erster Linie durch die individuelle Wahrnehmung, Bewertung und Verarbeitung dieser Anforderungen bzw. potenziellen Stressoren.

Im Folgenden werden daher zwei psychologische Modelle vorgestellt, die Erklärungsansätze liefern, wie Stress entsteht: das transaktionale Stressmodell und das Effort-Reward-Imbalance-Modell.

Im *Transaktionalen Stressmodell* (Lazarus & Folkman, 1984) wird davon ausgegangen, dass Stress nicht unmittelbar durch eine Situation ausgelöst wird, sondern vielmehr durch die individuelle Bewertung dieser Situation. Zwei Personen können auf identische Reize wie beispielsweise die kurzfristige Übernahme eines Projektes völlig unterschiedlich reagieren. Die Wahrnehmung dieser Herausforderung variiert zwischen den Individuen, wobei sie von einigen als willkommene Herausforderung, von anderen hingegen als überfordernder Stressfaktor erlebt wird.

Die vorliegenden Unterschiede lassen sich durch zwei aufeinanderfolgende Bewertungsschritte erklären: In der *primären Bewertung* stellt sich die Person, die sich Stressoren ausgesetzt sieht, die Frage, ob die Situation bedrohlich, neutral oder positiv für sie ist. Im Zuge der *sekundären Bewertung* schätzt die Person ein, ob sie die erforderlichen Ressourcen zum Umgang und zur Bewältigung hat. Dazu zählen beispielsweise Zeit, Kompetenzen oder auch soziale Unterstützung. Stress stellt sich dann ein, wenn eine Situation als bedrohlich eingeschätzt wird und sich gleichzeitig das Gefühl breit macht, nicht ausreichend gewappnet zu sein, um mit ihr umzugehen.

Während sich Lazarus und Folkman auf den kognitiven Bewertungsprozess fokussieren, analysiert Siegrist (1996) in seinem *Effort-Reward-Imbalance-Modell* die strukturellen Ungleichheiten im Arbeitskontext, die als Ursache für chronischen Stress betrachtet werden können. Gemäß diesem Modell entsteht Stress nicht nur durch *hohe Arbeitsbelastung*, sondern insbesondere dann, wenn diese Belastung in keinem angemessenen Verhältnis zur *erlebten Belohnung* steht.

Belohnung kann dabei materieller Art wie beispielsweise Gehalt sein oder aber Anerkennung, Wertschätzung oder Entwicklungsperspektiven, wie beispielsweise Aufstiegschancen und Weiterbildungsangebote umfassen. Ein andauerndes Missverhältnis zwischen hohem Einsatz und geringer Belohnung kann die Wahrscheinlichkeit für das Entstehen von emotionaler Erschöpfung, Demotivation oder psychosomatischen Beschwerden deutlich erhöhen.

2.7.4 Umgang mit Stress und Fördern von Gesundheit

Effektive Strategien zur Stressbewältigung stellen eine wichtige Voraussetzung für die langfristige Aufrechterhaltung der Leistungsfähigkeit, Motivation und psychischen Gesundheit am Arbeitsplatz dar. Im Mittelpunkt steht daher die Frage: Was stärkt Menschen im Umgang mit den bereits beschriebenen Belastungen? Und wie lässt sich Stress reduzieren?

Gängige Modelle zur Gesundheitsförderung können dabei auf drei Ebenen ansetzen:

1. *Individuelle Ebene*

   Jeder Mensch verfügt über ein individuelles Repertoire zur Bewältigung von Belastungen. Diese sogenannten Coping-Strategien lassen sich trainieren und gezielt weiterentwickeln. Dazu zählen beispielsweise:

- Zeitmanagement: Prioritäten setzen, Pufferzeiten einplanen und realistische Ziele definieren (siehe Abschn. 3.5 zur Selbstführung)
- Entspannungstechniken wie Atemübungen, Achtsamkeit oder progressive Muskelentspannung
- Selbstfürsorge: Bewegung, gesunde Ernährung, Schlaf und bewusstes Abschalten (siehe Abschn. 3.6 zur Regeneration)

2. *Soziale Ebene*
   Zwischenmenschliche Beziehungen und das soziale Miteinander am Arbeitsplatz haben einen erheblichen Einfluss auf das individuelle Stresserleben. Dieser Einfluss kann sowohl belastend als auch unterstützend wirken. Unterstützend kann eine kollegiale Zusammenarbeit wirken, die Vertrauen, Zusammenarbeit und offenen Austausch im Team umfasst oder auch eine wertschätzende Führung, die sich durch Anerkennung, Feedback und echtes Interesse an den Mitarbeitenden ausdrückt.
3. *Organisationale Ebene*
   Die Förderung der Gesundheit ist eine langfristige Aufgabe, die in Unternehmen strukturell verankert werden sollte (siehe u. a. Abschn. 6.2.4). Dazu gehört es, Arbeitsbedingungen und Führungsstrukturen so zu gestalten, dass sie die Gesundheit der Mitarbeitenden aktiv fördern. Zu möglichen Maßnahmen zählen beispielsweise flexible Arbeitszeitmodelle (-> Gleitzeit oder Homeoffice) oder auch transparente Kommunikation und klare Rollenverteilungen (siehe dazu auch Abschn. 4.4 zur Kommunikation im Team).

Effektive Stressbewältigung ist also ein vielschichtiger Prozess, der über das reine und oft propagierte „Stressmanagement" weit hinausgeht. Es bedarf vielmehr eines systemischen Blicks auf das Individuum selbst, sein soziales Umfeld oder auch die strukturellen Bedingungen am einzelnen Arbeitsplatz und im Unternehmen. Die Bedeutung regelmäßiger Erholungsphasen und Regeneration wird in diesem Zusammenhang im Abschn. 3.6 thematisiert.

Leas Reflexionsmoment

„Ich habe lange geglaubt, dass ich nur dann gute Arbeit leiste, wenn ich ständig präsent und erreichbar bin. Erst als ich über Wochen hinweg kaum mehr abschalten konnte und selbst Kleinigkeiten mich überforderten, wurde mir klar: So geht es nicht weiter. In einem Workshop zum Thema ‚Gesund arbeiten' lernte ich das Konzept der Person-Job-Passung kennen. Es hat mir geholfen, genauer hinzuschauen: Wo stimmt die Passung und wo möglicherweise nicht? An welchen Stellen wird mein Job zur Belastung? Heute achte ich bewusster auf meine Grenzen und Ressourcen und spreche sie bei Bedarf auch im Team an."

Reflexionsfragen für Sie:

Wie gut passt Ihre aktuelle berufliche Rolle zu Ihren persönlichen Bedürfnissen, Stärken und Werten? Was bringt Ihnen Energie und was kostet Sie möglicherweise (zu viel) Energie?

2.8 Kommunikation

Kommunikation ist ein komplexer Vorgang, der weitaus mehr als nur den Austausch von Informationen umfasst. Sie fungiert als als eine Art „sozialer Schmierstoff" jeder Organisation, spielt eine wichtige Rolle bei der Gestaltung von Beziehungen, beeinflusst das Arbeitsklima und trägt maßgeblich dazu bei, dass die Zusammenarbeit in Teams, zwischen KollegInnen oder Führung gelingt.

Um Kommunikation gezielt zu gestalten, kann sich ein Blick in einige wesentliche Grundlagen lohnen. Im folgenden Abschnitt werden daher verschiedene Modelle vorgestellt, die beleuchten, wie erfolgreiche Kommunikation funktioniert und die gleichzeitig das Bewusstsein für typische Hindernisse und Schwierigkeiten schärfen sollen.

2.8.1 Die fünf Axiome der Kommunikation

In den 1960er-Jahren wurden fünf grundlegende Axiome entwickelt, die bis heute als wegweisend für das Verständnis zwischenmenschlicher Kommunikation gelten können (vgl. Watzlawick et al., 1967). Sie zeigen mögliche Ursachen von Kommunikationsproblemen auf und verdeutlichen andererseits, unter welchen Bedingungen Kommunikation gelingen kann.

1. *Man kann nicht nicht kommunizieren.*
   Jedes Verhalten stellt eine Form der Mitteilung dar, selbst wenn dies auf nonverbale Weise stattfindet, beispielsweise durch Schweigen, Abwinken oder Abwenden des Blickes. Kommunikation kann also nicht nur verbal, sondern auch nonverbal erfolgen. Zu den nonverbalen Kommunikationsformen zählen Gestik, Mimik, Körpersprache und eben auch das Unterlassen einer Reaktion.

Beispiel:
Ein Mitarbeitender sagt in einem Meeting kein Wort, schaut immer wieder auf die Uhr und verschränkt die Arme. Obwohl er nichts sagt, sendet er durch sein Verhalten klare Botschaften. Das könnte beispielsweise Desinteresse, Ablehnung oder Unzufriedenheit sein. Das Schweigen wird von den KollegInnen wahrgenommen und interpretiert und beeinflusst das Gruppengeschehen.

2. *Jede Kommunikation hat eine Inhalts- und eine Beziehungsebene.*
   Jede Botschaft beinhaltet neben dem sachlichen Inhalt auch eine Information über die Wahrnehmung der Beziehung zwischen den Beteiligten. Der Tonfall, die Körpersprache und die verwendeten Formulierungen beeinflussen maßgeblich die Interpretation einer Aussage beim jeweiligen Empfänger einer Botschaft.

Beispiel:
Die Aussage „Das sollten Sie aber eigentlich wissen" kann – je nach Tonlage – als sachlicher Hinweis oder als abwertende Kritik wahrgenommen werden. Gerade in hierarchischen Verhältnissen (z. B. zwischen Führungskraft und Mitarbeitendem) kann diese Unterscheidung entscheidend für den weiteren Gesprächsverlauf sein.

3. *Kommunikation ist immer Ursache und Wirkung.*
   Kommunikation kann definiert werden als ein auf Interaktion beruhender, wechselseitiger Prozess. Jede Aussage löst eine Reaktion aus, die wiederum auf die vorherige Botschaft rückwirkt. In der Konsequenz können sich daraus Eskalationsschleifen entwickeln, wenn negative Reaktionen aufeinander aufbauen und sich ggf. sogar verstärken.

Beispiel:
Eine Projektleiterin äußert Kritik an einem Bericht: „So kann das nicht abgegeben werden." Der betroffene Kollege reagiert mit: „Dann hätten Sie das früher sagen müssen!" So kann ein Kreislauf gegenseitiger Vorwürfe entstehen, in dem der Sachinhalt zunehmend in den Hintergrund rückt.

4. *Kommunikation kann digital (sprachlich) oder analog (nonverbal) erfolgen.*
   Der Begriff *digitale* Kommunikation umfasst dabei die verbale, sprachlich codierte Ebene, wie beispielsweise einen Satz oder eine E-Mail, während *analoge* Kommunikation über Körpersprache, Tonfall oder Gesichtsausdruck erfolgt. Die beiden Ebenen können sich entweder ergänzen oder aber widersprechen.

Beispiel:
Eine Kollegin sagt: „Klar, ich übernehme das", dabei rollt sie mit den Augen. Die digitale Botschaft ist Zustimmung, die analoge Kommunikation signalisiert Widerstand oder Ironie. Dadurch entsteht eine Inkongruenz, die Unsicherheit oder Irritation beim Gegenüber auslösen kann.

5. *Kommunikation ist symmetrisch oder komplementär.*
   In einer *symmetrischen Kommunikation* begegnen sich die Gesprächspartner auf Augenhöhe, während in einer *komplementären Kommunikation* eine hierarchische Struktur wie beispielsweise zwischen Führungskraft und Mitarbeitendem besteht.

Beispiel:
In einem Feedbackgespräch spricht eine Teamleitung mit einer Praktikantin. Die Komplementarität der Rollen kann dazu führen, dass die Praktikantin weniger offen Kritik äußert, selbst wenn ihr etwas unklar ist oder sie Probleme wahrnimmt. In einem Teammeeting unter KollegInnen hingegen ist symmetrische Kommunikation gefragt, geprägt von gegenseitigem Respekt und einem Austausch „auf Augenhöhe".

Diese Axiome verdeutlichen, dass Kommunikation nicht als neutraler und rein sachlicher Vorgang betrachtet werden kann. Es handelt sich vielmehr um ein dynamisches Geschehen, das die Beziehung zwischen den Beteiligten formt, spiegelt und letztlich auch verändern kann.

Im nächsten Abschnitt werden nun drei prägende Modelle zur Kommunikation vorgestellt.

2.8.2 Modelle der Kommunikation

Als eines der ersten Modelle zur Beschreibung der Kommunikationsvorgänge wurde das *Sender-Empfänger-Modell* (Shannon & Weaver, 1949) entwickelt. Es beschreibt den grundlegenden Ablauf einer Informationsübertragung und fußt auf der Annahme, dass Kommunikation in einem linearen Prozess zwischen zwei Personen stattfindet.

Dieser Austausch lässt sich in folgende Schritte unterteilen:

Die Person, die eine Nachricht übermitteln möchte, initiiert die Kommunikation und wird als *Sender* bezeichnet. Der Sender verschlüsselt bzw. codiert also seine Gedanken, Gefühle oder Informationen in sprachliche oder nonverbale Signale und formuliert eine Nachricht, die zum einen explizite Informationen, aber auch implizite bzw. indirekte – beispielsweise emotionale – Botschaften enthält.

Der *Empfänger* nimmt diese Botschaft auf und interpretiert sie, wobei seine „innere Landkarte", d. h. seine persönlichen Erfahrungen, Werte oder Erwartungen, eine zentrale Rolle spielt. Dieser Vorgang der Interpretation und Bedeutungszuweisung wird als Dekodierung bezeichnet. Die Übereinstimmung zwischen dem Gemeinten und dem Verstandenen ist dabei keineswegs als selbstverständlich zu betrachten. Erst durch eine Reaktion seitens des Empfängers, wie beispielsweise ein zustimmendes Nicken, eine Rückfrage oder ein fragender Blick, wird der Kommunikationskreis geschlossen und es wird ersichtlich, wie die Nachricht angekommen ist und ob sie so angekommen ist, wie sie gemeint war.

Dieses Modell demonstriert eindrucksvoll die Anfälligkeit für Störungen, insbesondere in Situationen, in denen Sender und Empfänger aus unterschiedlichen Kontexten, Sprachen oder Denkstilen stammen. Missverständnisse entstehen vor allem, wenn die Codierung und Decodierung voneinander abweichen und es einen großen Interpretationsspielraum gibt. Zu den typischen Störfaktoren zählen beispielsweise unterschiedliche Erwartungen, unklare Formulierungen oder ein fehlender Kontext.

Praxisbeispiel

Lea erhält von einem Projektleiter eine kurze E-Mail mit dem Betreff: *„Bitte Entwurfsdokument bis Freitag senden."* Da weder ein Kontext noch eine freundliche Einleitung enthalten sind, empfindet sie den Tonfall zunächst als fordernd und etwas unhöflich. In ihren Ohren klingt die eMail fast wie ein Befehl. Ein Kollege, der dieselbe Nachricht erhalten hat, interpretiert sie hingegen als pragmatische, sachliche Erinnerung und fühlt sich nicht weiter irritiert. ◄

Das Beispiel zeigt: Kommunikation besteht nicht nur aus Worten, sondern auch aus Interpretation – je nach persönlichem Stil, der Beziehung zum Absender oder der Wahrnehmung der Situation. Gerade bei schriftlicher Kommunikation fehlen die nonverbalen Informationen wie beispielsweise der Tonfall oder die Mimik, wodurch schnell Missverständnisse entstehen können.

Das *Vier-Seiten-Modell der Kommunikation* (Schulz von Thun, 1981) veranschaulicht diese Multidimensionalität von Kommunikation eindrucksvoll und legt quasi das eher einfach anmutende Sender-Empfänger-Modell tiefer. Demnach beinhaltet jede Aussage gleichzeitig folgende vier Botschaften:

1. Sachebene – Was wird inhaltlich gesagt?
2. Selbstoffenbarung – Was sagt der Sender über sich selbst aus?
3. Beziehungsebene – Wie steht der Sender zum Empfänger?
4. Appellebene – Was möchte der Sender erreichen?

Missverständnisse entstehen vor allem dann, wenn Sender und Empfänger unterschiedliche Ebenen in den Fokus rücken – beispielsweise, wenn eine sachlich gemeinte Aussage beim Empfänger als Kritik auf der Beziehungsebene interpretiert wird.

Das Vier-Seiten-Modell beschreibt nicht nur die Botschaften des Senders, sondern auch die Art und Weise, wie der Empfänger eine Nachricht wahrnimmt. Der Empfänger kann – bewusst oder unbewusst – mit einem von vier „Ohren" zuhören. Die jeweils präferierte Art des Hörens beeinflusst maßgeblich die Art und Weise, wie die Botschaft verstanden, bewertet und im Sinne einer Reaktion beantwortet wird.

Nachfolgend werden die verschiedenen „Seiten" einer Nachricht detaillierter vorgestellt. Als beispielhafte Botschaft dient die Nachricht „Das Kaffeepulver ist leer.".

1. *Sach-Ohr – „Was sind die Fakten?"*
   - Der Empfänger konzentriert sich auf den inhaltlichen Gehalt der Aussage.
   - Er prüft: *Stimmt das? Ist es relevant? Verstehe ich die Aussage korrekt?*
   - Diese Ebene ist objektiv und faktenorientiert.
   - Beispiel: *„Das Kaffeepulver ist leer."* – *„Okay, ich schreibe es auf die Einkaufsliste."*
2. *Selbstoffenbarungs-Ohr – „Was sagt der andere über sich selbst aus?"*
   - Der Empfänger hört heraus, welche Gefühle, Werte, Einstellungen oder Bedürfnisse der Sender preisgibt.
   - Jede Botschaft enthält – gewollt oder nicht – Informationen über den inneren Zustand des Senders.
   - Beispiel: *„Das Kaffeepulver ist leer."* – *„Er ist wahrscheinlich genervt, dass er keinen Kaffee bekommt."*
3. *Beziehungs-Ohr – „Wie steht der andere zu mir?"*
   - Der Empfänger interpretiert, wie der Sender über ihn denkt oder wie das Verhältnis zwischen beiden ist.
   - Schon der Tonfall, die Wortwahl oder die Körpersprache können hier entscheidend sein.
   - Beispiel: *„Das Kaffeepulver ist leer."* – *„Ich bin wohl wieder mal nicht aufmerksam genug gewesen."*

4. *Appell-Ohr – „Was soll ich tun?"*
   - Der Empfänger richtet seine Aufmerksamkeit auf das, was von ihm erwartet wird.
   - Oft ist das Ziel des Senders, den anderen zu einem bestimmten Verhalten zu bewegen.
   - Beispiel: *„Das Kaffeepulver ist leer." – „Ich soll wohl neues besorgen."*

Gemäß diesem Modell wird jede Nachricht auf allen vier Ebenen versandt, wobei der jeweilige Empfänger, sei es bewusst oder unbewusst, entscheidet, auf welchem Ohr er die Botschaft wahrnimmt. In Tab. 2.3 werden einige Nutzen und Risiken pro Ohr zusammengefasst.

Missverständnisse entstehen oft, wenn Sender und Empfänger wie bereits erwähnt unterschiedliche Ebenen betonen – z. B. sendet jemand auf der Sachebene, während der andere auf der Beziehungsebene hört. Kommunikation wird klarer, wenn beide Seiten sich bewusst machen: Auf welcher Ebene sende ich gerade? Mit welchem Ohr höre ich gerade?

In vielen Fällen kann es daher zielführend sein, dass entweder der Sender oder der Empfänger die Bedeutung einer Nachricht erfragen, wenn sie den Eindruck haben, dass es zu Unstimmigkeiten gekommen ist oder sich ein Missverständnis abzeichnet.

Die *Transaktionsanalyse* von Berne (1964) erweitert die Sicht auf Kommunikation noch um eine psychologische Dimension. Sie beschreibt, dass Menschen aus drei inneren Ich-Zuständen heraus kommunizieren. Diese drei Ich-Zustände werden wie folgt definiert:

Tab. 2.3 Nutzen und Risiken pro Ohr im 4 Seiten Modell

Ebene	Nutzen	Risiken
Sach-Ohr	• liefert Klarheit über Inhalte • unterstützt faktenbasierte Entscheidungen	• emotionale oder soziale Botschaften können überhört werden
Selbstoffenbarungs-Ohr	• fördert Empathie • erleichtert das Verstehen von Gefühlen und Bedürfnissen des Gegenübers	• Gefahr zu viel Verantwortung zu übernehmen • Potenzielles Gefühl ständiger Rücksichtnahme an andere
Beziehungs-Ohr	• schärft die Wahrnehmung für zwischenmenschliche Dynamiken • erhöht soziale Sensibilität	• Fehlinterpretationen können zu Konflikten und Mißverständnissen führen • Botschaften werden möglicherweise persönlich genommen
Appell-Ohr	• fördert Zielorientierung und fokussiert auf eine Lösung • nützt vor allem bei alltäglichen Routinen	• Gefühl, unter Druck gesetzt zu werden • Gefühl, ständig etwas tun zu müssen oder fremd gesteuert zu sein

1. *Eltern-Ich*: Themen sind hier Normen, Bewertungen, Fürsorge oder Kritik. Dies umfasst autoritäre oder fürsorgliche Verhaltensweisen, die sich in Aussagen wie „Das muss so gemacht werden!“ ausdrücken.
2. Das *Erwachsenen-Ich* zeichnet sich durch eine sachliche, rationale und lösungsorientierte Denkweise aus, wie sich in der Aussage „Lass uns die Fakten prüfen.“ widerspiegelt.
3. Demgegenüber steht das *Kind-Ich*, das durch Emotionalität, Spontanität, Rebellion oder Bedürftigkeit gekennzeichnet ist, wie in der Aussage „Das ist unfair!“ deutlich wird.

Kommunikation droht in diesem Modell zu scheitern, wenn ein Gespräch, das ursprünglich auf der Erwachsenenebene begann, plötzlich ins Kind- oder Eltern-Ich kippt. Solche Kommunikation kann dann beispielsweise in gegenseitigen Schuldzuweisungen oder Trotzreaktionen enden, ohne dass das ursächliche Thema besprochen oder eine Lösung für ein Problem gefunden wurde.

Praxisbeispiel

Leas Vorgesetzter fragt im Jour fixe: „Warum ist das Testmodul noch nicht abgeschlossen?“

Antwort im Eltern-Ich: „Weil die anderen mal wieder nicht richtig geplant haben.“

Antwort im Kind-Ich: „Ich kann doch nicht alles allein machen!“

Antwort im Erwachsenen-Ich: „Es gab technische Verzögerungen bei der Schnittstellenabstimmung. Ich kann Ihnen den aktuellen Stand und die nächsten Schritte gerne erläutern.“ ◄

Das Beispiel zeigt, wie sich die innere Haltung in der Kommunikation widerspiegelt – und wie durch das *Erwachsenen-Ich* ein sachlicher, lösungsorientierter Dialog gefördert werden kann. Anders ausgedrückt:

► ***Merksatz*** Erfolgreiche Kommunikation am Arbeitsplatz sollte grundsätzlich auf der Erwachsenen-Ebene stattfinden, also sachlich, respektvoll und lösungsorientiert gestaltet werden.

2.8.3 Verbale und nonverbale Kommunikation

Wie im vorherigen Abschnitt bereits deutlich wurde, umfasst Kommunikation nicht ausschließlich verbale Äußerungen. Vielmehr ist es die nonverbale Kommunikation, also die Mimik, Gestik, Körperhaltung, der Tonfall oder das Sprechtempo, die maßgeblich die Art und Weise beeinflussen, wie die empfangene Botschaft beim Gegenüber ankommt. Untersuchungen zur Kommunikationswirkung (vgl. Mehrabian, 1972) belegen, dass der überwiegende Teil der Wirkung einer Botschaft nicht durch den verbalen Inhalt, sondern durch nonverbale Komponenten vermittelt wird. Diese werden vom Empfänger häufig unbewusst wahrgenommen, sind oft emotional geprägt und werden intuitiv und „aus dem Bauch heraus“ gedeutet.

Dabei ist die Kongruenz zwischen verbalen und nonverbalen Signalen von großer Bedeutung, das heißt, dass eine Übereinstimmung beider Bereiche bezüglich des Inhaltes und des Ausdrucks angestrebt werden sollte. Das ist die Voraussetzung dafür, dass beim Gegenüber der Eindruck von Authentizität entsteht. Inkongruente Signale hingegen können in Arbeitskontexten, in denen Kommunikation häufig unter Zeitdruck oder „zwischen Tür und Angel“ stattfindet, zu Irritationen, Missverständnissen oder einem schleichenden Vertrauensverlust führen.

In der Regel werden verbale Äußerungen verwendet, um sachliche Informationen zu vermitteln. Dies kann beispielsweise die Äußerung „Ich bin mit dem Ergebnis zufrieden“ oder „Wir treffen uns um 10 Uhr“ sein. Auch die Übernahme einer Aufgabe kann auf diese Weise kommuniziert werden. Demgegenüber tragen nonverbale Signale eher emotionale Botschaften. Ein offenes Lächeln, ein fester Blickkontakt oder eine zugewandte Körperhaltung signalisieren Zustimmung, Wertschätzung oder Interesse, während verschränkte Arme, ein nach unten gerichteter Blick oder ein scharfer Ton ablehnend, genervt oder gestresst wirken können.

Praxisbeispiel

Während eines Projektmeetings stellt Lea einen neuen Vorschlag zur Prozessoptimierung vor. Die Projektleiterin reagiert mit den Worten: *„Das ist in Ordnung.“*, allerdings in einem monotonen Tonfall, ohne Blickkontakt, mit verschränkten Armen und einem kaum wahrnehmbaren Augenrollen.

Obwohl der verbale Inhalt Zustimmung vermittelt, löst die nonverbale Kommunikation bei Lea Irritation und Unsicherheit aus. Sie hat das Gefühl, dass ihr Vorschlag nicht wirklich ernst genommen wurde. ◄

Dieses Beispiel zeigt: Körpersprache, Tonfall und Mimik haben einen starken Einfluss auf die Wirkung von Kommunikation und zwar oft stärker als der eigentliche Wortlaut. Für Vertrauen, Motivation und Zusammenarbeit ist *kongruente Kommunikation* entscheidend.

Gerade im beruflichen Kontext – etwa in Meetings, Feedbackgesprächen oder virtuellen Konferenzen – ist es daher wichtig, sich immer wieder der eigenen Körpersprache bewusst zu werden. Eine authentische und klare Kommunikation gelingt dadurch, dass Mimik, Haltung, Stimme und Sprache in einer stimmig erscheinenden Einheit ausbalanciert sind. Denn der Tonfall (d. h. das „Wie“), in dem etwas artikuliert wird, ist oft entscheidender als der Inhalt (d. h. das „Was“) der Äußerung.

Die in Tab. 2.4 beschriebenen Kommunikationsdimensionen können um die nachfolgenden *Reflexionsfragen* erweitert werden.

Tab. 2.4 Vier Dimensionen der Kommunikation und Reflexionsfragen dazu

Dimension	Typische Elemente	Reflexionsfragen
Inhalt (Was sage ich?)	Wortwahl, Aussage, Botschaft	Ist meine Botschaft klar und eindeutig?
Tonfall (Wie sage ich es?)	Stimmlage, Sprechtempo, Lautstärke	Unterstützt mein Ton die beabsichtigte Wirkung?
Körpersprache (Was zeigt mein Körper?)	Mimik, Gestik, Haltung, Blickkontakt	Passt meine Körpersprache zur Aussage – oder könnte sie widersprüchlich wirken?
Beziehungsebene (Was sende ich unbewusst?)	Nähe/Distanz, Wertschätzung, Statussignale	Welche Wirkung hat meine Kommunikation emotional auf mein Gegenüber?

a) Nach Gesprächen innehalten:
- Was habe ich gesagt – und wie?
- Welche nonverbalen Signale habe ich vielleicht unbewusst gesendet?

b) Feedback einholen:
- Wie kam meine Aussage beim Gegenüber an?
- Wurde meine Botschaft bzw. Nachricht so verstanden, wie ich sie meinte?

c) Ziel: Kongruenz herstellen
- Stimme ich auf allen Ebenen überein?
- Falls nicht: Welche Dimension passt nicht – und wie kann ich sie möglicherweise anpassen?

Gelungene Kommunikation zeigt sich jedoch nicht nur in der Art und Weise, wie wir sprechen, sondern ebenso darin, wie wir zuhören. Besonders im beruflichen Alltag darf daher das *aktive Zuhören*, um das es im nächsten Abschnitt gehen wird, als ein entscheidender Faktor für gegenseitiges Verstehen und erfolgreiche Zusammenarbeit gelten.

2.8.4 Aktives Zuhören

Aktiv Zuhören zu können, setzt eine vollständige Aufmerksamkeit für die Äußerungen des Gegenübers, sowohl in kognitiver, emotionaler als auch nonverbaler Hinsicht voraus. In beruflichen Alltagssituationen, die häufig durch beispielsweise Zeitdruck oder durchgetaktete Kalender und Termine gekennzeichnet sind, tritt diese Fähigkeit (zu) häufig in den Hintergrund, trotz dass sie maßgeblich dazu beiträgt, dass vertrauensvolle und belastbare Beziehungen aufgebaut und gepflegt werden und das zwischenmenschliche Miteinander gestärkt wird.

Der Begriff des *aktiven Zuhörens* wurde maßgeblich durch Carl Rogers (1951) geprägt und beschreibt eine zugewandte, empathische Haltung im Gespräch. Im Zentrum steht das Bemühen, die Botschaften des Gegenübers nicht nur inhaltlich, sondern auch emotional umfassend zu erfassen, und zwar ohne vorschnelle Bewertungen, Ratschläge oder etwaige

Unterbrechungen. Ziel ist ein echtes Verstehen, das durch achtsames Wahrnehmen, verbale Rückmeldungen und nonverbale Resonanz unterstützt wird.

Im Folgenden werden die Merkmale aktiven Zuhörens vorgestellt.

- *Aufmerksamkeit zeigen*: Körpersprachliche Signale wie Blickkontakt, Nicken oder eine zugewandte Haltung können Interesse signalisieren. Auch kurze verbale Bestätigungen („Mhm", „Verstehe") zeigen, dass der Gesprächspartner gehört wird.
- *Paraphrasieren*: Das Wiedergeben von Inhalten in eigenen Worten („Wenn ich dich richtig verstehe, meinst du …") ist eine einfache und doch wirkungsvolle Methode, um sicherzustellen, dass die Äußerungen des Gesprächspartners verstanden werden. Auch gemeinsames Reflektieren wird dadurch unterstützt.
- *Nachfragen*: Durch gezielte Rückfragen kann sichergestellt werden, dass der Zuhörer die Äußerungen so verstanden hat, wie sie gemeint waren. Zudem besteht die Möglichkeit, etwaige Missverständnisse frühzeitig zu klären.
- Das *Spiegeln von Emotionen* ist ein wesentlicher Aspekt dieser Art der Kommunikation. Die Wahrnehmung und Benennung der Gefühlslage des Gegenübers („Ich habe das Gefühl, dass Du gerade ziemlich angespannt bist") - in diesem Beispiel als Ich-Botschaft formuliert – ist ein Indikator für echtes und aufrichtiges Einfühlungsvermögen.

Praxisbeispiel

In einem Teammeeting äußert ein Kollege, dass ihn die häufigen kurzfristigen Änderungen im Projektverlauf zunehmend belasten. Statt direkt mit Lösungsvorschlägen zu reagieren oder die Projektplanung zu verteidigen, zeigt Lea als Teilprojektleiterin aktives Zuhören:

„Wenn ich dich richtig verstehe, ist es vor allem die fehlende Planungssicherheit, die dich gerade stresst?"

„Du wirkst ziemlich angespannt. Magst du erzählen, was dich im Moment besonders unter Druck setzt?"

„Was würde dir helfen, damit du dich im Team besser unterstützt fühlst?"

Durch diese empathische Haltung signalisiert Lea: *Ich nehme dich ernst. Ich höre dir wirklich zu.* Das schafft damit eine gute Basis für vertrauensvolle und konstruktive Dialoge. Außerdem entsteht ein Raum, in dem sich der Mitarbeitende ernst genommen fühlt, was eine Voraussetzung dafür ist, gemeinsam tragfähige Lösungen zu entwickeln. Gleichzeitig wird durch aktives Zuhören verhindert, dass sich der Gesprächspartner zurückzieht oder aber das Gespräch eskaliert. ◀

Im beruflichen Kontext ist die Kompetenz des aktiven Zuhörens vor allem in Führungspositionen, bei der Zusammenarbeit im Team oder in Beratungsgesprächen gefragt.

Kommunikation ist folglich als ein Prozess zu betrachten, der bewusst gestaltet werden kann – und sollte. Die dargestellten Modelle bieten einen fundierten theoretischen Rahmen, um das Bewusstsein für Gestaltungsmöglichkeiten zu erweitern, Missverständnissen vorzubeugen sowie Beziehungen und die Zusammenarbeit zu stärken. Bewusste und achtsame Kommunikation zeichnet sich durch eine gute Fähigkeit, zuzuhören, eine präzisere Ausdrucksweise und ein tiefgreifenderes Verständnis der Aussagen anderer aus. Die Kenntnis von Kommunikationsmodellen kann außerdem dazu beitragen, individuelle Muster zu identifizieren und diese bei Bedarf gezielt zu verändern.

Leas Reflexionsmoment

„Ein Missverständnis mit einem Kollegen hat mir vor Augen geführt, wie unterschiedlich meine Botschaften beim Gegenüber ankommen können – selbst wenn sie gut gemeint sind. Ich hatte eine Rückmeldung geben wollen, die als hilfreich gedacht war, kam aber anscheinend kühl und kritisch rüber. Im Nachgang habe ich mich intensiver mit Kommunikationsmodellen beschäftigt und festgestellt, wie entscheidend beispielweise nonverbale Signale sind. Seitdem achte ich stärker darauf, wie ich etwas sage und nicht nur darauf, was ich sage."

Reflexionsfragen für Sie:

Wann ist Ihnen zuletzt eine Kommunikationssituation misslungen und woran könnte es gelegen haben? Wie können Sie Ihre Kommunikation künftig bewusster gestalten, um besser verstanden zu werden?

2.9 Zusammenfassung

Das zweite Kapitel legt das Fundament für ein tieferes Verständnis psychologischer Prozesse im beruflichen Kontext. Es vermittelt zentrale theoretische Modelle und Konzepte der Angewandten Psychologie und zeigt auf, wie diese dabei helfen können, menschliches Verhalten am Arbeitsplatz besser zu verstehen, vorherzusagen und gezielt zu beeinflussen. Im Zentrum steht dabei der Mensch in seinem Arbeitsumfeld – eingebettet in ein komplexes Zusammenspiel aus sozialen, technischen und organisatorischen Faktoren und in Abhängigkeit von der jeweiligen Aufgabe.

Ein wichtiges Thema ist die *menschliche Informationsverarbeitung*: Unsere Wahrnehmung ist selektiv, begrenzt und fehleranfällig. Menschen nehmen nur einen kleinen Ausschnitt der Realität bewusst wahr und interpretieren diesen subjektiv, basierend auf Erfahrungen, Erwartungen und situativen Einflüssen. Daraus ergeben sich typische *Wahrnehmungsverzerrungen* wie der Ankereffekt, der Bestätigungsfehler oder die Verfügbarkeitsheuristik. Diese sogenannten *biases* können Entscheidungen beeinflussen – häufig, ohne dass sich die Betroffenen dessen bewusst sind.

Gerade in komplexen und dynamischen Arbeitsumgebungen ist es daher wichtig, sich mit den Grenzen der eigenen Urteilsfähigkeit auseinanderzusetzen. Psychologisches Wissen über diese Verzerrungen ermöglicht es, systematische Fehler zu erkennen, gegenzusteuern und Entscheidungen fundierter zu treffen – beispielsweise durch Perspektivenwechsel, strukturierte Entscheidungsverfahren oder Feedbackprozesse.

Darauf aufbauend widmet sich das Kapitel den Grundlagen des *Lernens und Handelns*. Lernen wird als aktiver, konstruktiver Prozess verstanden, bei dem neue Informationen aufgenommen, verarbeitet und in bestehende Wissensstrukturen integriert werden. Modelle wie das klassische und operante Konditionieren, aber auch kognitive Theorien wie das Modelllernen nach Bandura liefern praxisrelevante Impulse: Etwa zur Frage, wie Verhaltensänderungen gezielt gefördert werden können.

In Arbeitskontexten bedeutet dies: Menschen benötigen unterstützende Rahmenbedingungen, um neues Verhalten zu entwickeln und zu stabilisieren. Dazu zählen unter anderem klare Ziele, regelmäßiges Feedback oder ein förderliches Umfeld. Verhaltensänderung ist also ein Prozess – psychologische Modelle wie das „Transtheoretische Modell" können dabei helfen, diesen besser zu gestalten.

Ein weiteres bedeutsames Thema ist das *persönliche Mindset* – also die innere Haltung eines Menschen zu Herausforderungen, Entwicklung und Veränderung. Basierend auf der *Positiven Psychologie* (Seligman, 2002) wird gezeigt, wie ein wachstumsorientiertes Mindset dazu beitragen kann, berufliche Herausforderungen nicht nur zu bewältigen, sondern aktiv zur persönlichen Entwicklung zu nutzen. Das PERMA-Modell bietet einen Rahmen, um Wohlbefinden und Gesundheit gezielt zu fördern – auch und vor allem am Arbeitsplatz.

Die Grundannahme: Wer seine Stärken kennt und gezielt einsetzt, wer Sinn in seiner Tätigkeit erlebt und wer über tragfähige soziale Beziehungen verfügt, ist gesünder, resilienter und leistungsfähiger. Damit wird deutlich, dass persönliches Wachstum nicht nur individuell bedeutsam ist, sondern auch aus unternehmerischer Sicht ein wichtiger Erfolgsfaktor ist.

Das Kapitel greift zudem das Konzept von *Kompetenzen* auf – verstanden als Kombination aus Wissen, Fähigkeiten, Einstellungen und Motivation, die eine Person zur erfolgreichen Bewältigung beruflicher Anforderungen befähigen. Insbesondere sogenannte *Future Skills* wie Anpassungsfähigkeit, Kreativität oder digitale Kompetenz sind dabei zentral.

Das *Eisbergmodell der Kompetenzen* macht deutlich: Während fachliche und methodische Kompetenzen meist sichtbar und messbar sind, liegen persönliche und soziale Kompetenzen oft unter der Wasseroberfläche – und sind dennoch in hohem Maße wirksam. Für moderne Arbeitswelten lässt sich daraus ableiten, dass Kompetenzentwicklung sowohl inhaltlich als auch strukturell ganzheitlich gedacht werden sollte.

Auch wird der Zusammenhang zwischen *psychischer Gesundheit und Arbeitskontext* beleuchtet. Modelle wie das Transaktionale Stressmodell oder das Konzept der Person-Job-Passung zeigen, wie Stress entsteht und wie er durch gezielte Anpassung von Anforderungen, Ressourcen und Kompetenzen reduziert werden kann. Psychologische Gesundheitsförderung beginnt dementsprechend bei einer passgenauen Gestaltung von Arbeit, Entwicklungsmöglichkeiten und angemessenen Regenerationsphasen.

Abschließend thematisiert das Kapitel die menschliche Kommunikation als ein – um nicht zu sagen *dem* – zentralen Medium menschlicher Interaktion im Arbeitskontext. Basierend auf Modellen wie dem *Sender-Empfänger-Modell* oder dem *Vier-Seiten-Modell* wird aufgezeigt, wie Kommunikation funktioniert. Im Fokus stehen sowohl verbale als auch nonverbale Ausdrucksformen, deren Wirkung oft unterschätzt wird. Gerade in beruflichen Situationen – etwa in Meetings, Feedbackgesprächen oder virtuellen Formaten – ist eine achtsame, kongruente und authentische Kommunikation entscheidend für gegenseitiges Verstehen, Vertrauen und Kooperation. Konzepte wie aktives Zuhören, stimmige Körpersprache und eine etablierte Feedbackkultur bieten konkrete Ansatzpunkte, um Kommunikationsprozesse bewusster zu gestalten und zwischenmenschliche Dynamiken konstruktiv zu steuern.

Literatur

Ajzen, I. (1991). The theory of planned behavior. *Organizational Behavior and Human Decision Processes*, *50*(2), 179–211. https://doi.org/10.1016/0749-5978(91)90020-t.

Amabile, T. M. (1996). *Creativity in Context*. Westview Press.

Anderson, J. R. (2015). *Cognitive Psychology and Its Implications* (8. Aufl.). Worth Publishers.

Antonovsky, A. (1997). *Salutogenese – Zur Entmystifizierung der Gesundheit*. DGVT Verlag.

Baddeley, A., Eysenck, M.W., & Anderson, M.C. (2020). Memory (3. Aufl.). Routledge. https://doi.org/10.4324/9780429449642.

Bakker, A.B., & Demerouti, E. (2007). The Job Demands–Resources model: State of the art. *Journal of Managerial Psychology, 22*(3), 309–328. https://doi.org/10.1108/02683940710733115.

Bandura, A. (1977). *Social Learning Theory*. Prentice Hall.

Bandura, A. (1997). *Self-efficacy: The exercise of control*. Freeman.

Csikszentmihalyi, M. (1990). *Flow: The psychology of optimal experience*. Harper & Row.

Deci, E. L., & Ryan, R. M. (2000). The „what" and „why" of goal pursuits: Human needs and the self-determination of behavior. *Psychological Inquiry, 11*(4), 227–268. https://doi.org/10.1207/S15327965PLI1104_01.

Dweck, C. S. (2006). *Mindset: The new psychology of success*. Random House.

Endsley, M. R. (1995). Toward a Theory of Situation Awareness in Dynamic Systems. *Human Factors, 37*(1), 32–64.

Erpenbeck, J., & Sauter, W. (2024). *Future Learning und New Work* (2. Aufl.). Haufe.

Erpenbeck, J., Rosenstiel, L., & v. (2007). *Handbuch Kompetenzmessung: Erkennen, verstehen und bewerten von Kompetenzen in der betrieblichen, pädagogischen und psychologischen Praxis* (2. Aufl.). Schäffer-Poeschel.

Flavell, J. H. (1979). *Metacognition and cognitive monitoring: A new area of cognitive–developmental inquiry*. American Psychologist, 34(10), 906–911. https://doi.org/10.1037/0003-066X.34.10.906.

Fredrickson, B. L. (2001). The role of positive emotions in positive psychology: The broaden-and-build theory of positive emotions. *American Psychologist, 56*(3), 218–226. https://doi.org/10.1037/0003-066X.56.3.218.

Gigerenzer, G. (2007). *Bauchentscheidungen: Die Intelligenz des Unbewussten und die Macht der Intuition*. Goldmann Verlag.

Heckhausen, H., & Gollwitzer, P. M. (1987). Thought contents and cognitive functioning in motivational versus volitional states of mind. *Motivation and Emotion, 11*(2), 101–120. https://doi.org/10.1007/BF00992338.

Janis, I. L. (1972). *Victims of groupthink: A psychological study of foreign-policy decisions and fiascoes*. Houghton Mifflin.

Kabat-Zinn, J. (2003). Mindfulness-based interventions in context: Past, present, and future. Clinical Psychology: Science and Practice, 10(2), 144–156. https://doi.org/10.1093/clipsy.bpg016.

Kahneman, D. (2011). *Thinking, fast and slow*. Farrar, Straus and Giroux.

Kahneman, D., & Tversky, A. (1979). Prospect theory: An analysis of decision under risk. *Econometrica, 47*(2), 263–291. https://doi.org/10.2307/1914185.

Klein, G. (2009). Streetlights and shadows: Searching for the keys to adaptive decision making. MIT Press. https://doi.org/10.7551/mitpress/8369.001.0001. Zugegriffen: 11. Februar. 2026.

Kristof-Brown, A. L., Zimmerman, R. D., & Johnson, E. C. (2005). Consequences of individual's fit at work: A meta-analysis of person-job, person-organization, person-group, and person-supervisor fit. *Personnel Psychology, 58*(2), 281–342. https://doi.org/10.1111/j.1744-6570.2005.00672.x.

Kuhl, J. (1985). Volitional mediators of cognition–behavior consistency: Self-regulatory processes and action versus state orientation. In J. Kuhl & J. Beckmann (Hrsg.), *Action control: From cognition to behavior* (S. 101–128). Springer. https://doi.org/10.1007/978-3-642-69746-3_6

Lazarus, R. S., & Folkman, S. (1984). *Stress, Appraisal, and Coping*. Springer.

Locke, E. A., & Latham, G. P. (2002). Building a practically useful theory of goal setting and task motivation: A 35-year odyssey. *American Psychologist*, 57(9), 705–717. https://doi.org/10.1037/0003-066X.57.9.705.

Luthar, S. S., Cicchetti, D., & Becker, B. (2000). The construct of resilience: A critical evaluation and guidelines for future work. *Child Development*, 71(3), 543–562. https://doi.org/10.1111/1467-8624.00164.

Mehrabian, A. (1972). *Nonverbal communication*. DeGruyter.

Nickerson, R. S. (1998). Confirmation bias: A ubiquitous phenomenon in many guises. *Review of General Psychology, 2*(2), 175–220. https://doi.org/10.1037/1089-2680.2.2.175.

OECD. (2020). *Skills for 2030*. Organisation for Economic Co-operation and Development. https://www.oecd.org/skills/skills-for-2030.

Pavlov, I. P. (1927). *Conditioned reflexes: An investigation of the physiological activity of the cerebral cortex* (G. V. Anrep, Trans.). Oxford University Press.

Prochaska, J. O., & DiClemente, C. C. (1983). Stages and processes of self-change of smoking: Toward an integrative model of change. *Journal of Consulting and Clinical Psychology, 51*(3), 390–395. https://doi.org/10.1037/0022-006X.51.3.390.

Rogers, C. R. (1951). *Client-centered therapy: Its current practice, implications and theory*. Houghton Mifflin.

Rutter, M. (2006). Implications of Resilience Concepts for Scientific Understanding. *Annals of the New York Academy of Sciences*, 1094(1), 1–12. https://doi.org/10.1196/annals.1376.002.

Schacter, D. L. (2001). *The seven sins of memory: How the mind forgets and remembers*. Houghton Mifflin.

Schleidt, B. (2018). Psychologie sicheren Handelns bei der Arbeit. In R. Brinkmann (Hrsg.), *Angewandte Wirtschaftspsychologie* (S. 417–447). Halbergmoos.

Schleidt, R. (2009). Kompetenzen für Ingenieure in der unternehmensübergreifenden virtuellen Produktentwicklung. Dissertation. In Eigner, M. (Hrsg.), *Schriftenreihe VPE. Technische Universität Kaiserslautern*. Bd. 7. Kaiserslautern.

Schulz von Thun, F. (1981). *Miteinander reden 1: Störungen und Klärungen*. Rowohlt.

Schunk, D. H. (2012). *Learning theories: An educational perspective* (6. Aufl.). Pearson

Seligman, M. E. P. (2011). *Flourish: A visionary new understanding of happiness and well-being*. Free Press.

Senge, P. M. (2006). *The Fifth Discipline: The Art and Practice of the Learning Organization*. Doubleday.

Shannon, C. E., & Weaver, W. (1949). *The Mathematical Theory of Communication*. University of Illinois Press.

Siegrist, J. (1996). Adverse health effects of high-effort/low-reward conditions. *Journal of occupational health psychology., 1*(1), 27–41. PMID 9547031.

Skinner, B. F. (1953). *Science and Human Behavior*. Macmillan.

Spencer, L. M., & Spencer, S. M. (1993). *Competence at Work: Models for Superior Performance*. Wiley.

Stifterverband & McKinsey & Company. (2021). *Future Skills: Welche Kompetenzen in Deutschland fehlen*. Essen: Stifterverband für die Deutsche Wissenschaft. https://www.stifterverband.org/medien/future-skills-welche-kompetenzen-in-deutschland-fehlen. Zugegriffen: 11. Februar. 2026.

Tversky, A., & Kahneman, D. (1973). Availability: A heuristic for judging frequency and probability. *Cognitive Psychology, 5*(2), 207–232. https://doi.org/10.1016/0010-0285(73)90033-9.

Vuorikari, R., Kluzer, S., & Punie, Y. (2022). DigComp 2.2, The Digital Competence framework for citizens: with new examples of knowledge, skills and attitudes, Publications Office of the European Union. https://data.europa.eu/doi/10.2760/115376.

Watzlawick, P., Beavin, J. H., & Jackson, D. D. (1967). *Pragmatics of human communication: A study of interactional patterns, pathologies, and paradoxes*. W. W. Norton.

Weinert, F. E. (2001). *Vergleichende Leistungsmessung in Schulen – Eine umstrittene Selbstverständlichkeit*. In F. E. Weinert (Hrsg.), *Leistungsmessungen in Schulen* (S. 17–31). Weinheim und Basel.

World Economic Forum (2025). *Future of Jobs Report*. World Economic Forum. https://reports.weforum.org/docs/WEF_Future_of_Jobs_Report_2025.pdf.

World Health Organization (WHO). (1946). *Constitution of the World Health Organization*. WHO.https://www.who.int/about/governance/constitution.

Einzelne Person am Arbeitsplatz

3

3.1 Ziele des Kapitels

Nach einer ausführlichen Erörterung grundlegender psychologischer Prinzipien richtet sich die Aufmerksamkeit nun auf den Menschen selbst als aktiven Gestalter seines beruflichen Alltags. Im Fokus stehen dabei neben der individuellen Wahrnehmung, die persönliche Haltung oder der Spielraum für eigenverantwortliches Handeln. In diesem Kapitel wird aufgezeigt, in welchem Ausmaß das subjektive Erleben von Arbeit durch psychische Faktoren bestimmt wird und warum jede*r Beschäftigte eine – wenn nicht sogar *die* – zentrale Einflussgröße im eigenen Berufsleben darstellt.

Ein besseres Verständnis der kognitiven Mechanismen und eigenen Verhaltensmuster ermöglicht eine zielgerichtetere Bewältigung von Belastungen, eine aktivere Gestaltung der eigenen Entwicklung und kann ein gesundes und erfüllendes Arbeitsleben fördern.

Im Folgenden soll daher unter anderem der gelingende Umgang mit Informationen, Möglichkeiten der Selbstführung oder die Relevanz regelmäßiger Regeneration beleuchtet werden.

Die zentrale Fragestellung lautet: Wie kann ich im Arbeitsalltag bewußt(er) Einfluss auf mein Erleben, mein Handeln und mein Wohlbefinden nehmen?

Im Kapitel werden unter anderem folgende Fragen beantwortet:

- Wie kann ich mir meiner Wahrnehmungsmuster bewusstwerden? Wie beeinflusst meine Wahrnehmung mein Handeln und meine Entscheidungen? Wie kann man lernen, die eigene Wahrnehmung zu hinterfragen?
- Welche psychologischen Ressourcen sind im Arbeitskontext hilfreich? Wie können sie gestärkt werden?

B. Schleidt, *Angewandte Psychologie am Arbeitsplatz*,
https://doi.org/10.1007/978-3-662-72703-4_3

- Welche Bedeutung hat Selbstführung am Arbeitsplatz und wie kann sie gefördert werden?
- Welche psychologischen Prinzipien unterstützen nachhaltige Regeneration? Wie gelingt eine bewusste Balance zwischen herausfordernden Phasen bei der Arbeit und Phasen der Erholung?

Dazu werden nicht nur theoretische Modelle vorgestellt, sondern auch Impulse für konkrete Strategien und Selbstreflexion vermittelt, die sich direkt im Arbeitsalltag anwenden lassen.

Im nachfolgenden Kapitel geht es also nicht zuletzt darum, sich mit der Frage auseinanderzusetzen, auf welche Weise psychologische Prozesse am Arbeitsplatz wirken und wie der Einzelne sie selbst aktiv gestalten kann.

3.2 Einleitung

3.2.1 Der Mensch von Informationen umgeben

Der moderne Arbeitsplatz ist ein Ort hoher Reizdichte. In der beruflichen Umwelt werden kontinuierlich über verschiedenste Kanäle und Medien Informationen, Anforderungen und Kommunikationsimpulse bereitgestellt. Dazu zählen beispielsweise E-Mails, Chatnachrichten oder Informationen aus digitalen Projektplattformen heraus. Diese Vielfalt stellt hohe Ansprüche an die kognitive Leistungsfähigkeit des Menschen, insbesondere im Hinblick auf Aufmerksamkeit, Informationsverarbeitung (siehe Abschn. 2.3.1) und Entscheidungsfähigkeit - beispielsweise in Bezug auf das Setzen von Prioritäten.

Das in Abschn. 2.2.2 beschriebene Rahmenmodell „Mensch am Arbeitsplatz" (Schleidt, 2018) bietet eine mögliche Struktur der Einflussfaktoren, die auf eine Person im Arbeitskontext einwirken. Es beschreibt den Menschen als aktiven, reflektierten und selbststeuernden Akteur im Spannungsfeld von Bereichen wie:

- Organisationale, prozessuale, soziale und physische Umgebung, z. B. Abläufe, Unternehmenskultur, Führung,
- Technische Systeme, wie digitale Tools oder Kommunikationsinfrastruktur,
- Charakteristika der jeweiligen Aufgabe(n), also die konkrete Tätigkeit und beispielsweise ihr Komplexitätsgrad.

Diese Einflussbereiche stehen in permanenter Wechselwirkung und erzeugen ein vielfältiges *Reizklima,* das sowohl das subjektive Erleben als auch das Verhalten prägt. Die Bewertung dieser Reize durch den Menschen als herausfordernd, kontrollierbar oder überfordernd steht dabei im Mittelpunkt. Diese subjektive Einschätzung beeinflusst wiederum Motivation, Engagement, kognitive Beanspruchung und letztlich auch Gesundheit und Wohlbefinden.

In der Informationspsychologie, eine Teildisziplin der Allgemeinen Psychologie, wird der Mensch als eine Art informationsverarbeitendes System betrachtet, das durch kognitive Prozesse wie selektive Aufmerksamkeit, Wahrnehmung, Gedächtnis, Urteilsbildung und Entscheidung gesteuert wird.

Wie bereits in Abschn. 2.3.2 dargelegt, unterliegt die menschliche Informationsverarbeitung unterschiedlichen Grenzen. Das hat zur Folge, dass vermeintlich unwichtige Informationen ausgeblendet werden, ein Phänomen, das als *selektive Wahrnehmung* bezeichnet wird. Obwohl dieser Mechanismus zunächst einmal eine Entlastung des kognitiven Systems bewirkt, besteht gleichzeitig die Gefahr, dass bedeutsame Signale übersehen werden. Darüber hinaus zeigt das menschliche Gehirn eine Präferenz für bekannte Muster gegenüber neuen Informationen. Diese *kognitiven Heuristiken* (siehe Abschn. 2.3.2) basieren auf mentalen Schemata und ermöglichen eine schnelle Einschätzung von Stimuli oder Situationen. Allerdings geschieht dies häufig auf Kosten einer differenzierten Analyse, was dann in der Folge zu Fehleinschätzungen führen kann. Auch Emotionen können die Art und Weise, wie Informationen aufgenommen und bewertet werden, beeinflussen. So erhalten Angst auslösende oder emotional positiv aufgeladene Reize eine stärkere Gewichtung als neutrale Stimuli.

Die beschriebenen Phänomene stellen einen Schwerpunkt in der Forschung der kognitiven Psychologie dar. Kahneman (2011) differenziert in diesem Zusammenhang *zwei Systeme des Denkens:* System 1, das als schnell, intuitiv und emotional beschrieben wird, und System 2, das als langsam, reflektiert und rational charakterisiert wird. Das System 1 arbeitet automatisch und ohne Anstrengung, ist jedoch anfällig für systematische Denkfehler, die bereits eingeführten „Biases". Demgegenüber erfordert System 2 eine bewusste kognitive Anstrengung und wird aktiviert, wenn eine Situation als komplex wahrgenommen wird oder wenn bestehende Erfahrungen oder Routinen nicht ausreichen, um eine Entscheidung treffen zu können.

In der modernen Arbeitswelt wird häufig System 1 beansprucht, da vielfach schnelle Entscheidungen getroffen werden müssen. Dies kann dann zu voreiligen und fehlerhaften Urteilen führen, in die unbewusste Vorannahmen einfließen. System 2 wird erst dann aktiv, wenn ausreichend Zeit, Energie und Aufmerksamkeit zur Verfügung stehen, was im Arbeitsalltag oftmals nicht gegeben ist. Ein bewusster Wechsel zwischen beiden Systemen – je nach Anforderung – kann daher für eine gute Urteilsfähigkeit und eine nachhaltige Problemlösung hilfreich sein.

Praxisbeispiel

In einer Sitzung steht die Wahl eines neuen Werkstoffs an. Unter Zeitdruck tendiert das Team zur schnellen, kostengünstigen Lösung und das System-1-Denken dominiert. Lea bremst dieses Denken in ihrer Rolle als Teilprojektleiterin bewusst: Sie initiiert eine strukturierte Bewertungsrunde mit Kriterien wie Gewicht, Lieferbarkeit und Wartungskosten. Zusätzlich bittet sie um Gegenargumente. So entsteht ein reflektierter Entscheidungsprozess, der in einer technisch und wirtschaftlich besseren Lösung mündet. ◀

Auch Einzelpersonen können ihr System-2-Denken fördern, indem sie sich bewusst Zeit für Entscheidungen nehmen, verschiedene Perspektiven zu einem Thema einholen oder gezielt Reflexionsfragen formulieren, um eigene Denkmuster zu hinterfragen. Die gezielte Aktivierung von System-2-Denken setzt jedoch wie bereits angeführt Bewusstsein, Zeit und Aufmerksamkeit voraus.

Im nächsten Abschnitt werden nun verschiedene psychische Konsequenzen betrachtet, die sich aus dem Umgang mit der täglichen Informationsflut ergeben.

3.2.2 Psychische Auswirkungen der Informationsflut

Die eingangs beschriebene hohe Informationsdichte, die nicht zuletzt auf eine intensive Nutzung digitaler Medien zurückzuführen ist, wird in der Fachliteratur unter dem Begriff *Information Overload* oder *Informationsüberflutung* gefasst (vgl. Eppler & Mengis, 2004). Sie stellt eine ernstzunehmende psychische Belastung dar, da sie die kognitiven, emotionalen und verhaltensbezogenen Ebenen des Menschen beeinträchtigen kann. Die Auswirkungen zeigen sich sowohl auf individueller Ebene – etwa in Form von Stress, Entscheidungsunsicherheit oder kognitiver Erschöpfung – als auch auf organisationaler Ebene, beispielsweise durch Effizienzverluste, Fehlentscheidungen oder sinkende Innovationsfähigkeit.

Nachfolgend werden einige Auswirkungen des tagtäglichen Umgangs mit (zu) vielen Informationen beschrieben.

1. Konzentrationsschwäche und Verlust des Fokus

Eine der unmittelbarsten Auswirkungen ist die zunehmende Schwierigkeit, sich über einen längeren Zeitraum hinweg fokussiert einer Aufgabe zu widmen. Das menschliche Gehirn ist nicht dafür konzipiert, kontinuierlich große Mengen an unstrukturierten Informationen zu verarbeiten. Die begrenzte Kapazität der Aufmerksamkeit führt dazu, dass Informationen nur bruchstückhaft aufgenommen und verarbeitet werden. Die Folgen sind häufige Ablenkungen, das wiederkehrende und mitunter „automatische" Bedürfnis, Updates zu überprüfen, und eine sinkende Fähigkeit, Aufgaben inhaltlich tief zu durchdringen oder längere Zeit an einer Aufgabe zu arbeiten.

Zudem zeigen Studien, dass Menschen nach einer Unterbrechung mehrere Minuten benötigen, um sich wieder auf ihre ursprüngliche Aufgabe zu konzentrieren (vgl. Mark, Gudith & Klocke, 2008). Leroy (2009) hat in diesem Zusammenhang das Phänomen *Attention Residue* (dtsch. Aufmerksamkeitsrest) beschrieben, welches dazu führt, dass kognitive Ressourcen erst mit Verzögerung wieder verfügbar sind, wenn von einer Aufgabe zur anderen gewechselt wird, ohne die ursprüngliche Aufgabe abgeschlossen zu haben. Dies könnte darauf zurückzuführen sein, dass das Gehirn für eine gewisse Zeit noch an die ursprüngliche Aufgabe „gedanklich gebunden" ist.

2. Multitasking

Multitasking wird vielfach als eine Möglichkeit angesehen, der Vielzahl an parallelen Anforderungen im digitalen Arbeitsumfeld gerecht zu werden. Tatsächlich handelt es sich jedoch meist um schnelles sequentielles Task-Switching, bei dem keine echte Parallelverarbeitung von Informationen stattfindet. Vor diesem Hintergrund kann davon ausgegangen werden, dass häufige Aufgabenwechsel einen messbaren negativen Einfluss auf die Arbeits- und Gedächtnisleistung haben (vgl. Rubinstein et al., 2001). Zudem steigt die Fehlerrate an, was insbesondere in sicherheitskritischen Arbeitsbereichen problematisch ist. Zudem hat sich gezeigt, dass das Gehirn zwar in der Lage ist, rasch zwischen verschiedenen Aufgaben zu wechseln, jedoch bei jeder Unterbrechung wertvolle Zeit für das erneute Einfinden in den ursprünglichen Gedankengang verloren geht. In diesem Zusammenhang wird auch von „Switching Costs" gesprochen, damit ist eine Art „kognitive Kostenstruktur" gemeint.

Multitasking ist außerdem mit einem hohen Energieaufwand verbunden und kann regelmäßig praktiziert in einen Zustand kognitiver Erschöpfung münden. Zwar werden die Aufgaben erledigt, jedoch ist die Qualität der Bearbeitung oft geringer und die persönliche Belastung ungleich höher.

Praxisbeispiel

Lea bearbeitet gerade einen technischen Bericht, während sie parallel auf eingehende E-Mails reagiert. Obwohl sie sich produktiv fühlt, stellt sie am Ende des Tages fest, dass sie deutlich mehr Zeit für beide Aufgaben als üblich benötigt hat und sich zudem vor allem im technischen Bericht Flüchtigkeitsfehler eingeschlichen haben. Lea führt das darauf zurück, dass sie sich nicht richtig auf eine Aufgabe konzentrieren konnte und immer wieder abgelenkt wurde. Sie lernt daraus, zukünftig einzelne Tätigkeiten zeitlich voneinander zu trennen und sich vor der Bearbeitung Prioritäten zu setzen. ◀

3. Emotionale Reaktionen

Auf emotionaler Ebene äußert sich die Informationsüberflutung häufig in innerer Unruhe, Gereiztheit, Schlafproblemen oder einem stetig wachsenden Gefühl der Überforderung. Dieser Zustand ist auf die permanente Aktivierung des sympathischen Nervensystems zurückzuführen, das auf ständige Reizbereitschaft und Reaktionsdruck mit einem erhöhten Stressniveau reagiert (vgl. McEwen, 1998). Permanente Erreichbarkeit und fehlende Regenerationsphasen können eine Verstetigung dieser Stressreaktion zur Folge haben (siehe u. a. Abschn. 2.7.4), was das Risiko für psychosomatische Beschwerden wie Kopfschmerzen, Verdauungsprobleme oder muskuläre Verspannungen erhöht und langfristig das Risiko für beispielsweise Burnout erhöhen kann (vgl. Maslach & Leiter, 2016).

4. Eingeschränkte Selbststeuerung

Die Informationsflut im digitalen Arbeitsalltag kann nicht nur Konzentration und Wohlbefinden beeinträchtigen, sondern sich auch auf die Selbststeuerung auswirken. Die Fähigkeit, bewusst Prioritäten zu setzen, eigene Ziele zu verfolgen und das eigene Verhalten gezielt zu regulieren, wird zunehmend eingeschränkt. Statt reflektierter Entscheidungen dominieren dann spontane, reaktive Handlungen, die durch äußere Reize wie E-Mails oder Benachrichtigungen anderer Art ausgelöst werden. Dieser Automatismus kann dazu führen, dass die innere Orientierung verloren geht und eine bewusste Lenkung der Aufmerksamkeit zunehmend erschwert wird. Dies kann unter anderem die Fähigkeit zur reflektierten Entscheidungsfindung oder zur bewussten Steuerung des eigenen Verhaltens schwächen (vgl. Konrad, 2024).

Möglicherweise mündet das in einen Zustand eines sogenannten *Autopiloten,* in dem Menschen zwar „funktionieren" und Aufgaben scheinbar routiniert bewältigen, dabei aber zunehmend den bewussten Kontakt zu ihren eigenen Zielen, Werten und Bedürfnissen verlieren. Dann werden Entscheidungen nicht mehr reflektiert getroffen, sondern reaktiv und aus Gewohnheit. In einem solchen Modus wird das Handeln zwar aufrechterhalten, aber nicht mehr bewusst gestaltet und wirkt sich langfristig belastend auf Zufriedenheit oder Motivation aus.

Leas Reflexionsimpuls

Lea hatte in den letzten Wochen das Gefühl, zwar „viel zu schaffen" und abzuarbeiten, aber innerlich "irgendwie leer" zu sein. Im Gespräch mit ihrer Kollegin wurde ihr bewusst, dass sie kaum noch innegehalten hatte, um sich zu fragen, *wofür* sie eigentlich arbeitet – und *ob* sie mit ihren Aufgaben gerade in die richtige Richtung geht. Sie nimmt sich daher ab sofort jeden Freitagmorgen 15 min Zeit für folgende Journaling-Fragen:

1. Welche Aufgabe der letzten Woche war für mich wirklich sinnstiftend und warum?
2. Wo habe ich nur „funktioniert" statt bewusst entschieden zu handeln? Was waren die Gründe dafür?
3. Was möchte ich nächste Woche gezielter gestalten, um wieder mehr Verbindung zu meinen Zielen zu spüren?

5. Digitale Erschöpfung

Digitale Erschöpfung (engl. digital fatigue) ist eine zunehmende Begleiterscheinung intensiver und möglicherweise auch extensiver Mediennutzung. Sie beschreibt einen Zustand geistiger Müdigkeit, der durch die ständige Reizexposition durch digitale Geräte, den häufigen Wechsel zwischen Informationsquellen und die permanente Erreichbarkeit ausgelöst wird. Dabei ist nicht nur die Quantität der Bildschirmzeit entscheidend, sondern vor allem die Qualität und Fragmentierung der Nutzung: Zwischen virtuellen Meetings, E-Mail-Flut und Messenger-Kommunikation bleibt kaum Raum für kognitive Regeneration und das Gehirn läuft von morgens bis abends vor dem Schlafen gehen auf Hochtouren, ohne zur Ruhe zu kommen. Zu viele virtuelle Meetings (sog. „Zoom-Fatigue“) und ständige digitale Verfügbarkeit können zu einem Gefühl von sozialer Entfremdung, Antriebslosigkeit oder sinkender intrinsischer Motivation führen (vgl. Nesher Shoshan & Wehrt, 2021).

3.2.3 Möglichkeiten der Unterstützung

Um den beschriebenen Auswirkungen entgegenzuwirken, gewinnt das Konzept der *digitalen Hygiene* zunehmend an Bedeutung. Er bezeichnet den bewussten und strukturierten Umgang mit digitalen Informationen und Kommunikationskanälen. Zu den Maßnahmen zählen beispielsweise das gezielte Filtern von Informationen, das Setzen fester Zeitfenster für das Bearbeiten von E-Mails und anderen Nachrichten, die Einführung digitaler Pausen oder das bewusste Reduzieren von Ablenkung. Das Ziel besteht darin, die Flut an Informationen zu kontrollieren, die kognitiven Belastungen zu reduzieren und dadurch Raum für konzentriertes, reflektiertes Arbeiten zu schaffen.

Verschiedene wissenschaftliche Studien belegen die Wirksamkeit digitaler Selbstregulationsstrategien: So können beispielsweise bewusste digitale Pausen den subjektiv erlebten Stress deutlich reduzieren. Auch der reflektierte und bewusste Umgang mit digitalen Medien – im Sinne einer digitalen Selbstkontrolle – wirkt sich positiv auf die mentale Gesundheit aus. (vgl. Mark et al. (2016), Reinecke et al. (2016))

Digitale Hygiene sollte daher nicht als Verzicht auf etwas, sondern als aktive Selbstfürsorge verstanden werden. Sie ermöglicht einen klareren Fokus, fördert das Wohlbefinden und unterstützt uns dabei, nachhaltig leistungsfähig zu sein und zu bleiben.

Praxisbeispiel

Leas Tage sind geprägt von digitalen Meetings, E-Mails und Chatnachrichten. Nach einigen intensiven Wochen fühlt sie sich zunehmend geistig erschöpft. Im Coaching begegnet sie dem Konzept der digitalen Hygiene, das heißt dem bewussten Umgang mit digitalen Medien. Gemeinsam mit ihrem Coach analysiert sie ihre kommunikativen Verhaltensmuster und erkennt Belastungstreiber wie ständiges Reagieren oder eine fehlende Abgrenzung zwischen Fokuszeit und digitaler Erreichbarkeit.

Lea beschließt daher, folgende konkreten Verhaltensänderungen umzusetzen: Sie legt feste Zeiten für das Bearbeiten von E-Mails fest: jeweils einmal am Vormittag und einmal am späten Nachmittag. Außerdem deaktiviert sie Push-Benachrichtigungen auf ihrem Smartphone während sie konzentriert an einer Aufgabe arbeitet. Zusätzlich integriert sie täglich eine 30-minütige digitale Auszeit in ihren Kalender und zwar bewusst ohne Bildschirm, idealerweise verbunden mit einem Spaziergang im Freien.

Bereits nach zwei Wochen stellt sie fest, dass sich ihre Aufmerksamkeitsspanne merklich verbessert hat, sie klarer in Besprechungen startet und sie sich am Abend weniger ausgelaugt fühlt. Aufgrund dieser Wahrnehmungen wird digitale Hygiene für sie zu einem festen Bestandteil ihres Arbeitsalltags. ◀

Ein wirksamer Umgang mit digitalen Anforderungen erfordert nicht nur ein entsprechendes Bewusstsein, sondern – wie bereits weiter oben angeklungen – auch gezielte Strategien zur *digitalen Selbststeuerung*. Gemeint ist damit die Fähigkeit, den eigenen Medienkonsum aktiv zu regulieren, beispielweise durch den Einsatz unterstützender Tools wie App-Blocker oder Zeitlimits. Auch feste E-Mail-Zeitfenster, die bewusst auf den Vormittag oder Nachmittag gelegt werden, helfen dabei, die Kontrolle über digitale Kommunikationsprozesse zurückzugewinnen. Ergänzend empfiehlt es sich, regelmäßige Offline-Phasen einzuplanen, um tiefe Konzentrationsphasen zu ermöglichen – ein Prinzip, das Newport (2016) unter dem Begriff *Deep Work* populär gemacht hat.

▶ Digitale Selbststeuerung bedeutet also, Technologie so zu nutzen, dass sie den eigenen Zielen dient und sich nicht von ihr vereinnahmen zu lassen.

Sich auf eine Aufgabe zu konzentrieren und bewusst eine Aufgabe nach der anderen zu bearbeiten, ist in der Regel effektiver als Multitasking. Denn wer seine Aufmerksamkeit gezielt bündelt, kann mentale Ressourcen effizienter nutzen und qualitativ bessere Ergebnisse erzielen. Entscheidend ist dabei im Zuge des *Selbstmanagements* die Fähigkeit zur Priorisierung. Zur Differenzierung zwischen wichtigen und dringenden Aufgaben kann sich der Einsatz der Eisenhower-Matrix anbieten (vgl. Covey, 1989). Auch das Formulierung täglicher Fokus-Ziele kann dabei helfen, sich besser auf seine Ziele zu konzentrieren.

Zur Unterstützung eines effektiven Selbst- und Zeitmanagements kann auch die praxisnahe ALPEN-Methode (vgl. Seiwert, 2005) herangezogen werden, die fünf Schritte umfasst: Aufgaben auflisten, Länge schätzen, Pufferzeiten einplanen, Entscheidungen treffen und Nachkontrolle durchführen. Ergänzend dazu kann sich eine tägliche und wöchentliche Planung anhand der drei wichtigsten Aufgaben pro Tag anbieten. Hierbei können Prinzipien wie das Pareto-Prinzip (80/20-Regel) Orientierung geben. Rückblicke am Tagesende dienen der Selbstreflexion, während Journaling gezielt das metakognitive Bewusstsein stärkt, also die Fähigkeit, über das eigene Denken und Handeln nachzudenken (vgl. Schraw, 1998). (siehe auch Abschn. 3.5.2, 3.5.3)

Um Informationen strukturiert zu verarbeiten, können verschiedene visuelle und digitale Hilfsmittel eine wertvolle Unterstützung bieten. Dazu zählen beispielsweise Mindmaps zur Veranschaulichung komplexer Zusammenhänge, digitale Notiztools wie Notion oder OneNote zur systematischen Organisation von Wissen oder die Erstellung von Zusammenfassungen und Checklisten. Diese Methoden tragen dazu bei, das Arbeitsgedächtnis zu entlasten, was sich unter anderem positiv auf die kognitive Leistungsfähigkeit auswirkt (vgl. Baddeley et al., 2020).

Achtsamkeit bezeichnet die bewusste, nicht wertende Wahrnehmung des gegenwärtigen Moments (vgl. Kabat-Zinn, 1990). Im beruflichen Kontext impliziert dies die bewusste Fokussierung der Aufmerksamkeit auf eine spezifische Tätigkeit, eine zwischenmenschliche Interaktion oder das eigene Innenleben, ohne dabei in automatische Bewertungen oder Reiz-Reaktions-Muster zu verfallen. Achtsamkeit kann demnach als eine Art Gegenmittel zum bereits erwähnten (kognitiven) Autopiloten betrachtet werden. Das bewusste Fokussieren auf den gegenwärtigen Moment unterbricht diesen Autopilot-Modus, indem ein innerer Abstand zwischen Reiz und Reaktion geschaffen wird. Dadurch eröffnet sich die Möglichkeit zum Innehalten und zur bewussten Steuerung des eigenen Verhaltens.

Neuropsychologische Befunde legen nahe, dass regelmäßige Achtsamkeitspraxis zu einer erhöhten Aktivität in spezifischen Hirnregionen führt, die für die Selbstregulation, Aufmerksamkeitslenkung und Emotionsverarbeitung verantwortlich sind (vgl. Tang et al., 2015).

Achtsamkeit lässt sich im beruflichen Alltag gezielt fördern – und zwar bereits mit kleinen Maßnahmen. Kurze Atempause-Übungen oder regelmäßige Check-ins zu Beginn von Meetings können helfen, den Moment und die jeweilige Situation bewusst wahrzunehmen. Auch digitale Mikrotrainings und App-gestützte Achtsamkeitsprogramme (z. B. für gezielte Pausen) haben sich als wirksam erwiesen. Diese Maßnahmen fördern nicht nur die kognitive Flexibilität und die Fähigkeit zur bewussten Priorisierung, sondern stärken auch die metakognitiven Kompetenzen, das heißt das Reflektieren und Steuern des eigenen Denkens. In komplexen sowie reiz- und informationsintensiven Arbeitsumgebungen können achtsamkeitsbasierte Interventionen damit sowohl präventiv gesundheitsfördernd als auch Energie gebend wirken.

Praxisbeispiel

Um konzentrierteres Arbeiten zu ermöglichen, führt Leas Team einen „No-Meeting-Wednesday“ ein, an dem keine Besprechungen stattfinden. Die Mitarbeitenden berichten nach einiger Zeit von mehr Klarheit, höherer Konzentration und einem besseren Arbeitsfluss. ◀

Der folgende Abschnitt widmet sich der persönlichen Wahrnehmung und beleuchtet, inwiefern diese mit individuellen Verarbeitungsmustern, inneren Überzeugungen und situativen Rahmenbedingungen verknüpft ist.

3.3 Persönliche Wahrnehmung

Die Wahrnehmung stellt wie bereits an anderer Stelle ausgeführt einen aktiven und gestalterischen Vorgang dar. Der Mensch nimmt nicht „die eine und objektive Realität" wahr, sondern stets nur einen spezifischen Ausschnitt davon. Was auf welche Weise aufgenommen wird, wird durch eine Vielzahl individueller und sozialer Einflussfaktoren beeinflusst. Dazu zählen beispielsweise:

- *persönliche Erfahrungen:* Bisherige Erlebnisse bilden die Grundlage für Erwartungen, Interpretationen und Bewertungsschemata. Frühere berufliche oder private Erfahrungen fungieren als eine Art Filter für das Einordnen von Informationen, beispielweise als relevant oder irrelevant. Auch Lernerfahrungen aus positiven oder negativen Rückmeldungen können die Wahrnehmung beeinflussen. Dabei kann die individuelle Biografie als ein entscheidender Faktor gelten, der die emotionalen Reaktionen auf bestimmte Themen und Signale beeinflusst. Prägungen aus der Kindheit, kulturelle Erfahrungen und Werte spielen hierbei eine wesentliche Rolle. Auch kritische Lebensereignisse wie beispielsweise Krankheit oder berufliche Umbrüche können die Bewertung neuer Situationen beeinflussen.
- *Bildung und Wissen:* Das Wissen, das eine Person zu einem bestimmten Zeitpunkt abrufen kann, oder auch die persönliche Expertise bestimmen maßgeblich, welche Informationen wie wahrgenommen werden. Expertise kann dabei als ein hohes Maß an spezialisiertem Wissen, Fähigkeiten und Erfahrungen in einem bestimmten Aufgaben- oder Wissensbereich, das durch langfristige Aus- und Fortbildung und Lernen, wiederkehrende Übung und Reflexion erworben wurde, definiert werden. Darüber hinaus können Bildung und Wissen bestimmte Erklärungsmuster begünstigen, da Menschen dazu tendieren, Informationen in bestehende Vorstellungen und Schemata einzuordnen.
- *emotionaler und mentaler Zustand:* Es besteht ein unmittelbarer Zusammenhang zwischen der Art und Weise, wie Reize aufgenommen und verarbeitet werden, und Faktoren wie Müdigkeit, Stress, Freude oder Angst (vgl. Forgas, 1995).

Diese und viele weitere individuellen Einflüsse wirken sich auf unterschiedliche Art und Weise auf die subjektive Wahrnehmung der Realität aus. Um diese kognitiven Prozesse besser zu verstehen, lohnt sich ein Blick auf grundlegende psychologische Theorien zur Wahrnehmung und Konstruktion von Wirklichkeit.

3.3.1 Modelle zur Wahrnehmung

Der *Konstruktivismus* (u.a. Piaget, 1970) geht davon aus, dass Menschen ihre Wirklichkeit nicht passiv aufnehmen, sondern aktiv selbst konstruieren. Wahrnehmung ist demnach kein objektives Abbild der Realität, sondern das Resultat individueller Sinngebung – geprägt durch unter anderem persönliche Erfahrungen, Ziele, Emotionen oder den situativen

Kontext. So kann (und wird) ein und dieselbe Situation von zwei Personen immer unterschiedlich erlebt und bewertet werden.

Im Zentrum steht die Idee, dass neue Informationen immer im Licht bereits bestehender mentaler Strukturen – sogenannter Schemata – interpretiert werden. Das erleichtert Orientierung, birgt aber auch die Gefahr von Verzerrungen (siehe u. a. Abschn. 2.3.3). Im beruflichen Alltag zeigt sich dies beispielsweise bei der Einschätzung von Veränderungsvorhaben, der Interpretation von Kommunikation oder der Beurteilung von KollegInnen. Die subjektive Konstruktion von Bedeutung beeinflusst damit auch maßgeblich, wie Menschen andere Menschen und Situationen wahrnehmen und darauf reagieren.

Im Ansatz der *Gestaltpsychologie* (vgl. Koffka, 1935) wird betont, dass Wahrnehmung mehr ist als die bloße Summe einzelner Reize. Das menschliche Gehirn neigt dazu, Sinneseindrücke automatisch zu Mustern und Ganzheiten zu organisieren, und das selbst dann, wenn objektiv gar keine klare Struktur vorhanden ist. So entstehen beispielsweise optische Täuschungen oder das scheinbar spontane Erkennen von Zusammenhängen in unübersichtlichen Datensätzen.

Diese Fähigkeit zur sinnstiftenden Strukturierung hilft dabei, Komplexität zu reduzieren und Informationen schneller zu verarbeiten. Gleichzeitig birgt sie jedoch das Risiko, dass Inhalte vorschnell in vertraute Muster eingeordnet werden – auch wenn diese in der konkreten Situation gar nicht passen. Besonders in vielschichtigen Entscheidungssituationen oder bei der Deutung sozialer Dynamiken im Team kann diese automatische Tendenz zur Vereinfachung die Wahrnehmung verzerren und zu Fehleinschätzungen führen.

Das Zusammenspiel dieser und weiterer Faktoren ist maßgeblich dafür verantwortlich, dass Menschen dasselbe Ereignis unterschiedlich wahrnehmen und interpretieren. In der Arbeitswelt ist dies insbesondere bei Feedbackgesprächen, Konflikten oder in der Teamarbeit von großem Belang, wenn divergierende Sichtweisen konstruktiv zusammengeführt werden müssen. Unterschiedliche Interpretationen führen zwar nicht zwangsläufig zu Missverständnissen, stehen aber, wenn man sich nicht aktiv damit auseinandersetzt, neuen Perspektiven und kreativen Lösungen im Wege.

Ein reflektierter Umgang mit der eigenen Wahrnehmung ist daher von zentraler Bedeutung. Dabei geht es vor allem um einen aktiven Abgleich der unterschiedlichen Sichtweisen, sei es im Team oder in der Zusammenarbeit zwischen einer Führungskraft und ihren Mitarbeitenden. Auf diese Weise können eigene *blinde Flecken*, auf die im nächsten Abschnitt eingegangen wird, identifiziert und gegebenenfalls korrigiert werden.

▶ Aus kommunikationspsychologischer Perspektive trägt ein bewusstes Innehalten zwischen Beobachtung und Interpretation wesentlich dazu bei, dass Missverständnissen vorgebeugt wird und sich die Qualität der Kommunikation und Interaktion verbessert.

Zur Veranschaulichung des angesprochenen blinden Flecks wird häufig das sogenannte *Johari-Fenster* herangezogen (vgl. Luft & Ingham, 1955).

Es unterscheidet vier Bereiche des Selbst: die öffentliche Person (was ich selbst weiß und was andere über mich wissen), der blinde Fleck (was andere über mich wissen, mir selbst aber nicht bewusst ist), das verborgene Selbst oder auch „mein Geheimnis" (was ich über mich weiß, aber anderen nicht zeige) und das unbekannte Selbst (was weder mir noch anderen bekannt ist).

Konstruktives Feedback – beispielsweise in Beurteilungsgesprächen – kann maßgeblich dazu beitragen, dass sich der „blinde Fleck" bei einer Person reduziert. Das verborgene Selbst bzw. „mein Geheimnis" kann hingegen durch gezielte Selbstoffenbarung beispielsweise vertrauensvollen KollegInnen gegenüber offengelegt werden. Dies hat nicht nur die Stärkung der eigenen Authentizität zur Folge, sondern fördert auch das Vertrauen in der Zusammenarbeit.

Darüber hinaus lassen sich zwei weitere zentrale Aspekte ergänzen: Zum einen kann auch das unbekannte Selbst – jener Bereich, der weder der Person noch ihrem Umfeld bewusst ist – durch beispielsweise Coaching zumindest teilweise zugänglich gemacht werden. Insbesondere in persönlichen Veränderungsprozessen zeigen sich dadurch oft Potenziale, die zuvor verborgen waren. Zum anderen eröffnet das Modell auch auf organisationaler Ebene Möglichkeiten, um den Umgang mit Transparenz, Feedback und Offenheit aktiv zu gestalten. Zu diesem Zweck können Formate wie Peer-Feedback oder kollegiale Fallberatung genutzt werden.

Die bewusste Erweiterung des Bereichs, in dem Eigen- und Fremdwahrnehmung übereinstimmen – also der sogenannten „öffentlichen Person" – kann also als zentrales Ziel für gelingende Selbst- und Fremdwahrnehmung gelten. Ein solches geteiltes Verständnis kann nicht nur die Qualität zwischenmenschlicher Beziehungen verbessern, sondern auch die Zusammenarbeit in komplexen Arbeitskontexten, etwa in interdisziplinären Teams, erheblich erleichtern. Die aktive Auseinandersetzung mit allen vier Bereichen des Johari-Fensters kann daher nicht nur die individuelle Entwicklung unterstützen, sondern auch die kollektive Reflexions- und Lernfähigkeit im Team stärken.

Praxisbeispiel

Lea leitet ein interdisziplinäres Projektteam und stellt fest, dass es immer wieder zu Missverständnissen und Spannungen kommt – insbesondere dann, wenn es um ihre Entscheidungen oder Prioritäten geht. In einem Teamworkshop reflektiert sie mithilfe des Johari-Fensters über ihren Kommunikationsstil. Dabei wird ihr bewusst, dass sie zwar klare Vorstellungen und Gründe für ihre Entscheidungen hat, diese jedoch selten explizit äußert. Das war ihr „blinder Fleck". In der Folge entscheidet sie sich, zukünftig ihre Beweggründe transparenter zu kommunizieren. Gleichzeitig lädt sie ihr Team aktiv dazu ein, ihr Rückmeldungen zu geben, wie das im Team ankommt. Nach einigen Wochen bemerkt sie eine spürbare Verbesserung im Miteinander und die Arbeitsatmosphäre wird offener. ◀

Eine bewusste Auseinandersetzung mit der eigenen Selbst- und Fremdwahrnehmung kann also nicht nur blinde Flecken reduzieren, sondern auch die Kooperationsqualität im beruflichen Miteinander nachhaltig stärken. Umso bedeutsamer ist es, im nächsten Schritt die Rolle einer möglichst realitätsnahen Wahrnehmung in den Blick zu nehmen.

3.3.2 Bedeutung möglichst realitätsnaher Wahrnehmung

Im beruflichen Alltag spielt eine möglichst objektive und realitätsnahe Wahrnehmung eine zentrale Rolle. Objektivität bedeutet dabei nicht, vollkommen neutral zu sein, sondern sich der eigenen subjektiven Prägungen bewusst zu werden und diese immer wieder kritisch zu reflektieren. Nachfolgend werden beispielhaft einige Arbeitsbereiche beschrieben, in denen möglichst objektive Wahrnehmung von Bedeutung ist.

- Damit *Entwicklungspotenziale* erkannt und Mitarbeitende fair beurteilt werden können, sollten Bewertungen durch Führungskräfte auf transparenten und objektiven Leistungskriterien beruhen und nicht auf spontanen Eindrücken oder persönlichen Präferenzen. Nur so lassen sich vertrauensvolle Beziehungen aufbauen und konstruktives Feedback geben. Verzerrte Wahrnehmungen hingegen erhöhen das Risiko für ungerechte Behandlung, führt zu Demotivation und belasten die Teamkultur.
- In der *Teamarbeit* können unterschiedliche Wahrnehmungen zu Missverständnissen, unterschwelligen Spannungen oder auch offenen Konflikten führen. Wer sich seiner eigenen Sichtweise bewusst ist und aktiv die Perspektiven anderer einholt, fördert nicht nur gegenseitiges Verständnis, sondern auch die Fähigkeit zur konstruktiven Auseinandersetzung mit unterschiedlichen Sichtweisen.
- Wahrnehmungsbezogene Verzerrungen können dazu führen, dass wesentliche Informationen nicht wahrgenommen, falsch gewichtet oder überbewertet werden. Eine differenzierte, bewusst gesteuerte Wahrnehmung kann daher dazu beitragen, dass sich die *Qualität von Entscheidungen* deutlich verbessert.

Praxisbeispiel

In einem Meeting schlägt Lea vor, auf ein bekanntes Verfahren zur Datenauswertung zurückzugreifen. Obwohl ihr Team neue Analysemodelle vorbereitet hat, bleibt sie bei ihrer ursprünglichen Meinung und beruft sich dabei auf frühere Erfolge. Erst später zeigt sich, dass eine andere Methode effizienter gewesen wäre (-> Confirmation Bias). ◀

- Auch im Umgang mit *externen Stakeholdern* wie beispielsweise KundInnen ist eine möglichst realitätsnahe Wahrnehmung wichtig – etwa wenn es um die Einschätzung von Kundenbedürfnissen, die Bewertung von Projektfortschritten oder die Reaktion auf Beschwerden geht.
- *Feedbackprozesse:* Die Qualität von Feedback hängt maßgeblich von Faktoren wie der Genauigkeit, Respekt oder einer konstruktiven und verhaltensbezogenen Formulierung ab. Die Unterscheidung zwischen objektiver Wahrnehmung und persönlicher Bewertung ermöglicht die Formulierung nachvollziehbarer Rückmeldungen und reduziert Abwehrreaktionen auf Seiten der Feedbackempfangenden.

Eine möglichst realitätsnahe Wahrnehmung ist also unerlässlich. Doch wie lässt sich diese Fähigkeit gezielt schärfen und weiterentwickeln? Darum geht es im nächsten Abschnitt.

3.3.3 Möglichkeiten zur Verbesserung der Wahrnehmung

1. Perspektivwechsel: Die Sicht von Anderen einnehmen

Ein zentraler Ansatz zur Korrektur der eigenen Wahrnehmung ist der bewusste Perspektivwechsel. Der Fokus liegt dabei auf der Entwicklung der Fähigkeit, die eigene Interpretation einer Situation vorübergehend zu verlassen und sich in die Perspektive einer anderen Person hineinzuversetzen. Dieser kognitive Perspektivenwechsel fördert Empathie, reduziert voreilige Urteile und verbessert die Qualität zwischenmenschlicher Interaktionen (vgl. Davis, 1983). Das bedeutet, sich aktiv zu fragen, wie das Gegenüber eine bestimmte Aussage oder Handlung erlebt haben könnte.

2. Sozialer Abgleich: Feedback gezielt einholen und nutzen

Da Wahrnehmung wie bereits ausgeführt grundsätzlich subjektiv geprägt ist, kann ein gezielter sozialer Abgleich helfen, die eigene Perspektive auf Personen und Situationen einzuordnen und zu erweitern. Rückmeldungen von KollegInnen, Vorgesetzten oder MentorInnen ermöglichen es, blinde Flecken zu erkennen und die eigene Perspektive zu schärfen und gegebenenfalls auch zu erweitern. Entscheidend ist dabei nicht nur die Offenheit, Feedback anzunehmen, sondern auch die Fähigkeit, es sachlich zu reflektieren und als Entwicklungschance zu nutzen. Wer Rückmeldungen als wertvolle Impulse für persönliches Wachstum begreift, stärkt langfristig seine Selbstwahrnehmung und soziale Wirksamkeit – ganz im Sinne einer lern- und wachstumsorientierten Haltung (vgl. Dweck, 2006).

3. Aktives Zuhören: Verstehen vor Bewerten

Ein Aspekt, der in der Wahrnehmung sozialer Situationen häufig unterschätzt wird, ist das aktive Zuhören (siehe Abschn. 2.8.4). Es erfordert das bewusste Zurückstellen eigener Bewertungen, um die Argumente, Emotionen und Motive des Gegenübers wirklich zu erfassen. Dies erhöht nicht nur das Verständnis, sondern reduziert zugleich das Risiko vorschneller Interpretationen. Untersuchungen belegen, dass aktives Zuhören die Kooperationsbereitschaft und das Vertrauen in Teams signifikant steigern kann (vgl. Weger et al., 2014).

4. Annahmen hinterfragen: Die eigenen Denkmuster durchleuchten

Die bewusste Infragestellung der eigenen Annahmen stellt eine Kernkompetenz psychologischer Selbstreflexion dar. *Warum denke ich, was ich denke? Welche Alternativ-*

erklärungen könnte es geben? Diese metakognitiven Fragestellungen tragen dazu bei, Denk-Automatismen aufzudecken, die auf Stereotypen, Vorurteilen oder Erfahrungen basieren - getreu dem Motto: Glaube nicht alles, was Du denkst.

Unsere persönliche Wahrnehmung prägt nicht nur, wie wir mit Informationen umgehen oder Situationen interpretieren, sondern auch, welche inneren Stärken und Potenziale wir in herausfordernden Momenten mobilisieren können. Wer sich seiner eigenen Denk- und Bewertungstendenzen bewusst ist, schafft die Grundlage dafür, persönliche Ressourcen gezielt zu aktivieren und weiterzuentwickeln.

3.4 Persönliche Ressourcen

Ressourcen bilden das psychologische und strukturelle Fundament, auf dem Menschen ihre Leistungsfähigkeit und ihr Wohlbefinden aufbauen und erhalten können, nicht nur aber insbesondere in herausfordernden Situationen. Wie bereits u. a. in Abschn. 2.2 aufgezeigt, ist der Mensch am Arbeitsplatz in ein komplexes Wirkungsgefüge aus individuellen Voraussetzungen, Technik, Organisation und sozialen Beziehungen eingebunden. So wie aus diesen Bereichen Belastungen resultieren können, können sie auch als Ressourcen angesehen werden – die berühmten zwei Seiten einer Medaille.

Ressourcen wirken meist im Zusammenspiel miteinander und bilden eine Art Puffer zwischen den Anforderungen, die sich aus der Arbeit und den damit verbundenen Aufgaben ergeben, und den Möglichkeiten des Menschen, damit konstruktiv und situativ angemessen umzugehen.

3.4.1 Was sind Ressourcen?

In der psychologischen Literatur werden Ressourcen häufig als potenziell verfügbare Voraussetzungen beschrieben, die es einer Person ermöglichen, Anforderungen zu bewältigen und Ziele zu erreichen. Sie gelten als Schutzfaktoren, die wesentlich zur Erhaltung oder Wiederherstellung von Gesundheit, Wohlbefinden und Leistungsfähigkeit beitragen (vgl. Greve et al., 2005).

Ressourcen umfassen sowohl innere Faktoren – etwa persönliche Fähigkeiten, Einstellungen oder Überzeugungen – als auch äußere Gegebenheiten wie soziale Unterstützung oder strukturelle Bedingungen am Arbeitsplatz. Entscheidend ist dabei nicht allein ihre objektive Existenz, sondern insbesondere das Bewusstsein des Vorhandenseins und die individuelle Fähigkeit, sie im Bedarfsfall auch tatsächlich nutzen zu können.

In diesem Sinne lassen sich Ressourcen wie folgt gliedern (siehe Abb. 3.1):

- *Persönliche Ressourcen bzw. der Mensch selbst*: Eigenschaften und Fähigkeiten einer Person, die ihr helfen, mit den unterschiedlichsten Anforderungen angemessen umzugehen. Dazu zählen beispielsweise Selbstvertrauen, emotionale Stabilität, Resilienz,

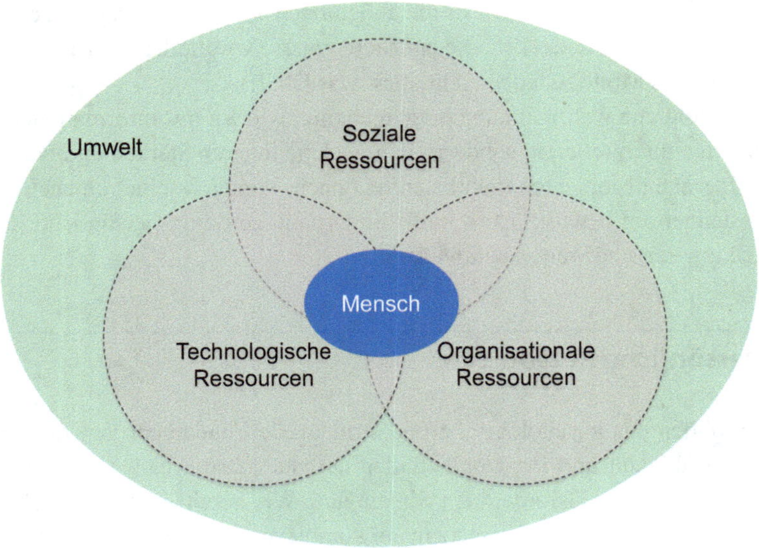

Abb. 3.1 Der Mensch und seine Ressourcen am Arbeitsplatz

Kreativität, Selbstwirksamkeit oder die Fähigkeit, Probleme zu lösen. *Die eigene Person* darf als die wichtigste! Ressource angesehen werden - nicht zuletzt weil sie unmittelbar beeinflusst werden kann.

- *Soziale Ressourcen bzw. soziales Umfeld:* Unterstützungsstrukturen im zwischenmenschlichen Umfeld – wie verlässliche KollegInnen, eine funktionierende Zusammenarbeit im Team, transparente Kommunikation oder eine ausgeprägte Feedbackkultur.
- *Organisationale Ressourcen:* Strukturelle Bedingungen, die Mitarbeitende stärken, beispielsweise eine klare Führung, partizipative Unternehmenskultur, ergonomische Arbeitsgestaltung oder aufeinander abgestimmte Arbeitsprozesse.
- *Technologische Ressourcen:* Technische Systeme, digitale Tools und insbesondere Künstliche Intelligenz (KI) können als entlastende Faktoren wirken – vorausgesetzt, sie sind benutzerfreundlich gestaltet, transparent erklärt und sinnvoll in Arbeitsabläufe integriert. Gut eingesetzte Technologien können z. B. repetitive Aufgaben automatisieren, Entscheidungsprozesse durch Datenanalysen unterstützen und neue Formen der Zusammenarbeit ermöglichen. Gleichzeitig gilt: Technologie wird dann zur Ressource, wenn sie nicht überfordert oder Mehrarbeit verursacht, sondern bei der Bewältigung von Aufgaben unterstützt und von Routineaufgaben entlastet.

Ressourcen können bewusst gestaltet werden, das heißt sie können aufgebaut, aktiviert aber auch bei beispielsweise mangelnder Nutzung in den Hintergrund treten. Genau hier setzt die *ressourcenorientierte Perspektive* an: Sie betrachtet nicht nur, welche Ressourcen vorhanden sind, sondern auch, wie sie gepflegt und „einsatzbereit" gehalten werden können.

Wird eine – oder werden mehrere – Ressource(n) über einen längeren Zeitraum hinweg in einem Maße beansprucht, das die verfügbaren Ressourcen übersteigt, so kommt es zu einer Mißverhältnis von Energieeinsatz (Kosten) und Outcome bzw. Verhalten (Nutzen). Motivationale Faktoren, wie etwa Leistungswillen oder Pflichtgefühl, können dieses Ungleichgewicht zwar auf kurze Sicht kompensieren, auf lange Sicht können sie die Dysbalance jedoch nicht aufwiegen. Hält dieser Zustand über Wochen oder Monate an, entsteht ein schleichender Ressourcenabbau, der mit hoher Wahrscheinlichkeit in Erschöpfung, Leistungsabfall sowie gesundheitlichen Beschwerden münden wird. Das System gerät in eine negative Rückkopplungsschleife: Je weniger Ressourcen abrufbar sind, desto schwieriger wird es, Belastungen zu regulieren bzw. mit ihnen umzugehen. Der Mensch läuft – wenn man den Vergleich mit einem Fahrzeug heranzieht – auf Reserve, was den Kraftstoff angeht.

Praxisbeispiel

Lea wurde in den letzten Monaten immer häufiger gleichzeitig in mehreren Projekten eingesetzt – oft mit kurzfristigen Deadlines und wenig Abstimmung zu beispielsweise Verantwortlichkeiten oder Abläufen. Die Aufgaben sind fachlich herausfordernd, liegen aber zunehmend außerhalb ihres eigentlichen Kompetenzbereichs. Schulungen oder sonstige Unterstützung erhält sie nicht.

Zugleich fällt ihr auf, dass die Kommunikation in ihrem Team abnimmt: Alle KollegInnen sind stark ausgelastet, und es findet kaum noch Austausch zwischen ihnen untereinander und mit ihrer Führungskraft statt. Wertschätzung bleibt aus, konstruktives Feedback fehlt. Neue digitale Tools, die eingeführt wurden, sollen Prozesse beschleunigen – doch sie wurden vor der Einführung weder erklärt noch anschließend richtig implementiert. Statt Entlastung entsteht so zusätzlicher Stress, da Lea technische Probleme ständig selbst lösen muss. Sie beginnt, an ihrer eigenen Leistungsfähigkeit zu zweifeln und fühlt sich zunehmend erschöpft, zieht sich zurück und hinterfragt ihren Platz im Unternehmen.

In dieser Situation gehen mehrere Ressourcen parallel verloren:

- Persönliche Ressourcen: Selbstwirksamkeit und Motivation sinken.
- Soziale Ressourcen: Das Gefühl von Unterstützung im Team und seitens der Führungskraft fehlt.
- Organisationale Ressourcen: Prozesse und Rollen sind unklar.
- Technologische Ressourcen: Neue Tools erzeugen mehr Belastung als Hilfe. ◄

Dieses Beispiel zeigt zum einen, wie Ressourcenverlust schleichend erfolgt. Zum anderen wird deutlich, dass Ressourcen nicht nur punktuell und einzeln betrachtet werden sollten, sondern als Ganzes kontinuierlich im Blick behalten und ausbalanciert werden müssen.

3.4.2 Zwei Ressourcen-Theorien

Die *Theorie der Ressourcenerhaltung* bzw. engl. Conservation of Resources Theory von Hobfoll (1989, 2001) wird in vielen Fällen zu Erklärung des Entstehens von Stress und Motivation im Arbeitskontext herangezogen. Die Annahme, dass Menschen bestrebt sind, Ressourcen zu erhalten, aufzubauen und gegen Verlust zu schützen, bildet die Grundlage dieser Theorie. Der Umgang mit Ressourcen steht dabei in engem Zusammenhang mit dem Erleben von Stress, Zufriedenheit und langfristiger Gesundheit.

Es wird davon ausgegangen, dass der *Verlust von Ressourcen* – sei es Zeit, Energie, Wertschätzung oder Handlungsspielräume – sich stärker belastend als das Ausbleiben von Zuwächsen im Bereich von Ressourcen auswirkt. Eine besondere Problematik entsteht, wenn der Verlust plötzlich eintritt, nicht kontrollierbar erscheint oder mehrere Ressourcen(-bereiche) gleichzeitig betroffen sind. Der Aufbau von neuen Ressourcen – sei es durch Anerkennung, Weiterentwicklung oder soziale Unterstützung – hat einen positiven Einfluss auf beispielsweise Motivation, Selbstwirksamkeit oder Regeneration. Ressourcen können sich dabei ggf. auch wechselseitig verstärken: Wenn man beispielsweise positives Feedback erhält, kann sich die Bereitschaft erhöhen, neue Wege zu gehen, was dann wiederum eine zusätzliche Ressource darstellen kann.

Das *Arbeitsanforderungen-Arbeitsressourcen-Modell* bzw. engl. Job Demands-Resources Model (Bakker & Demerouti, 2007) ist ein etabliertes theoretisches Rahmenmodell zur Erklärung von Arbeitsmotivation, Belastung – hervorgerufen durch die Merkmale der jeweiligen Aufgabe – und Gesundheit im Beruf. Es geht – wie bereits kurz in Abschn. 2.7.2 beschrieben – davon aus, dass alle beruflichen Situationen durch zwei zentrale Faktoren beschrieben werden können: Arbeitsanforderungen (Job Demands) und Arbeitsressourcen (Job Resources). Die beiden Dimensionen stehen in einem dynamischen Wechselverhältnis zueinander und beeinflussen sowohl das Wohlbefinden als auch die Leistungsfähigkeit von Mitarbeitenden.

Der zentrale Gedanke des JD-R-Modells ist das Gleichgewicht bzw. die Balance zwischen Anforderungen und Ressourcen. Wenn hohe Anforderungen auf wenig Ressourcen treffen, steigt das Risiko für Erschöpfung, Demotivation und beispielsweise psychische Erkrankungen oder Burnout. Wenn hohe Anforderungen mit ausreichenden Ressourcen abgefedert werden, kann sich das positiv auf die Motivation auswirken. Mitarbeitende wachsen dann an ihren Herausforderungen. Wenn es zu geringe Anforderungen gibt, aber gleichzeitig viele Ressourcen vorhanden sind, kann es hingegen zu Langeweile oder Unterforderung kommen (-> *Boreout*).

3.4.3 Möglichkeiten zur Ressourcenstärkung

Ressourcen können also systematisch entwickelt und gepflegt werden. Eine zielgerichtete Förderung in den Bereichen Persönlichkeit, soziale Beziehungen, Organisation und Technologie ist – wie dargelegt – von entscheidender Bedeutung für den Erhalt von

Gesundheit, Motivation und Leistungsfähigkeit am Arbeitsplatz. Im Folgenden werden daher konkrete Handlungsempfehlungen für jeden dieser vier Bereiche vorgestellt.

1. Persönliche Ressourcen stärken

Der Aufbau von *Selbstwirksamkeit,* also das Vertrauen in die eigene Gestaltungsfähigkeit, kann durch das bewusste Setzen realistischer Ziele, die Reflexion über bereits gemeisterte Herausforderungen („Was habe ich bereits erfolgreich bewältigt?") sowie durch konstruktives Feedback gefördert werden. *Resilienz* lässt sich beispielsweise durch Achtsamkeitstraining, zielgerichtetes Stressmanagement oder kognitive Umstrukturierung („Was liegt in meinem Einflussbereich?") fördern. Auch das Fördern *kreativen Denkens* ist wichtig, da dadurch Freiräumen für ungerichtetes Denken oder regelmäßige Perspektivwechsel ermöglicht werden. Darüber hinaus trägt eine *bewusste Fokussierung,* etwa durch klare Priorisierung, regelmäßige Pausen oder digitale Reizreduktion, dazu bei, die kognitiven Ressourcen gezielt einzusetzen oder gegebenenfalls auch zu schonen.

2. Soziale Ressourcen aktivieren

Soziale Ressourcen lassen sich beispielsweise durch den Aufbau kollegialer Netzwerke fördern, mittels regelmäßiger Austauschrunden, Peer-Learning-Formaten oder dem Schaffen informeller Begegnungsräume wie digitalen oder analogen „Kaffee- oder Teerunden". Eine lebendige *Feedbackkultur* fördert nicht nur die individuelle Weiterentwicklung, sondern trägt auch zur Schaffung von Transparenz und Vertrauen bei. Die gezielte Förderung des *Teamgeists,* die sich insbesondere durch die gemeinsame Definition von Zielen, den Rückblick auf vergangene Ereignisse oder lösungsorientierte Konfliktklärung stärken lässt, kann sich positiv auf das soziale Miteinander auswirken.

3. Organisationale Ressourcen ausbauen

Die *Klarheit bezüglich der Rollen, Zuständigkeiten und Entscheidungsprozesse* kann durch beispielsweise eine strukturierte Teamdokumentation oder die Nutzung angemessener Kommunikationskanäle unterstützt werden. Eine *partizipative Arbeitskultur,* in der Mitarbeitende aktiv in Veränderungsprozesse einbezogen werden, Feedback zu Entscheidungen geben können und an der Zielentwicklung mitwirken können, fördert das Erleben von Selbstwirksamkeit auf systemischer Ebene. Auch die Art der *Führung* kann eine wichtige Rolle spielen. Sie kann beispielsweise regelmäßig stattfindende Mitarbeitergespräche oder gezielte Unterstützungs- und Beratungsangebote umfassen. *Dabei* kann es zudem um Themen wie beispielweise eine *Sinnorientierung* gehen. Die Mitarbeitenden stellen die Frage nach dem „Wozu" ihrer Arbeit, wobei eine transparente Kommunikation der Vision, der Werte und des Zwecks („Wozu tun wir das?") die intrinsische Motivation sowie gleichzeitig die Identifikation mit der Organisation fördern kann.

4. Technologische Ressourcen nutzbar machen

Technologische – und damit auch digitale – Ressourcen können eine wertvolle Unterstützung im Arbeitsalltag darstellen – vorausgesetzt, sie werden sinnvoll gestaltet und kompetent und angemessen eingesetzt. Dies setzt voraus, dass Mitarbeitende über die erforderlichen *digitalen Kompetenzen* verfügen, um Tools effektiv einzusetzen. Entsprechende Schulungen, Lernplattformen und praxisnahe Begleitung bei der Einführung neuer Technologien sind daher unerlässlich. Die Nutzerperspektive sollte dabei konsequent im Zentrum stehen: Welche digitalen Anwendungen erleichtern tatsächlich die Arbeit? Was hilft konkret im jeweiligen Aufgabenbereich? Gleichzeitig ist Transparenz über Funktionsweise, Datenverarbeitung und Entscheidungslogik – insbesondere bei KI-gestützten Systemen – notwendig, um Vertrauen und Akzeptanz seitens der Nutzenden zu fördern. Wenn Technologie als Entlastung und nicht als Kontrolle erlebt wird – etwa durch Automatisierung bzw. Auslagerung repetitiver Aufgaben an beispielsweise digitale Agenten bzw. Assistenten – kann sie zur wirkungsvollen Ressource für mehr Effizienz, Konzentration und Freiraum für beispielsweise kreative Aufgaben im Arbeitsalltag werden.

Auch das Weltwirtschaftsforum (World Economic Forum, 2020) betont, dass *digitale Kompetenz* eine der bedeutendsten Zukunftsressourcen darstellt. Anpassungsfähigkeit an neue Tools, Offenheit für technologische Entwicklungen und die Fähigkeit, digitale Veränderungen aktiv mitzugestalten, gelten als zentrale Erfolgsfaktoren für die Arbeitswelt von morgen.

Als ergänzende Aspekte digitaler Ressourcenkompetenz können folgende Punkte gelten:

- Digitale Selbstführung: Die Fähigkeit, die eigene Aufmerksamkeit zu steuern, digitale Reizüberflutung zu vermeiden und bewusste Nutzungsroutinen zu entwickeln (z. B. Umgang mit ständiger Erreichbarkeit oder E-Mail-Flut).
- Kooperation in digitalen Räumen: Erfolgreiche Zusammenarbeit in virtuellen Teams erfordert klare Kommunikation, Vertrauen über Distanz und die Fähigkeit, hybride Arbeitsumgebungen zielorientiert zu gestalten.
- Digitale Ethik: Mitarbeitende und Führungskräfte müssen sich zunehmend mit ethischen Fragestellungen auseinandersetzen – etwa beim Einsatz von KI in Bewerbungsprozessen, Datenschutz oder bei automatisierter Leistungsmessung.

In Tab. 3.1 sind einige Fragen zusammengestellt, die dabei unterstützen können, über die eigenen Ressourcen nachzudenken.

Der bewusste Umgang mit inneren und äußeren Ressourcen bildet die Grundlage für psychische Stabilität und berufliche Leistungsfähigkeit. Doch Ressourcen allein reichen nicht aus – entscheidend ist, wie gezielt und selbstverantwortlich sie im Alltag aktiviert und genutzt werden. Genau hier setzt der folgende Abschnitt zur Selbstführung an.

Tab. 3.1 Ressourcen-Checkliste

Ressourcenbereich	Fragen zur Selbstreflexion
Persönlich	Fühle ich mich in der Lage, mit Belastungen gut umzugehen?
	Habe ich das Gefühl, mich persönlich weiterzuentwickeln?
	Gelingt es mir, mich regelmäßig zu fokussieren und zu regenerieren?
Sozial	Habe ich KollegInnen, die mich unterstützen und verstehen?
	Kann ich offen Feedback geben – und bekomme ich welches?
	Erlebe ich mein soziales Umfeld am Arbeitsplatz als vertrauensvoll und wertschätzend?
Organisational	Sind mir meine Aufgaben und Rollen sowie die wichtigsten Abläufe und Schnittstellen zu KollegInnen klar?
	Habe ich Gestaltungsspielräume in meinem Arbeitsalltag?
	Erlebe ich den Umgang miteinander als förderlich für meine Gesundheit und mein Wohlbefinden?
Technologisch	Helfen mir digitale Tools und die technische Ausstattung an meinem Arbeitsplatz, um meine Arbeit effizient zu erledigen?
	Habe ich ausreichend Wissen, um mit neuen Technologien souverän umzugehen?
	Wird bei technischen Neuerungen meine Meinung berücksichtigt?

3.5 Selbstführung

3.5.1 Was ist Selbstführung?

Selbstführung bezeichnet die Kompetenz, das eigene Denken, Fühlen und Handeln bewusst zu gestalten, anstatt lediglich auf externe Einflüsse zu reagieren. Sie erlaubt das bewusste und reflektierte Treffen von Entscheidungen genauso wie das Setzen von Prioritäten oder das effektive Steuern des Einsatzes der eigenen Energie.

Selbstführung lässt sich in zwei zentrale Dimensionen unterteilen: Zum einen ist hier das *Verhalten* zu nennen, das die Fähigkeit zu proaktivem Handeln, zur Zielorientierung sowie zur strukturierten Organisation der eigenen Aufgaben umfasst. Des Weiteren ist die *innere Haltung,* die in Abschn. 2.5 als Mindset eingeführt wurde, von Relevanz. Ein wichtiger Aspekt ist dabei das *unternehmerische Denken und Handeln,* das sich darin zeigt, dass der Einzelne seine Aufgaben nicht nur „abarbeitet" sondern darüber hinaus und weiter denkt. Menschen mit dieser Haltung sind in der Lage, übergeordnete Zusammenhänge zu erkennen, denken in Möglichkeiten statt in Einschränkungen und übernehmen aktiv Verantwortung für ihr eigenes Handeln sowie das ihrer Organisationseinheit – unabhängig davon, ob sie in Präsenz tätig sind oder remote arbeiten.

Aus psychologischer Perspektive beruht Selbstführung auf mehreren Schlüsselkonzepten:

- *Selbstregulation:* Die Fähigkeit, eigene Emotionen, Gedanken und Verhaltensimpulse bewusst wahrzunehmen und gezielt zu steuern, wird als Selbstregulation bezeichnet. Dies beinhaltet die Fähigkeit, in stressigen Situationen die eigene Anspannung und möglicherweise auch Reizbarkeit zu erkennen und sich bewusst für eine gelassene Reaktion zu entscheiden (vgl. Baumeister & Vohs, 2007).
- *Volition:* Dieser Begriff bezeichnet die Willenskraft zur Umsetzung selbstgesetzter Ziele, auch unter erschwerten Bedingungen, wie etwa Ablenkungen, Frustrationen oder Widerständen. Ein Beispiel für willentliche Stärke ist das Verfolgen langfristig bedeutsamer Aufgaben trotz kurzfristiger Ablenkungen (vgl. Kuhl, 2000).
- *Konzentrationsfähigkeit:* Sie bezeichnet die Fähigkeit, die Aufmerksamkeit gezielt und über einen längeren Zeitraum auf eine Aufgabe zu richten. Es liegt dabei nahe, dass die Fähigkeit, Ablenkungen bewusst auszublenden und fokussierte Arbeitsphasen zu etablieren, mit einer gesteigerten Effizienz sowie einer erhöhten wahrgenommenen Selbstwirksamkeit einhergeht.
- *Selbstreflexion,* also die Fähigkeit, sich selbst in seinem Denken, Fühlen und Handeln bewusst wahrzunehmen, zu analysieren und daraus Schlüsse für zukünftiges Verhalten zu ziehen, setzt Selbstwahrnehmung voraus. Selbstreflexion kann dabei helfen, eigene Stärken und Schwächen realistisch einzuschätzen. Sie fördert das Bewusstsein für Denk- und Verhaltensmuster, die im Alltag oft automatisch ablaufen, aber dennoch erheblichen Einfluss auf Entscheidungen und Beziehungen haben. So ermöglicht sie eine gezielte Anpassung und Weiterentwicklung – etwa durch das bewusste Trainieren neuer Verhaltensstrategien oder das Überwinden eingefahrener Routinen.

Ein Ergebnis effektiver Selbstführung ist das *proaktive Handeln.* Es ist durch das frühzeitige Erkennen eigener Handlungsoptionen, deren eigenständige Initiierung und die aktive Gestaltung des Arbeitsumfelds durch den Menschen gekennzeichnet und kann als Ausdruck von Selbstverantwortung oder Selbstwirksamkeit gelten. Reaktive Personen hingegen lassen sich häufig durch die Umstände steuern und warten darauf, dass Vorgaben von außen kommen und ihnen Handlungsanweisungen gegeben werden. Demgegenüber zeichnen sich proaktive Menschen durch die Übernahme von Verantwortung für ihre Situation, lösungsorientierte Denkweisen und eigeninitiatives Handeln aus. Diese Haltung zeigt sich etwa in der Bereitschaft, auch ohne expliziten Auftrag, Verbesserungsmöglichkeiten zu identifizieren oder langfristige Ziele aktiv zu verfolgen – also „dran zu bleiben" im Sinne von Durchhaltevermögen.

Praxisbeispiel

Als Lea bemerkt, dass wiederkehrende technische Abstimmungen zwischen mehreren Projektteams häufig zu Verzögerungen führen, entscheidet sie sich, selbst aktiv zu werden. Anstatt auf eine Lösung durch das Management zu warten, initiiert sie nach einer kurzen Abstimmung mit den jeweiligen Projektleitungen einen wöchentlichen projektübergreifenden Austausch, in dem Absprachen getroffen und potenzielle Engpässe frühzeitig thematisiert werden können. ◀

3.5.2 Prinzipien der Selbstführung

Nachfolgend werden verschiedene Prinzipien vorgestellt, die eine wirksame Selbstführung im beruflichen Alltag unterstützen können. Sie bieten praxisorientierte Impulse zur Gestaltung eines fokussierten, strukturierten und ressourcenschonenden Arbeitsstils.

1. *Digitale Ablenkungen minimieren*

Ein erster Schritt zur Förderung der Selbstführung besteht in der bewussten Entscheidung, sich nicht permanent unterbrechen zu lassen - im Sinne einer Intention. Dazu gehört etwa, E-Mail- und Nachrichteneingänge gezielt für bestimmte Zeiträume zu blockieren, sodass konzentriertes Arbeiten ohne ständige Ablenkung möglich wird. Ebenso hilfreich kann es sein, Benachrichtigungsfunktionen auf Smartphone und Laptop zu deaktivieren – insbesondere dann, wenn diese häufig den Arbeitsfluss unterbrechen. Auch der bewusste Verzicht auf Social Media während der Arbeitszeit, zumindest zeitweise, kann die geistige Klarheit oder *Deep Work* fördern. Technische Hilfsmittel wie App-Blocker oder Zeitmanagement-Tools können dabei unterstützend wirken, den Fokus auf das Wesentliche zu lenken und die Selbststeuerung nachhaltig zu stärken.

Der US-amerikanische Wissenschaftler Newport prägte den Begriff *Deep Work*, der einen Zustand tiefer, ungestörter Konzentration beschreibt, in dem kognitiv anspruchsvolle Aufgaben effizient und auf hohem Niveau bearbeitet werden können (Newport, 2016). Deep Work ermöglicht das Erreichen eines tatsächlichen und stetigen Arbeitsflusses. In diesem „Modus" bzw. Zustand zeigen Menschen eine gesteigerte Produktivität und erleben ihre Tätigkeit als sinnvoller und erfüllender, als wenn sie ständig von einer Aufgabe zur nächsten wechseln. (-> *Flowerleben*)

2. *Arbeitsphasen strukturieren*

Eine effektive Methode zur Fokussierung ist die sogenannte *Time-Blocking-Technik*. Dabei werden Kalenderzeiten nicht nur für Meetings, sondern explizit auch für konzentrierte Einzelarbeit reserviert. Während dieser Phasen sind keine anderen Termine vorhanden oder Kommunikationskanäle verfügbar.

3. *Biorhythmus nutzen*

Die Konzentrationsfähigkeit ist eine begrenzte Ressource, die im Laufe eines Tages natürlichen Schwankungen unterliegt. Diese werden durch individuelle Faktoren wie den Biorhythmus oder den Chronotyp beeinflusst. Oftmals wird dabei unterschieden in Menschen, die in den ersten Stunden nach dem Aufwachen eine erhöhte Leistungsfähigkeit aufweisen – sogenannte Frühtypen oder „Lerchen" und Menschen, die ihre höchste Leistungsfähigkeit erst am späten Vormittag oder sogar am Nachmittag entfalten, sogenannte Spättypen oder „Eulen". Es empfiehlt sich, anspruchsvolle Aufgaben in die individuell wahrgenommenen Hochphasen zu legen. Aufgaben, die eine geringe kognitive Beanspruchung aufweisen, wie beispielsweise das Versenden von E-Mails oder das Ausführen von Routinetätigkeiten, können gezielt in Phasen geringer geistiger Energie ausgeführt werden. Voraussetzung dafür ist, dass der Einzelne sich seiner persönlichen Leistungskurven bewusst ist.

4. *Monotasking statt Multitasking*

Auch wenn Multitasking häufig als effizienzsteigernd angesehen wird, dürfte jedoch eher das Gegenteil bewirken. Ein Wechsel des Kontextes, wie er beispielsweise von einem Dokument zu einer Nachricht und zurück erfolgt, ist in der Regel mit einem erhöhten Energieaufwand verbunden, da man sich gedanklich immer wieder neu ausrichten muss. Die bewusste Konzentration auf eine Aufgabe bis zu ihrem Ende vor dem Antritt einer neuen Aufgabe ist deutlich Energie schonender, fördert effektives Arbeiten und beugt damit bis zu einem gewissen Grad mentaler Erschöpfung vor (siehe Abschn. 3.2.2).

5. *Rituale und Umgebung gestalten*

Auch die Gestaltung des Arbeitsplatzes kann einen wesentlichen Beitrag zur Förderung der Konzentration leisten. Eine ruhige Umgebung, eine ergonomische Einrichtung und gute Lichtverhältnisse können die Konzentration fördern. Rituale wie eine bewusste Arbeitsvorbereitung, feste Startzeiten oder eine kurze Einstimmungsphase (z. B. durch das Praktizieren einer Achtsamkeitstechnik oder kurzes Aufschreiben von Zielen) können dabei unterstützen, sich mental auf fokussierte Arbeitsphasen einzustellen.

Um bewusste Selbstführung im Alltag zu leben, braucht es neben den vorgestellten Aspekten auch konkrete Werkzeuge, mit denen sich die Herausforderungen am Arbeitsplatz handhaben lassen. Der nächste Abschnitt widmet sich daher bewährten Techniken zur Selbstführung und zum Selbstmanagement, die dabei unterstützen können, den beruflichen Alltag strukturiert, zielgerichtet und gesundheitsförderlich zu gestalten.

3.5.3 Möglichkeiten zur Selbstführung

Das Konzept des Selbstmanagements verbindet psychologische Erkenntnisse mit praktischen Methoden zur Gestaltung des beruflichen und persönlichen Alltags. Es zielt darauf ab, Menschen dabei zu unterstützen, zielgerichtet zu handeln, Prioritäten zu setzen und trotz vielfältiger Anforderungen gesund, fokussiert und motiviert zu bleiben. Im Folgenden werden Möglichkeiten zur Stärkung des Selbstmanagements dargelegt.

3.5.3.1 Ausrichtung auf Ziele

Ein wirksames Selbstmanagement beginnt mit der bewussten Auseinandersetzung mit den eigenen Zielen. Diese lassen sich beispielsweise in sachbezogene (z. B. Projektabschlüsse), entwicklungsorientierte (z. B. Kompetenzerwerb) und soziale Ziele (z. B. verbesserte Zusammenarbeit) einteilen. Zielfindung ist dabei ein Prozess der Selbstreflexion und Standortbestimmung. Leitfragen wie „*Was möchte ich erreichen?*" oder „*Welche Werte leiten mich?*" bieten dafür Orientierung. Hilfreich ist zudem die Anwendung strukturierter Methoden wie dem SMART-Modell (siehe Abschn. 2.4.4).

Für größere Vorhaben empfiehlt sich eine Untergliederung in Etappenziele, die Fortschritt sichtbar machen, sowie Meilensteine zur Überprüfung. Visualisierungstechniken wie Vision Boards oder schriftliche Selbstverpflichtungen können zusätzlich die Motivation stärken.

Die sogenannte *Disney-Methode* stellt eine anschauliche Strategie zur Verbindung einer Vision und deren Umsetzung dar. Sie ist benannt nach dem amerikanischen Trickfilmpionier Walt Disney (vgl. Steiger & Lippmann, 2013). Diese Kreativitäts- und Planungsmethode basiert darauf, dass bewusst drei unterschiedliche Perspektiven eingenommen werden:

- In der sogenannten Träumer-Rolle findet die Entwicklung von Ideen in einer offenen und unbeschwerten Atmosphäre statt, in der jegliche Einschränkungen oder kritische Bewertungen ausgeschlossen sind. Der Fokus liegt auf der Förderung von Kreativität. Außerdem ist wichtig, dass Visionen, Wünsche und Zielbilder in einer großzügigen und intuitiven Weise gesammelt werden.
- In der Realisten-Rolle findet eine Überprüfung statt, welche Maßnahmen konkret umgesetzt werden können. Aus den gesammelten Ideen werden realistische Handlungsschritte und Strategien abgeleitet. Die Fragestellung, die es zu erörtern gilt, lautet: *Auf welche Art und Weise kann das Ziel in der Praxis erreicht werden?* In dieser Phase erfolgen die Planung, Strukturierung und Prüfung der Machbarkeit.
- Die Kritikerrolle beinhaltet eine abschließende, kritische Überprüfung der entwickelten Pläne. Welche Faktoren könnten zum Scheitern führen? Es gilt, potenzielle Risiken, Schwachstellen und Lücken zu identifizieren. Die Funktion des Kritikers besteht vor allem darin, bisher unerkannte Schwachstellen aufzudecken und die dem Plan zugrunde liegende Idee zu schärfen.

Erst durch die Kombination aller drei Perspektiven entstehen Ziele, die sowohl inspirierend als auch realistisch und tragfähig sind – sei es beispielsweise im Einzelcoaching oder in der Teamarbeit.

3.5.3.2 Setzen von Prioritäten und Zeitmanagement

In einem dynamischen Arbeitsumfeld ist es kaum möglich, allen Aufgaben gleichzeitig gerecht zu werden. Daher ist eine klare Priorisierung entscheidend. Eine bewährte Methode hierfür ist die Eisenhower-Matrix, mit der Aufgaben anhand der Kriterien „Dringlichkeit“ und „Wichtigkeit“ in vier Felder eingeordnet werden.

- Aufgaben, die sowohl dringend als auch wichtig sind, sollten sofort erledigt werden.
- Aufgaben, die wichtig, aber nicht dringend sind, sollten geplant werden.
- Dringende, aber nicht wichtige Aufgaben können delegiert werden.
- Weder dringende noch wichtige Aufgaben sollten konsequent vermieden oder gestrichen werden.

Dieses Vorgehen hilft dabei, sich auf die wirklich bedeutsamen Themen zu konzentrieren und nicht im reaktiven Abarbeiten von scheinbar Dringendem zu verlieren. (vgl. u. a. Mackenzie, 1990).

Das Prinzip der *Handlungswirksamkeit* (vgl. Covey, 1989) betont die Notwendigkeit, sich zuerst um die wirklich relevanten Aufgaben zu kümmern. Das Ziel besteht darin, den Unterschied zwischen Aktivität und Produktivität zu erfassen. Nicht die Menge der Aufgaben ist maßgeblich, sondern der Beitrag der einzelnen Aufgaben zum übergeordneten bzw. übergreifenden Ziel.

In diesem Zusammenhang kann die Unterscheidung zwischen reiner Beschäftigung und wirksamem Tun hilfreich sein. Während erstere häufig mit Reiz-Reaktion-Mustern assoziiert wird (z. B. ständiges Reagieren auf E-Mails), verlangt Letzteres bewusste Entscheidungen, Klarheit über Prioritäten und die Fähigkeit, auch einmal „Nein“ zu sagen und sich – und ggf. anderen – damit Grenzen zu setzen.

In der praktischen Anwendung kann dies auch bedeuten, in regelmäßigen Abständen eine Art Bilanzierung vorzunehmen und sich die Frage zu stellen: *Welche Aufgaben führen mich tatsächlich in Richtung meines langfristigen Ziels?* Es gilt dadurch herauszufinden, welche Aufgabenbereiche an Dritte delegiert, automatisiert oder gar gestrichen werden können. Eine konsequente Zielorientierung verhindert, dass man sich im operativen Tagesgeschäft verliert, und schafft gleichzeitig Raum für strategisches, an Werten ausgerichtetes Handeln.

Aus psychologischer Perspektive trägt eine solche Priorisierung nicht nur zur Effizienz, sondern auch zum Gefühl der Selbstwirksamkeit bei. Untersuchungen belegen, dass Personen, die ihre Tätigkeiten eigenständig strukturieren und an übergeordneten Zielen ausrichten, zufriedener mit ihrer Arbeit sind und weniger Stress verspüren (vgl. Claessens et al., 2007).

Als ein zentraler Aspekt eines effektiven Zeitmanagements kann die bewusste Einplanung von *Erholungsphasen* - beispielsweise in Kombination mit körperlicher Bewegung - gelten. Pausen sind dabei nicht nur ein Mittel zur Regeneration, die dazu beitragen, dass die Leistungsfähigkeit erhalten bleibt. Sie ermöglichen vielmehr eine Unterbrechung der aktuellen Tätigkeit und eröffnen Raum für neue Ideen oder einen Perspektivwechsel.

Darüber hinaus empfiehlt es sich, typische Zeitfresser systematisch zu identifizieren. Ein Beispiel hierfür können ineffiziente Meetings ohne klare Agenda oder Zielsetzung sein. Ein bewusster Umgang mit Störquellen, beispielsweise durch Kommunikationsregeln oder feste Meetingstrukturen kann dazu führen, dass die zur Verfügung stehende Zeit deutlich effektiver genutzt werden kann.

3.6 Regeneration

Wie bereits in Abschn. 2.7 angesprochen, besteht ein enger Zusammenhang zwischen Gesundheit, angemessenen Phasen der Regeneration und dem bewussten Umgang mit vorhandenen Ressourcen. Wer über eine stabile Gesundheit verfügt, ist in der Lage, sich schneller und nachhaltiger zu erholen – und kann seine persönlichen sowie soziale und organisationalen Ressourcen effektiver ausschöpfen. Umgekehrt gilt: Eine gezielte Regeneration schützt vor chronischem Stress und unterstützt die langfristige Leistungsfähigkeit. Die im Abschn. 3.4 skizzierte Ressourcenorientierung bietet hierbei einen wertvollen Rahmen, um bewusst individuelle Erholungsstrategien zu entwickeln.

Vor diesem Hintergrund stellt sich die Frage, was genau unter Regeneration zu verstehen ist – und warum sie in der modernen Arbeitswelt eine so zentrale Rolle spielt.

3.6.1 Was ist Regeneration?

Der Prozess der Regeneration beschreibt die Erholung von Körper, Geist und Seele nach Phasen der Belastung und stellt eine essenzielle Voraussetzung für die langfristige Gesundheit, Motivation und Leistungsfähigkeit des Menschen dar. Wer regelmäßig für Erholung sorgt, stärkt nicht nur sein Immunsystem oder seine Konzentrationsfähigkeit, sondern beispielsweise auch seine emotionale Stabilität und Stressresistenz (vgl. Schleidt, 2024).

Insbesondere in beruflichen Kontexten wird die Bedeutung von Regeneration häufig verkannt. Die ständige Erreichbarkeit, der Zeitdruck und der Anspruch, nahezu permanent verfügbar und produktiv zu sein, lassen kaum Raum für bewusste Erholungsphasen. Oft ist es sogar so, dass eine Vielzahl von Menschen über einen längeren Zeitraum auf Pausen verzichtet – nicht unbedingt aufgrund eines Mangels an Bedarf, sondern vielmehr aus dem Gefühl heraus, „keine Zeit dafür“ zu haben. Die Folgen äußern sich vielfach schleichend in Form von sinkender Leistungsfähigkeit, innerer Unruhe oder dem Gefühl, nicht mehr abschalten zu können bis hin zu ernsthaften psychischen und gegebenenfalls auch physischen Beschwerden.

Ein weiterer Faktor, der die Bedeutung gezielter Regeneration unterstreicht, ist die zunehmende Auflösung klarer Grenzen zwischen Arbeit und Freizeit. Mobile Arbeitsformen, weitreichende Homeoffice-Regelungen und digitale Kommunikationsmittel ermöglichen es, nahezu jederzeit und überall erreichbar zu sein. E-Mails am Abend, kurze Abstimmungen am Wochenende oder gedankliches Weiterarbeiten nach Arbeitsende bzw. am Feierabend sind für viele Berufstätige alltäglich geworden.

Um einem Ungleichgewicht von Anspannung und Erholung präventiv vorzubeugen, lohnt sich zunächst ein genauerer Blick auf die verschiedenen Formen der Regeneration:

- *Kurzfristige Erholung:* Dazu zählen Mikropausen im Arbeitsalltag, wie bewusste Atemübungen, das kurzzeitige Verlassen des Arbeitsplatzes beispielsweise in die Teeküche, Dehnübungen oder das Entspannen der Augen nach längeren Phasen der Bildschirmarbeit. Diese „Regenerationsinseln" helfen, die mentale Spannung abzubauen und die Konzentration wiederherzustellen.
- *Mittelfristige Erholung:* Hierzu gehören bewusste Aktivitäten am Feierabend, die nichts mit der Arbeit zu tun haben – etwa Hobbys, kreative Tätigkeiten, Sport oder soziale Aktivitäten. Sie bieten Abstand zum Arbeitskontext und fördern emotionale Ausgeglichenheit.
- *Langfristige Regeneration:* Dazu zählt vor allem ausreichender und qualitativ hochwertiger Schlaf, ebenso wie regelmäßiger Urlaub und bewusst geplante Auszeiten vom Arbeitsumfeld. Langfristige Erholung ist wichtig für tiefgreifende Erneuerungsprozesse – sowohl körperlich als auch kognitiv.
- *Emotionale Regeneration:* Diese Form der Erholung wird oft unterschätzt. Sie meint das bewusste Verarbeiten belastender Situationen, etwa durch Gespräche mit Vertrauenspersonen, Coaching oder Tagebuchreflexion. Gerade in emotional fordernden Berufen wie beispielsweise im Rettungsdienst ist sie wichtig.
- *Digitale Regeneration:* In Zeiten ständiger Vernetzung gewinnt auch digitale Erholung an Bedeutung – also Zeiten, in denen Bildschirme, Nachrichten oder Social Media bewusst gemieden werden. Solche „Digital Detox"-Phasen fördern innere Ruhe, verbessern die Schlafqualität und helfen, sich zu entspannen.

3.6.2 Modelle zur Regeneration

Die Frage, woher der Bedarf nach Regeneration überhaupt entsteht, lässt sich aus psychologischer und physiologischer Perspektive anhand von zwei Modellen erklären, dem *Effort-Recovery-Modell* von Meijman und Mulder (1998) und dem Konzept der *allostatischen Belastung* von McEwen (1998). Beide Modelle verdeutlichen eindrücklich, warum gezielte Erholungsphasen essenziell sind – gerade in dynamischen Arbeitskontexten, die mit intensiven Belastungsphasen einher gehen.

Im *Effort-Recovery-Modell* wird davon ausgegangen, dass jede Anstrengung im Arbeitskontext – sei es kognitiver, emotionaler oder physischer Natur – eine Form von Energieaufwand („Effort") darstellt. Dieser Aufwand bringt das Gleichgewicht des Körpers vorübergehend aus der Balance. Um langfristig die Leistungsfähigkeit zu erhalten und einem Zustand dauerhafter Erschöpfung vorzubeugen, ist es daher essenziell, dass der Mensch ausreichende Phasen der Erholung („Recovery") erfährt. Die zugrunde liegende Annahme ist, dass Belastungen an sich nicht schädlich sind, sofern sie durch angemessene Regeneration ausgeglichen werden. Bleibt dieser Ausgleich jedoch längerfristig aus, summieren sich die Effekte der Anstrengung über die Zeit und können zu einem chronischen Erschöpfungszustand führen.

Die Notwendigkeit regelmäßiger Regeneration wird auch durch das *Modell der allostatischen Last* verdeutlicht. Es beschreibt die physiologischen Folgen von chronischem Stress ohne adäquate Erholung. Der Begriff „Allostase" bezeichnet die Fähigkeit des Körpers, durch immer wiederkehrende Anpassung ein inneres Gleichgewicht aufrechtzuerhalten. Dies kann beispielsweise durch die Ausschüttung von Stresshormonen oder eine erhöhte Herzfrequenz stattfinden. Diese Reaktionen sind kurzfristig sinnvoll und notwendig. Im Falle ausbleibender Regeneration verbleibt der Organismus jedoch in einem anhaltenden Alarmzustand, was gravierende Folgen hat. Die sogenannte allostatische Last beschreibt eine Überlastung dieses an sich natürlichen Regulationssystems, die zu einer Schwächung des Immunsystems, einem Anstieg des Blutdrucks sowie zu Schlafstörungen und emotionaler Erschöpfung führen kann. Langfristig kann dies zu gravierenden gesundheitlichen Beeinträchtigungen wie Herz-Kreislauf-Erkrankungen, Depressionen oder einem Burnout-Syndrom führen.

Die vorgestellten Modelle veranschaulichen, dass Regeneration als eine aktive Gegenbewegung zu Belastungen betrachtet werden kann, die mit dem Prozess des Ein- und Ausatmens vergleichbar ist. Ohne bewusste Erholungsphasen ist eine mittel- bis langfristige Aufrechterhaltung der Leistungsfähigkeit nicht möglich.

Insbesondere das transaktionale Stressmodell nach Lazarus und Folkman (1984) sowie das Effort-Reward-Imbalance-Modell von Siegrist (1996) (siehe Abschn. 2.7.3), unterstreichen den Zusammenhang zwischen Erholung und Stress, indem sie herausstellen, dass Stress nicht nur durch hohe Anforderungen entsteht, sondern vor allem durch das Fehlen ausreichender Ressourcen und Entlastungsphasen.

Im *Prozessmodell zur Förderung von Gesundheit, Wohlbefinden und einem Gleichgewicht von Körper, Geist und Seele* (Schleidt, 2024, siehe Abb. 3.2) wird deutlich, dass für dauerhafte Gesundheit, Wohlbefinden und Zufriedenheit das Ergebnis des nachfolgend beschriebenen Abgleichs sind:

1. Wie nehme ich die Situation und die damit verbundenen Stressoren bzw. Belastungen wahr?
2. Auf welche Ressourcen kann ich zugreifen, um die Situation, so wie ich sie wahrnehme, zu bewältigen?

Diese Bewertung wird davon beeinflusst, wie der „regenerative Status" des Menschen ist – also wie erholt er zum jeweiligen Zeitpunkt ist.

Die Bewältigung einer herausfordernden Situation führt nicht nur zu einer direkten positiven persönlichen Befindlichkeit, beispielsweise durch ein Gefühl des Selbstvertrauens, sondern in der Folge zu einer besseren Gesundheit, einer Steigerung des persönlichen Wohlbefindens oder einem Gefühl der Zufriedenheit. Im Idealfall entsteht daraus ein sich selbst verstärkender Kreislauf: Das Identifizieren von Ressourcen und die erfolgreiche Bewältigung von Anforderungen stärken Gefühle wie Zuversicht oder Selbstvertrauen, was wiederum auf die langfristige Gesundheit und das Wohlbefinden einzahlt und die Wahrscheinlichkeit erhöht, auch zukünftige Herausforderungen zu meistern und daran zu wachsen. Dieser Prozess entfaltet seine Wirkung besonders dann, wenn körperliche,

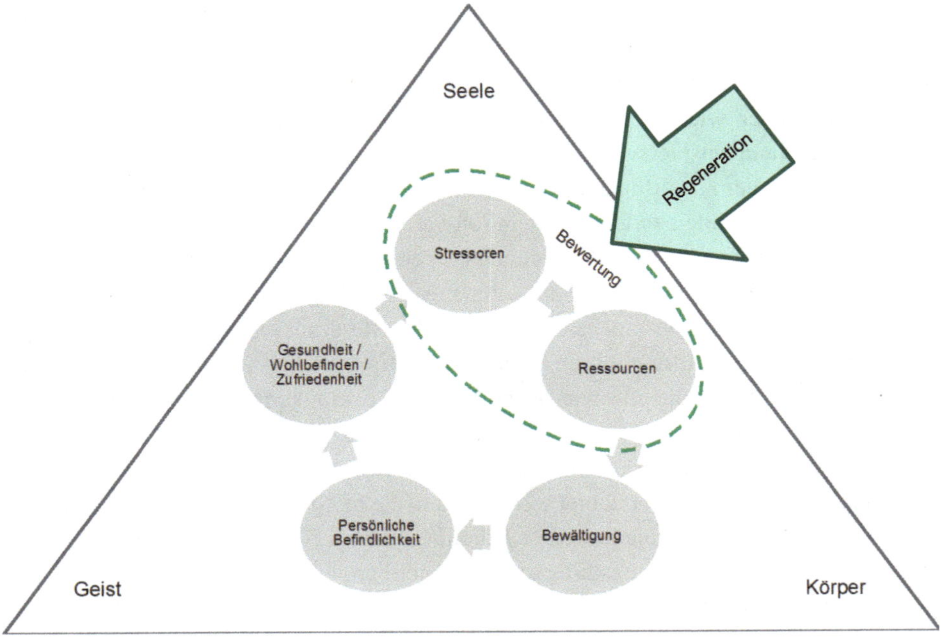

Abb. 3.2 Prozessmodell zur Förderung von Gesundheit, Wohlbefinden und einer Balance von Körper, Geist und Seele (Schleidt, 2024, erweitert)

geistige und emotionale Aspekte ausbalanciert sind und spiegelt gleichzeitig das menschliche Bedürfnis nach Sinn und persönlichem Wachstum wider.

Die bewusste Gestaltung der persönlichen Regeneration kann also als ein wichtiger Bestandteil psychischer Gesunderhaltung gelten und darf in gewisser Weise auch als Maßnahme zur persönlichen Psychohygiene verstanden werden.

Im nächsten Abschnitt werden Vorschläge vorgestellt, auf welche Weise persönliche Regeneration gefördert werden kann.

3.6.3 Möglichkeiten zur Regeneration

Nachdem im vorherigen Abschnitt vor allem theoretische Überlegungen zum Thema Regeneration angestellt wurden, geht es nun darum, welche konkreten Möglichkeiten es gibt, um die eigene Erholung bewusst(er) zu gestalten. Dabei werden die folgenden vier Handlungsfelder vorgestellt: 1. Die körperliche Ebene - sie kann in gewisser Weise als Grundlage gelten, denn wir leben tagtäglich in und mit unserem Körper. Wenn wir uns aus welchen Gründen auch immer "nicht wohl in unserer Haut" oder körperlich unwohl fühlen, schränkt das beispielsweise unsere (Er-)Lebensqualität und unsere Leistungsfähigkeit ein. 2. Mentale bzw. psychische Regeneration: Damit ist gemeint, den Geist regelmäßig zur

Ruhe kommen zu lassen und ihm gezielt und bewusst immer wieder Zeit zur Verarbeitung des Erlebten zu geben. 3. Soziale Regeneration, also bewusst den sozialen Austausch mit anderen zu suchen. Das kann für den Menschen als höchst sozialem Wesen u.a. wie ein emotionaler Schutzschild wirken und helfen, die eigene Perspektive zu erweitern. 4. Digitale Regeneration: In diesen Bereich fallen Maßnahmen, die dem Menschen helfen, Abstand zu der selbstverständlich gewordenen Nutzung digitaler Medien zu bekommen.

1. Physische Regeneration

- Bewegung: Regelmäßige, moderate körperliche Aktivität – sei es ein zügiger Spaziergang, Yoga oder Radfahren – hilft Stress abzubauen.
- Schlafhygiene: Ausreichender und qualitativ hochwertiger Schlaf ist eine zentrale Regenerationsquelle. Feste Schlafenszeiten, eine entspannende Abendroutine und digitale Abstinenz vor dem Zubettgehen unterstützen die nächtliche Erholung (siehe auch Abschn. 2.7).
- Gesunde Ernährung: Eine ausgewogene und möglichst vollwertige Ernährung mit frischen, nährstoffreichen Lebensmitteln wirkt sich positiv auf den Energiehaushalt und die Konzentrationsfähigkeit aus. Denn bereits Ludwig Feuerbach erkannte: Der Mensch ist, was er isst.
- Hydration: Ausreichend hochwertiges Wasser zu trinken, unterstützt sämtliche körperlichen und kognitiven Funktionen. Flüssigkeitsmangel hingegen kann zu Müdigkeit und Kopfschmerzen führen.
- Entspannung fördern – beispielsweise durch Fokussierung auf die Atmung. Bewusst durchgeführte Atemübungen fördern die Aktivierung des Parasympathikus, also jenes Teils des vegetativen Nervensystems, der für die Regeneration des Organismus und den Aufbau von Energiereserven zuständig ist.

2. Mentale bzw. psychische Regeneration

- Pausen bewusst einplanen: Mikropausen von wenigen Minuten zwischen einzelnen Aufgaben oder Meetings steigern nicht nur die Konzentration, sondern wirken auch vorbeugend gegen mentale Erschöpfung.
- Meditation & Achtsamkeit: Techniken wie Body Scan oder der bereits erwähnte Atemfokus helfen dabei, Stress zu regulieren und in den gegenwärtigen Moment zu kommen (siehe Kabat-Zinn, 1990, 2005).
- Kreative Tätigkeiten: Zeichnen, Musik machen oder Schreiben fördern Entspannung, unterstützen den Perspektivwechsel und aktivieren andere Hirnareale als die im Arbeitsalltag häufig beanspruchten.
- Naturerleben: Zeit in der Natur wirkt beruhigend auf das Nervensystem und fördert mentale Klarheit, bereits kurze Aufenthalte im Grünen wirken sich Stress reduzierend und positiv auf die Stimmung aus. (-> *Waldbaden bzw. jap. shinrin-yoku*)

3. Soziale Regeneration

- Austausch mit Freunden und Familie: Gespräche mit nahestehenden Personen bieten emotionale Entlastung und können dabei helfen, Erlebtes aus anderen Blickwinkeln zu betrachten.
- Kollegiale Unterstützung kann helfen, mit Belastungen besser umzugehen und gemeinsam Lösungen zu auf den Arbeitsplatz bezogenen Probleme zu entwickeln. In der Luftfahrt werden hierfür vielerorts sogenannte *Peer Support Programme* genutzt.

4. Digitale Regeneration

- Bewusstes „Digital Detox“: Zeitfenster ohne Smartphone oder Laptop ermöglichen geistige Entlastung und fördern die Präsenz im jeweiligen Moment bzw. die Achtsamkeit.
- Offline-Zeiten planen: Klare Zeiten ohne E-Mails oder Push-Nachrichten – z. B. morgens vor 9 Uhr oder abends nach Feierabend – unterstützen die mentale Regeneration und werden daher von Unternehmen mitunter sogar „angeordnet“.
- Digitale Achtsamkeit: Der bewusste Umgang mit digitalen Medien – z. B. selektives Lesen statt Scrollen – hilft dabei, einen gesunden und bewussten Informationskonsum zu kultivieren.

Diese vier Handlungsfelder der Regeneration bilden im in Abb. 3.3 dargestellten Modell zur individuellen Regeneration (Schleidt, 2024) und dem damit einhergehenden Lebensstil die tragenden Säulen.

Ein auf regelmäßige Regeneration ausgerichteter Lebensstil basiert auf einem stabilen Fundament psychischer Ressourcen, die auf gewisse Weise mit dem Selbstbild einer Person verknüpft sind. Diese inneren Grundlagen tragen dazu bei, dass Menschen auch in herausfordernden Zeiten gesund, fokussiert und handlungsfähig bleiben. Das Modell eines „Hauses der Regeneration“ veranschaulicht diese Zusammenhänge: Es steht auf einer soliden Basis aus persönlichen Ressourcen wie beispielsweise Kompetenzen oder positivem Denken, wird von den zuvor beschriebenen tragenden Maßnahmen- bzw. Verhaltenssäulen zur Regeneration gehalten und trägt ein schützendes Dach, das für gesundheitsförderliches (Er)Leben und Handeln steht.

Zum Fundament gehören psychologische Qualitäten im Sinne von Ressourcen:

- *Selbstbewusstsein* im Sinne eines reflektierten Verständnisses der eigenen Person: Wer sich seiner selbst bewusst ist, erkennt seine Stärken und Grenzen, verfügt über Selbstvertrauen und ein realistisches Selbstwertgefühl und glaubt an die eigene Fähigkeit, schwierige Situationen zu meistern (-> *Selbstwirksamkeit*).
- *Selbstdisziplin* beschreibt die Fähigkeit, sich Ziele zu setzen, an diesen auch unter Belastung festzuhalten und ausdauernd darauf hinzuarbeiten. Sie kann in gewisser Weise als bedeutsames Prinzip für gesunde Selbstführung gelten.

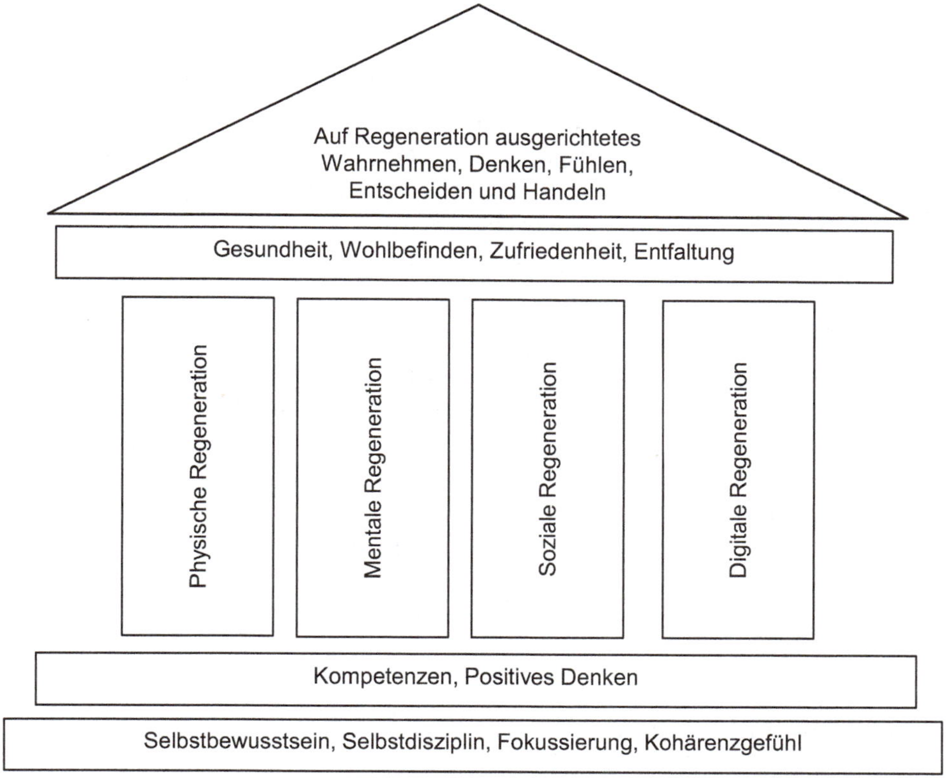

Abb. 3.3 Modell zur individuellen Regeneration (Schleidt, 2024)

- *Fokussierung* meint die bewusste Lenkung der Aufmerksamkeit auf Wesentliches. In einer Zeit ständiger Reize ist diese Fähigkeit eine knappe Ressource und gleichzeitig ein wichtiger Schlüssel zu mentaler Klarheit.
- *Kohärenzgefühl,* wie es Antonovsky u. a. 1997 formuliert hat, steht für das tief verankerte Empfinden, dass das Leben verstehbar, handhabbar und sinnvoll ist – eine Überzeugung, die in hohem Maße zur psychischen Stabilität beiträgt.
- *Kompetenzen* ermöglichen es, auch in komplexen und dynamischen Umgebungen handlungsfähig zu bleiben. Sie beschreiben nicht nur Wissen oder Fähigkeiten, sondern auch die Bereitschaft und Motivation, diese situationsangemessen einzusetzen.
- *Positives Denken* beschreibt die Fähigkeit, auch schwierigen Erfahrungen Sinn abzugewinnen und die Aufmerksamkeit auf positive Emotionen wie Freude, Dankbarkeit, Hoffnung oder Zuneigung zu richten. Auch ist damit eine Haltung bzw. Einstellung verbunden, bei der „ein Glas eher als halb voll denn als halb leer" gesehen wird (vgl. Fredrickson, 2009).

Das Dach des Modells symbolisiert Wahrnehmen, Denken, Fühlen, Entscheiden, das auf Gesundheit, Wohlbefinden, Zufriedenheit und persönlicher Entfaltung (dem Dachgebälk) basiert. Diese vier Qualitäten stellen zugleich eine Art inneres Zielsystem dar: Sie motivieren dazu, den eigenen Lebensstil so zu gestalten, dass Regeneration nicht als Ausnahme(aktivität), sondern als integrativer Bestandteil des Alltags verstanden wird. Auch wenn das Modell durch die Haus-Metapher eine feste Struktur vermittelt, handelt es sich dabei nicht um einen starren Bauplan, sondern um ein dynamisches Wechselspiel: Alle beschriebenen Komponenten stehen in Wechselwirkung und können sich gegenseitig verstärken. Angetrieben wird dieser Prozess durch das grundlegende menschliche Bedürfnis nach Entwicklung, Sinn und Verbundenheit – mit sich selbst, mit anderen Lebewesen und darüber hinaus.

Praxisbeispiel

Lea hat sich bewusst eine tägliche „Offline-Pause" eingerichtet. Jeden Nachmittag blockt sie sich im Kalender ca. 30 min, in denen sie ihr Smartphone ausschaltet, E-Mails ignoriert und das Büro verlässt. Sie geht eine kurze Runde an der frischen Luft, trinkt danach in Ruhe eine Tasse Tee und lässt bewusst die Gedanken schweifen. Diese kleine, aber regelmäßige Auszeit hilft ihr, sich geistig und auch körperlich zu erholen, Abstand vom Tagesgeschäft zu gewinnen und danach mit neuer Konzentration an den Arbeitsplatz zurückzukehren. ◀

In Tab. 3.2 finden sich einige Impulsfragen zur persönlichen Regeneration.

Tab. 3.2 Fragen zur Selbstreflexion zur Regeneration

Regenerationsbereich	Reflexionsfrage
Physische Erholung	Habe ich mich ausreichend bewegt (z. B. Spaziergang, Dehnen, Radfahren)?
	Habe ich auf meinen Schlafrhythmus geachtet (z. B. Einschlafzeit, Qualität)?
	Habe ich ausreichend Wasser getrunken und mich ausgewogen ernährt?
	Habe ich bewusst geatmet oder mich anderweitig körperlich entspannt (z. B. progressive Muskelentspannung)?
Mentale Erholung	Habe ich Mikropausen eingelegt, um kurz innezuhalten?
	Habe ich mir bewusst Zeit für kreatives Denken oder Nichtstun genommen?
	Habe ich Achtsamkeit praktiziert – und sei es auch nur für 5 min?
Soziale Regeneration	Habe ich heute einen unterstützenden Austausch mit KollegInnen oder Freunden geführt?
	Habe ich Nähe, Verbundenheit oder auch Humor im Miteinander erlebt?
	Habe ich mich heute authentisch ausdrücken können, ohne mich verstellen zu müssen?
Digitale Regeneration	Habe ich gezielte Offline-Zeiten eingeplant (z. B. morgens oder vor dem Schlafen)?
	Habe ich mein digitales Verhalten reflektiert (z. B. Social-Media-Zeit)?
	Habe ich digitale Tools heute als Unterstützung erlebt – oder eher als Belastung oder Zeit- und Energiefresser?

3.7 Zusammenfassung

Dieses Kapitel stellt die einzelne Person als zentrale psychologische Größe im Arbeitskontext in den Fokus. Ausgehend vom Rahmenmodell „Mensch am Arbeitsplatz“ (Schleidt, 2018) wird deutlich: Jeder Mensch bringt seine individuelle Biografie, Werte, Kompetenzen und Wahrnehmungsmuster mit in die Arbeit ein – und gestaltet dadurch aktiv sein berufliches Erleben mit. Die Arbeitswelt ist dabei nicht nur ein Ort der Leistungserbringung, sondern auch ein Raum für persönliche Entwicklung, Selbstführung oder soziales Miteinander.

Jeder Mensch nimmt seine Umwelt auf individuelle Weise wahr – geprägt durch Erfahrungen, Bildung, Erwartungen und aktuelle Bedürfnisse. Dieses Kapitel zeigt auf, wie subjektiv und selektiv Wahrnehmung ist, und welche Implikationen dies für den Arbeitsalltag hat: Missverständnisse, Fehleinschätzungen und Fehlurteile entstehen oft nicht aus mangelndem Wissen, sondern aus unterschiedlichen Perspektiven auf ein und dieselbe Situation. Die Fähigkeit zur kritischen Selbstwahrnehmung und zum Perspektivwechsel wird daher als Schlüsselkompetenz hervorgehoben – insbesondere in konfliktträchtigen oder dynamischen Arbeitssituationen.

Eng damit verbunden ist der *ressourcenorientierte Blick* auf sich selbst. Jede Person verfügt über innere und äußere Ressourcen – sei es in Form von Fachwissen, sozialen Beziehungen, Kreativität oder Problemlösungskompetenz. Diese Ressourcen bewusst zu erkennen und gezielt einzusetzen, stellt eine wichtige Grundlage für psychische Stabilität und berufliche Leistungsfähigkeit dar. Besonders in technologisch geprägten Arbeitsumfeldern kommt dabei auch der digitalen Kompetenz eine Schlüsselrolle zu: Das Verständnis digitaler Systeme, der souveräne Umgang mit einer Vielzahl von Informationen und Daten und die kritische Reflexion von Automatisierung sind Teil eines zukunftsfähigen Ressourcenmanagements.

Ein weiteres zentrales Thema ist die *Selbstführung* – verstanden als Fähigkeit, sich selbst zielgerichtet zu steuern, Entscheidungen zu treffen und Verantwortung für das eigene Denken und Handeln zu übernehmen. Selbstführung umfasst dabei sowohl strategische Elemente wie Zielklarheit, Zeitmanagement und Prioritätensetzung als auch persönliche Aspekte wie Selbstreflexion oder Selbstfürsorge.

Eng damit verbunden ist das Bewusstsein für die eigenen Kompetenzen – und die Bereitschaft, diese kontinuierlich weiterzuentwickeln. Selbstführung bedeutet auch, Verantwortung für die persönliche und berufliche Entwicklung zu übernehmen, sich regelmäßig mit den eigenen Stärken und Lernfeldern auseinanderzusetzen und proaktiv neue Fähigkeiten aufzubauen.

Das Kapitel macht deutlich: Wer sich selbst führen kann, erkennt eigene Entwicklungsbedarfe frühzeitig, bleibt anpassungsfähig und flexibel – und gestaltet seine berufliche Laufbahn aktiv mit. Es werden das Konzept „Deep Work“, Methoden aus dem Selbstmanagement und zur Fokussierung oder Ablenkungsreduktion vorgestellt und praxisnah erläutert. Sie können dabei helfen, die eigenen Ressourcen gezielt zu nutzen und gleichzeitig neue aufzubauen.

Den Abschluss bildet ein Abschnitt zur *Psychologie der Regeneration* – ein oft „mitlaufender" Bereich mit erheblichen Auswirkungen auf Gesundheit, Wohlbefinden und Leistungsfähigkeit. Erholungsphasen ermöglichen es dem Körper und Geist, sich immer wieder auszubalancieren und neue Energie zu schöpfen. Das Kapitel betont: Regeneration ist eine strategische Voraussetzung für langfristige Gesundheit und Produktivität. Anhand von beispielsweise Selbstreflexionsfragen werden die LeserInnen ermutigt, ihr eigenes Erholungsverhalten zu überdenken und bei Bedarf gezielt anzupassen.

Ausblick auf das nächste Kapitel: Auch wenn das eigene Erleben im Mittelpunkt steht – am Arbeitsplatz sind wir selten allein tätig. Die Qualität der Zusammenarbeit mit KollegInnen, die Dynamik im Team und die Art und Weise, wie wir kommunizieren und kooperieren, haben entscheidenden Einfluss auf unser Wohlbefinden und unseren beruflichen Erfolg.

Während in diesem Kapitel der Fokus auf die Einzelperson gerichtet wurde, zeigt das nächste Kapitel, wie psychologische Prinzipien auch im Zusammenspiel von Menschen am Arbeitsplatz wirken.

Literatur

Antonovsky, A. (1997). *Salutogenese – Zur Entmystifizierung der Gesundheit.* DGVT Verlag.

Baddeley, A., Eysenck, M.W., & Anderson, M. C. (2020). Memory (3. Aufl.). Routledge. https://doi.org/10.4324/9780429449642.

Bakker, A. B., & Demerouti, E. (2007). *The* job demands–resources model: State of the art. *Journal of Managerial Psychology, 22*(3), 309–328. https://doi.org/10.1108/02683940710733115.

Baumeister, R. F., & Vohs, K. D. (2007). *Self-regulation, ego depletion, and motivation. Social and Personality Psychology Compass, 1*(1), 115–128.

Claessens, B. J. C., van Eerde, W., Rutte, C. G., & Roe, R. A. (2007). A review of the time management literature. *Personnel Review, 36*(2), 255–276. https://doi.org/10.1108/00483480710726136

Covey, S. R. (1989). *The 7 habits of highly effective people: Powerful lessons in personal change.* Free Press.

Eppler, M. J., & Mengis, J. (2004). The concept of information overload: A review of literature from organization science, accounting, marketing, MIS, and related disciplines. *The Information Society, 20*(5), 325–344. https://doi.org/10.1080/01972240490507974.

Forgas, J. P. (1995). Mood and judgment: The affect infusion model (AIM). *Psychological Bulletin, 117*(1), 39–66. https://doi.org/10.1037/0033-2909.117.1.39.

Greve, W. E., Rothermund, K. E., & Wentura, D. E. (2005). *The adaptive self: Personal continuity and intentional self-development.* Hogrefe & Huber Publishers.

Hobfoll, S. E. (2001). The influence of culture, community, and the nested-self in the stress process: Advancing Conservation of Resources theory. *Applied Psychology: An International Review, 50*(3), 337–421. https://doi.org/10.1111/1464-0597.00062.

Hobfoll, S. E. (1989). *Conservation of resources: A new attempt at conceptualizing stress. American Psychologist, 44*(3), 513–524. https://doi.org/10.1037/0003-066X.44.3.513.

Kabat-Zinn, J. (2005). *Full catastrophe living: Using the wisdom of your body and mind to face stress, pain, and illness* (15th anniversary Aufl.). Delta Trade Paperback/Bantam Dell.

Kabat-Zinn, J. (1990). *Full catastrophe living: Using the wisdom of your body and mind to face stress, pain, and illness.* Delacorte.

Kahneman, D. (2011). *Thinking, fast and slow*. Farrar, Straus and Giroux.

Koffka, K. (1935). *Principles of gestalt psychology*. Harcourt, Brace.

Konrad, K. (2024). *Selbstgesteuertes Lernen neu denken: Mit Selbststeuerungskompetenz durch die digitale Welt*. Beltz.

Kuhl, J. (2000). *A functional-design approach to motivation and self-regulation. The dynamics of personality systems interactions.* In: Boekaerts, M., Pintrich, P.R., Zeidner, M. (Hrsg.), Handbook of self-regulation (S.111–169). Academic Press.

Lazarus, R. S., & Folkman, S. (1984). Stress, appraisal, and coping. Springer.

Leroy, S. (2009). Why is it so hard to do my work? The challenge of attention residue when switching between work tasks. *Organizational Behavior and Human Decision Processes, 109*(2), 168–181. https://doi.org/10.1016/j.obhdp.2009.04.002.

Luft, J., & Ingham, H. (1955). The Johari Window, a graphic model of interpersonal awareness. *Proceedings of the Western Training Laboratory in Group Development, 246,* 2014-03.

Mackenzie, A. (1990). *The time trap: The classic book on time management*. AMACOM.

Mark, G., Gudith, D., & Klocke, U. (2008). The cost of interrupted work: More speed and stress. In *Proceedings of the SIGCHI Conference on Human Factors in Computing Systems* (S. 107–110). https://doi.org/10.1145/1357054.1357072.

Mark, G., Iqbal, S. T., Czerwinski, M., Johns, P., Sano, A., & Lutchyn, Y. (2016). Email duration, batching and self-interruption: Patterns of email use on productivity and stress. In *Proceedings of the 2016 CHI Conference on Human Factors in Computing Systems* (S. 1717–1728). ACM. https://doi.org/10.1145/2858036.2858262.

Maslach, C., & Leiter, M. P. (2016). Burnout. In G. Fink (Hrsg.), *Stress: Concepts, cognition, emotion, and behavior* (S. 351–357). Elsevier Academic Press.

McEwen, B. S. (1998). Protective and damaging effects of stress mediators. *New England Journal of Medicine, 338*(3), 171–179. https://doi.org/10.1056/NEJM199801153380307

Meijman, T. F., & Mulder, G. (1998). *Psychological aspects of workload.* In Drenth, P. J. D., Thierry, H., & de Wolff, C. J. (Hrsg.), *Handbook of work and organizational psychology* (S. 5–33). Psychology Press.

Nesher Shoshan, H., & Wehrt, W. (2021). Understanding „Zoom fatigue“: A mixed-method approach. *Applied Psychology, 70*(2), 576–614. https://doi.org/10.1111/apps.12239

Newport, C. (2016). *Deep work: Rules for focused success in a distracted world.* Grand Central Publishing.

Piaget, J. (1970). *The science of education and the psychology of the child.* Orion Press.

Reinecke, L., Aufenanger, S., Beutel, M. E., Dreier, M., Quiring, O., Stark, B., Wölfling, K., Müller, K. W. (2016). Digital stress over the life span: The effects of communication load and internet multitasking on perceived stress and psychological health impairments in a German probability sample. *Media Psychology, 20*(1), 90–115. https://doi.org/10.1080/15213269.2015.1121832.

Rubinstein, J. S., Meyer, D. E., & Evans, J. E. (2001). Executive control of cognitive processes in task switching. *Journal of Experimental Psychology: Human Perception and Performance, 27*(4), 763–797. https://doi.org/10.1037/0096-1523.27.4.763.

Ryan, R. M., & Deci, E. L. (2000). Self-determination theory and the facilitation of intrinsic motivation, social development, and well-being. *American Psychologist, 55*(1), 68–78. https://doi.org/10.1037/0003-066X.55.1.68.

Schleidt, B. (2024). *Was kommt nach der Nachhaltigkeit? Psychologie der individuellen Regeneration.* In Krauss, S., & Plugmann, P. (Hrsg.), *Nachhaltigkeit ermöglichen – Vom Buzz-Word zur gelebten Praxis: Transformationsbeispiele aus verschiedenen Branchen* (S. 191–206). Springer Gabler.

Schleidt, B. (2018). Psychologie sicheren Handelns bei der Arbeit. In Brinkmann, R. (Hrsg.), *Angewandte Wirtschaftspsychologie* (S. 417–447). Pearson.

Schraw, G. (1998). Promoting general metacognitive awareness. *Instructional Science, 26*(1–2), 113–125. https://doi.org/10.1023/A:1003044231033

Seiwert, L. J. (2005). *Wenn du es eilig hast, gehe langsam. Mehr Zeit in einer beschleunigten Welt.* Campus.

Siegrist, J. (1996). Adverse health effects of high-effort/low-reward conditions. *Journal of occupational health psychology, 1*(1), 27–41. PMID 9547031.

Steiger, T., & Lippmann, E. (Hrsg.). (2013). *Handbuch Angewandte Psychologie für Führungskräfte: Führungskompetenz und Führungswissen* (4. Aufl.). Springer.

Tang, Y.Y., Hölzel, B. K., & Posner, M. I. (2015). The neuroscience of mindfulness meditation. *Nature Reviews Neuroscience, 16*(4), 213–225. https://doi.org/10.1038/nrn3916.

Tversky, A., & Kahneman, D. (1974). Judgment under uncertainty: Heuristics and biases. *Science, 185*(4157), 1124–1131. https://doi.org/10.1126/science.185.4157.1124.

Weger, H., Castle Bell, G., Minei, E. M., & Robinson, M. C. (2014). The relative effectiveness of active listening in initial interactions. *International Journal of Listening, 28*(1), 13–31. https://doi.org/10.1080/10904018.2013.813234.

World Economic Forum (2020). *The future of jobs report.* WEF.

Zacher, H., & Frese, M. (2009). Remaining time and opportunities at work: Relationships between age, work characteristics, and occupational future time perspective. *Psychology and Aging, 24*(2), 487–493.

Arbeiten im Team

4

4.1 Ziele des Kapitels

Teams sind längst nicht mehr nur organisatorische Einheiten – sie sind das Herzstück moderner Arbeitswelten. Doch was macht ein Team tatsächlich leistungsfähig? Warum scheitern manche Gruppen trotz hoher Fachkompetenz an ihren Zielen, während andere in kurzer Zeit zu Hochleistungsteams zusammenwachsen? Und wie kann psychologisches Wissen dazu beitragen, dass Zusammenarbeit nicht nur funktioniert, sondern wirklich gelingt?

Dieses Kapitel beleuchtet, wie psychologische Prinzipien das Verständnis, die Gestaltung und die Weiterentwicklung von Teamarbeit fördern können – mit dem Ziel, nicht nur die Zusammenarbeit effizienter, sondern auch menschlich erfüllender zu gestalten.

Außerdem widmet es sich den psychologischen Grundlagen erfolgreicher Teamarbeit. Es zeigt, warum Teamprozesse weit mehr umfassen als Aufgabenverteilung oder Meetingroutinen und welche Rolle Vertrauen, Kommunikation, Rollenverständnis und kollektive Orientierung und Ausrichtung spielen. Die LeserInnen erhalten Einblick in Konzepte wie das Shared Mental Model oder das Situationsbewusstsein und erfahren, wie diese Faktoren die Teamleistung beeinflussen.

Ein zentrales Anliegen ist es, typische Dynamiken in Teams zu beleuchten und zu erklären, warum nicht jede Reibung ein Problem ist sondern oft der Beginn von Entwicklung. Welche psychologischen Prinzipien bestimmen das Miteinander in Teams? Wie entstehen Rollen, Normen und Konflikte – und wie lassen sie sich konstruktiv gestalten? Anhand praxisnaher Beispiele wird aufgezeigt, wie Teams sich entwickeln, wie sie mit Spannungen umgehen und wie sie Schritt für Schritt ihre Zusammenarbeit verbessern können.

Darüber hinaus werden konkrete Gestaltungsansätze zur Förderung funktionierender Teamarbeit thematisiert: von effektiver Meetingkultur über Kommunikationspläne bis hin

B. Schleidt, *Angewandte Psychologie am Arbeitsplatz*,
https://doi.org/10.1007/978-3-662-72703-4_4

zu Möglichkeiten der Teamentwicklung. Auch die Herausforderungen spezifischer Teamformen – klassisch, virtuell, hybrid, projektbasiert oder agil – werden beleuchtet und mit Empfehlungen für die Praxis verbunden.

Folgende Leitfragen können dabei unterstützen, den inhaltlichen Zugang zu strukturieren:

- Was macht ein gutes Team aus?
- Wie entstehen gegenseitiges Vertrauen, gemeinsame Ziele und produktive Arbeitsbeziehungen?
- Wie können psychologische Konzepte helfen, Konflikte zu lösen und Zusammenarbeit aktiv zu gestalten?
- Wie können Konflikte konstruktiv für die Zusammenarbeit genutzt und Kommunikationsprozesse – beispielsweise in Meetings – verbessert werden?

4.2 Einleitung

Die Ausübung beruflicher Tätigkeiten findet selten isoliert statt – vielmehr ist sie in den meisten Fällen in unterschiedliche soziale Kontexte eingebettet. Der Austausch mit anderen ist dabei nicht nur unterstützend, sondern zentral für effektives Arbeiten. Er ermöglicht die Bündelung von Wissen, fördert kreative Lösungsansätze und trägt wesentlich dazu bei, gemeinsame Ziele zu erreichen.

In der wissenschaftlichen Literatur wird häufig zwischen Gruppen und Teams differenziert. Für die Zwecke dieses Buches wird jedoch auf eine strikte Unterscheidung verzichtet, da die Grenzen in der Praxis oft fließend sind.

Eine Gruppe kann im weitesten Sinne als eine lose Ansammlung von Personen definiert werden, die nebeneinander arbeiten, aber nicht zwingend ein gemeinsames Ziel verfolgen oder eng abgestimmt handeln. Ein Team ist dadurch gekennzeichnet, dass die Mitglieder gemeinsame Ziele verfolgen, eine klare Rollenverteilung existiert und eine aufeinander abgestimmte Zusammenarbeit stattfindet.

Jedes Teammitglied bringt eigene Kompetenzen, Werte, Erfahrungen und Bedürfnisse mit – diese Vielfalt stellt eine zentrale Ressource für kreative Problemlösungen und Innovationsprozesse dar. Entscheidend ist jedoch, dass diese Unterschiedlichkeit nicht nur wahrgenommen, sondern auch bewusst (an)erkannt und genutzt wird. Das aktive Einbeziehen verschiedener Perspektiven gilt als zentraler Hebel zur Entfaltung *kollektiver Intelligenz* (vgl. Woolley et al., 2010).

Die Art und Qualität der Interaktionen innerhalb eines Teams beeinflussen maßgeblich den Zusammenhalt und das Entstehen einer gemeinsamen *Identität*. Kommunikation geht dabei über den bloßen Austausch von Informationen hinaus – sie sollte vielmehr auch Emotionen, Erwartungen oder implizite Normen vermitteln. Dadurch wird sie zur zentralen Grundlage für das Entstehen von Vertrauen, gelungene Koordination und die Fähigkeit des Teams, bei Bedarf flexibel auf externe Anforderungen zu reagieren (vgl. Salas et al., 2005).

Strukturen wie formelle und informelle Rollen oder explizite und implizite Regeln und Normen bieten wichtige Orientierung im Miteinander. Sie wirken nicht nur auf das individuelle Verhalten, sondern beeinflussen auch die Stabilität und Anpassungsfähigkeit des Teams als Ganzes. Eine transparente Rollenzuweisung sowie gemeinsam vereinbarte Regeln können zudem helfen, Reibungsverluste zu minimieren, die Zugehörigkeit zu stärken und das Engagement für gemeinsame Ziele zu fördern (vgl. Biddle, 1986).

Diese systemische Betrachtung zeigt, dass Teamarbeit auch als ein dynamischer Prozess der Selbstorganisation, wechselseitigen Beeinflussung und Entwicklung verstanden werden kann.

4.2.1 Der Einzelne und Teamarbeit

Wie wirkt sich die Mitgliedschaft in einem Team auf den Einzelnen aus?

Ein zentrales Element ist dabei die Möglichkeit zum *sozialen Lernen* (vgl. Abschn. 2.4). In Teams beobachten und übernehmen Mitarbeitende voneinander Verhaltensweisen, Problemlösestrategien oder Kommunikationsmuster. Dieser informelle Wissenstransfer fördert die individuelle Kompetenzentwicklung und stärkt gleichzeitig die kollektive Handlungskompetenz des Teams (vgl. Bandura, 1977). Darüber hinaus bietet Teamarbeit Raum für soziales Feedback, das eine zentrale Rolle bei der Selbstwahrnehmung und der Regulation des eigenen Verhaltens spielt. Rückmeldungen aus dem Team können dazu beitragen, blinde Flecken im Selbstbild zu erkennen (siehe Abschn. 3.3.1 - > Johari-Fenster) und zu reduzieren.

Darüber hinaus können Teams als *soziale Identifikationsorte*. Die Zugehörigkeit zu einer Arbeitsgruppe stärkt das Gefühl von Sinn und Zugehörigkeit, was wiederum das Engagement für gemeinsame Ziele erhöht (vgl. Tajfel & Turner, 1986). Diese Zugehörigkeit wirkt sich nicht nur leistungsfördernd aus, sondern stärkt auch die psychische Gesundheit, da soziale Eingebundenheit als fundamentales menschliches Grundbedürfnis angesehen werden kann (vgl. Baumeister & Leary, 1995).

Ein Team, das gut und vertrauensvoll zusammenarbeitet, stellt eine bedeutende *soziale Ressource* dar (vgl. Abschn. 3.4). In einem solchen Arbeitsumfeld können die Auswirkungen arbeitsbedingter Belastungen – etwa Zeitdruck oder komplexe Anforderungen – spürbar abgeschwächt werden. Im Sinne einer Art Puffermechanismus wirkt funktionierende Teamunterstützung dann stressreduzierend und stärkt zugleich die psychische Widerstandskraft. (vgl. u. a. Bakker et al., 2005)

Gleichzeitig unterstützt Teamarbeit die *Förderung motivationaler Prozesse*. Die gemeinsame Arbeit erzeugt ein Gefühl der Sinnhaftigkeit, steigert die Selbstwirksamkeit und führt bei funktionierender Kommunikation zu einem klaren Rollen- und Aufgabenverständnis - im Sinne eines Shared Mental Model (siehe Abschn. 4.5.2). Dies führt nicht nur zu einer erhöhten kollektiven Produktivität, sondern zeigt sich langfristig auch in einem gesteigerten Engagement und einer höheren Arbeitszufriedenheit (vgl. Bakker & Demerouti, 2007).

4.2.2 Arten von Teams

Im Folgenden werden verschiedene Teamtypen mit ihren Vorteilen und Herausforderungen beschrieben. Jede Art von Team erfordert unterschiedliche Führungs-, Koordinations- und Kommunikationsstrategien.

1. *Klassische Teams*
   In klassischen Teams arbeiten die Mitarbeiterinnen und Mitarbeiter meist am gleichen Standort, häufig in fachlich spezialisierten Abteilungen mit klar definierten Strukturen. Der persönliche Kontakt vor Ort hat viele Vorteile: Die direkte Kommunikation ermöglicht schnelle Entscheidungen und unkomplizierte Problemlösungen, die hohe soziale Interaktion schafft Vertrauen und stärkt die Zusammenarbeit. Auch spontane Begegnungen - etwa an Versuchsständen, im Labor oder in der Teeküche - fördern einen informellen, aber wertvollen Wissensaustausch. Gleichzeitig gibt es aber auch Herausforderungen: Starre Prozesse und Hierarchien können kreative Ansätze hemmen und die eingeschränkte Flexibilität hinsichtlich Arbeitszeit und Arbeitsort schränkt die individuelle Gestaltungsfreiheit ein. Zudem kann die personelle Vielfalt aufgrund der Rekrutierung von Teammitgliedern „vor Ort" möglicherweise gering ausfallen.

   Ein typisches Beispiel ist ein klassisches Team in der Werkstoffprüfung, das täglich gemeinsam vor Ort an der Belastungsanalyse von Bauteilen für ein neues Triebwerk arbeitet.
2. *Virtuelle Teams*
   Virtuelle Teams bestehen aus Fachleuten, die über verschiedene Standorte oder sogar Zeitzonen hinweg - meist digital vernetzt - zusammenarbeiten. Dies ermöglicht die gezielte Nutzung von internationalem Expertenwissen, z. B. für spezielle Analysen oder Systemintegrationen. Die hohe Flexibilität hinsichtlich Arbeitszeit und Arbeitsort macht diese Form für qualifizierte Fachkräfte besonders attraktiv. Virtuelle Zusammenarbeit kann zudem effizient über Länder- und Fachgrenzen hinweg organisiert werden. Gleichzeitig stellt sie aber auch besondere Anforderungen an die Disziplin des Teams und erfordert stabile IT-Infrastruktur und klare Regeln für die Kommunikation. Außerdem kann durch die fehlende physische Nähe das Aufbauen von Vertrauen erschwert werden oder es können Verzögerungen in der Abstimmung in Folge von beispielsweise Zeitverschiebungen entstehen (-> *asynchrone Teamarbeit*).

   Ein Beispiel für ein solches Team ist ein verteilt arbeitendes Systemengineering-Team, das gemeinsam an der Integration eines neuen Avioniksystems arbeitet – mit Beteiligten aus Hamburg, Toulouse und Bangalore.

3. *Hybride Teams*
   Hybride Teams kombinieren Präsenz- und Tele- bzw. Remote-Arbeit - häufig im Rahmen interdisziplinärer Projekte. Während einige Teammitglieder beispielsweise in der Entwicklung oder Produktion vor Ort sind, arbeiten andere von zu Hause oder einem anderen Standort aus. Dieses Modell verbindet die Vorteile der räumlichen Nähe - zum Beispiel zur Versuchsanlage - mit der flexiblen Einbeziehung dezentraler Expertise. Auch die Mitarbeiterzufriedenheit profitiert häufig von individuell zugeschnittenen Arbeitsmodellen. Gleichzeitig birgt diese Konstellation auch Herausforderungen: Unterschiede im Informationsstand oder in der Kommunikation können zu Unstimmigkeiten und Unklarheiten führen. Zudem kann der Abstimmungsaufwand, insbesondere bei hybriden Meetings oder bezüglich der Dokumentation von beispielsweise Projektfortschritten oder -entscheidungen steigen.

   Ein Praxisbeispiel ist ein hybrides Entwicklungsteam für Kabineninterieur, bei dem KonstrukteurInnen remote arbeiten, während TestingenieurInnen vor Ort Prototypenprüfungen begleiten.
4. *Projektteams*
   Projektteams werden in der Regel temporär und bereichsübergreifend gebildet, beispielsweise für die Einführung neuer Systeme oder Produkte. Ihr Vorteile sind neben einer ausgeprägten Zielorientierung auch die Struktur, die durch das jeweilige Projektmanagement vorgegeben wird. Die Zusammenarbeit über Fachgrenzen hinweg eröffnet neue Perspektiven, fördert systemisches Denken und schafft wertvolle (informelle) Netzwerke im Unternehmen oder auch darüber hinaus. Gleichzeitig bleibt wenig Zeit für Teambuilding oder das Etablieren einer gemeinsamen Arbeitskultur. Zudem können unterschiedliche Rollenerwartungen oder Arbeitsstile Konfliktpotenzial bergen. Auch besteht die Gefahr, dass das erarbeitete Wissen (im Sinne von lessons learned) nach Projektende verloren geht.

   Ein Beispiel ist ein interdisziplinäres Projektteam, das ein neues digitales Wartungsmanagementsystem für ein Passagierflugzeug einführt – mit Beteiligten aus IT, Instandhaltung und Operations.
5. *Agile Teams*
   Agile Teams sind meist selbstorganisiert, mit hoher Eigenverantwortung und Anpassungsfähigkeit - besonders verbreitet in der Softwareentwicklung oder in Projekten, die einen hohen Innovationscharakter besitzen. Entscheidungen werden durch beispielweise flache Hierarchien schneller getroffen und das Vertrauen in die Kompetenz der Teammitglieder fördert Motivation und Kreativität. Die Dynamik agiler Teams ist besonders wertvoll, wenn sich Anforderungen in kurzer Zeit ändern. Allerdings funktioniert diese Arbeitsform nur mit einem hohen Maß an Selbstorganisation und einer gewissen - nicht zuletzt auf Erfahrungen basierenden - Reife der Teammitglieder.

   Ein Beispiel: ein agiles SCRUM-Team, das eine neue Benutzeroberfläche für ein Flugdatensystem entwickelt – mit zweiwöchentlichen Sprints, regelmäßigen Reviews und täglichen Stand-up-Meetings.

Tab. 4.1 Vor- und Nachteile verschiedener Teamarten

Teamform	Vorteile	Herausforderungen
Klassisches Team	Hohe soziale Interaktion, schnelle Abstimmung	Feste Strukturen können Innovation und Flexibilität beeinträchtigen
Virtuelles Team	Hohe Flexibilität, Zugang zu globalen Talenten	Fehlende persönliche Nähe kann die Zusammenarbeit erschweren
Hybrides Team	Kombination aus Struktur & Flexibilität	Unterschiedliche Arbeitsweisen erschweren Abstimmung
Projektteam	Hohe Zielorientierung & Struktur	Wenig Zeit für Teamentwicklung
Agiles Team	Anpassungsfähig & kreativ	Erfordert hohe Selbstorganisation

In Tab. 4.1 werden verschiedene ausgewählte Vor- und Nachteile der verschiedenen Teamarten noch einmal zusammengefasst.

Reflexionsimpuls:
Welche Art von Teamstruktur prägt meinen Arbeitsalltag, ist sie eher klassisch, agil oder projektbasiert? Welche Herausforderungen entstehen daraus für Kommunikation und Koordination? In welcher Teamstruktur fühle ich mich am wohlsten und warum?

Damit Teamarbeit ihr Potenzial als psychologische Ressource entfalten kann, sollten also bestimmte strukturelle und zwischenmenschliche Voraussetzungen erfüllt sein. Bevor im weiteren Verlauf zentrale Wirkfaktoren wie Kommunikation (vgl. Abschn. 4.4) sowie Kooperation und Koordination (vgl. Abschn. 4.5) vertieft behandelt werden, richtet sich der Blick daher zunächst auf grundlegende psychologische Prinzipien, die das Funktionieren und Erleben von Teams prägen.

4.3 Psychologie von Teams

4.3.1 Psychologische Herausforderungen und Dynamiken

Teams können als lebendige soziale Systeme betrachtet werden, in denen sich komplexe psychologische Prozesse entfalten. Diese psychologischen Dynamiken beschreiben die häufig unbewussten Wechselwirkungen zwischen Teammitgliedern und prägen das Miteinander, die Leistungsfähigkeit und die emotionale Atmosphäre im Team.

Sie entstehen durch Interaktionen und das soziale Miteinander genauso wie durch unterschiedliche Bedürfnisse, Erwartungen und Haltungen der Beteiligten. Und sie beeinflussen, wie beispielsweise Entscheidungen getroffen oder wie Konflikte gelöst werden und können sowohl förderlich als auch hinderlich für eine gelingende Zusammenarbeit sein.

Ein zentraler Begriff ist in diesem Zusammenhang die *Gruppendynamik*. Sie beschreibt die Wechselwirkungen und wie sich Gruppenmitglieder gegenseitig beeinflussen. (vgl. Lewin, 1948; Cummings & Worley, 2009). Je nachdem, wie bewusst diese Dynamiken wahrgenommen und gestaltet werden, können sie entweder eine produktive Kraft entfalten – etwa durch Klarheit, Zusammenhalt und gegenseitige Unterstützung – oder sich dysfunktional auswirken, etwa durch Spannungen, Missverständnisse oder festgefahrene Rollenbilder.

Im weiteren Verlauf werden nun einige ausgewählte psychologische Dynamiken beschrieben. Ziel ist es, ein Bewusstsein für diese oft subtilen Prozesse zu schaffen und konkrete Impulse zu geben, wie sie konstruktiv genutzt und gestaltet werden können.

In Teams übernehmen Mitglieder oft bestimmte *soziale Rollen* – sei es bewusst oder unbewusst. Neben formellen Rollen wie Projektleitung oder Fachverantwortung entstehen in der Regel *informelle Rollen*, etwa die der Vermittlerin, des Kritikers oder derjenigen, die für gute Stimmung sorgt. Solche Rollen können hilfreich sein, um die Zusammenarbeit zu verbessern. Gleichzeitig bergen sie auch Konfliktpotenzial – insbesondere dann, wenn Rollenerwartungen unklar oder widersprüchlich sind. Ein klassisches Beispiel ist der innere Konflikt einer Projektleitung, von der gleichzeitig Führungsstärke und Harmoniebestreben erwartet werden. Hier kann es zu Gefühlen wie Überforderung oder Unsicherheit kommen, wenn sich formelle und informelle Erwartungen an eine Rolle stark unterscheiden.

Eng damit verknüpft sind *implizite Gruppennormen*, das heißt unausgesprochene Regeln, die sich mit der Zeit im Miteinander entwickeln, also beispielsweise wie offen im Team kommuniziert wird, wie mit Fehlern umgegangen wird oder inwiefern Hierarchien im Umgang miteinander eine Rolle spielen. Auch wenn diese Normen selten explizit formuliert werden, beeinflussen sie das Verhalten maßgeblich und prägen zudem die Teamkultur. Ein Team, in dem Kritik unausgesprochen bleibt oder abweichende Meinungen einzelner Mitglieder nicht gehört werden, wird langfristig stagnieren und vermutlich kaum noch nachhaltige Innovationskraft entfalten.

Konflikte sind ein weiterer unvermeidbarer Bestandteil jeder Teamarbeit. Während Sachkonflikte – etwa unterschiedliche Einschätzungen über Vorgehensweisen – durchaus produktiv sein können, können sich Beziehungskonflikte als wirklich herausfordern erweisen. Persönliche Spannungen, Kränkungen oder ungeklärte Missverständnisse können beispielsweise zu sozialem Rückzug führen oder irgendwann in einer Eskalation münden.

Auch *Macht- und Statusprozesse* beeinflussen unterschwellig, wessen Stimme Gewicht hat, wer Gehör findet und wer regelmäßig übergangen wird. Bleiben sie unreflektiert, können sie zu Spannungen, Frustration oder dem Rückzug einzelner Teammitglieder führen – insbesondere dann, wenn Kompetenzen übersehen oder unterschätzt werden. Ein häufig zu beobachtendes Muster ist in diesem Zusammenhang die Gesprächsdominanz einzelner Personen: Manche Teammitglieder übernehmen routinemäßig das Wort, leiten Diskussionen oder setzen Themen, während zurückhaltendere oder introvertiertere KollegInnen sich zunehmend aus dem Austausch zurückziehen. So entstehen unausgewogene Kommunikations- und Beteiligungsstrukturen, die nicht nur die Vielfalt an Perspektiven im Team einschränken, sondern langfristig auch die gemeinsame Entwicklung von tragfähigen Lösungen beeinträchtigen.

Emotionen spielen ebenfalls eine wichtige Rolle im Teamgeschehen. Stimmungslagen übertragen sich häufig unbewusst und beeinflussen durch *emotionale Ansteckungsprozesse* maßgeblich die Atmosphäre im Team. Gleichzeitig entwickeln Teams Strategien zur gemeinsamen *Affektregulation* – beispielsweise durch gemeinsame Rituale, informelle Pausen oder humorvolle Kommentare. Solche Praktiken wirken stabilisierend und tragen sowohl individuell als auch kollektiv zum Erhalt der psychischen Widerstandskraft bei.

Ein weiteres Phänomen ist das so genannte *Social Loafing* oder zu deutsch *Soziales Faulenzen*. Dabei handelt es sich um ein Nachlassen der individuellen Anstrengung, sobald die Verantwortung auf mehrere Schultern verteilt wird. Besonders ausgeprägt ist dieses Verhalten, wenn individuelle Leistungen nicht sichtbar sind oder deren Anerkennung durch andere ausbleibt (vgl. Latané, Williams und Harkins (1979).

Um dysfunktionalen Dynamiken im Team konstruktiv zu begegnen, bedarf es zunächst einer bewussten Wahrnehmung und Offenheit gegenüber diesen oft verborgenen Prozessen, die das Miteinander beeinflussen. Eine zentrale Rolle spielt dabei die Reflexion auf individueller und kollektiver Ebene – beispielsweise durch regelmäßige Feedbackrunden oder moderierte Teamgespräche. Klare Kommunikation, transparente Rollenzuweisungen und gemeinsam formulierte Regeln fördern Orientierung und beugen Missverständnissen vor. Auch das aktive Einbinden zurückhaltender Teammitglieder kann helfen, Beteiligung gleichmäßiger zu verteilen. Zur Prävention von sozialem Faulenzen haben sich Methoden wie das Sichtbarmachen individueller Beiträge, das Vereinbaren klarer Verantwortlichkeiten oder die Anerkennung von individuellen Leistungen bewährt. Insgesamt gilt:

Gruppendynamik entsteht immer. Je bewusster und achtsamer ein Team mit seinen eigenen Dynamiken umgeht, desto größer ist die Chance, hinderliche Muster zu erkennen, aufzulösen und in produktive Bahnen zu lenken oder im positiven Fall das vorhandene Teampotenzial „voll auf die Straße" zu bringen.

4.3.2 Phasen der Teamentwicklung

Teams durchlaufen in vielen Fällen typische Phasen im Verlauf ihrer Zusammenarbeit. Ein fundiertes Verständnis dieser Entwicklungsprozesse hilft dabei, gruppendynamische Herausforderungen besser einzuordnen und gezielt zu begleiten. Das von Tuckman 1965 entwickelte Fünf-Phasen-Modell (siehe Abb. 4.1) bietet hierzu einen vielfach erprobten Rahmen zur Orientierung. Es beschreibt, wie sich Teams über die Zeit hinweg verändern, welche Herausforderungen in den jeweiligen Phasen auftreten und welche Unterstützungsmaßnahmen hilfreich sein können.

Im Modell werden zwei Ebenen unterschieden: Zum einen die Interaktions- bzw. Beziehungsebene, auf der es um Aspekte wie Vertrauen, Rollenfindung oder gegenseitige Anerkennung geht. Zum anderen die Aufgaben- oder Sachebene, die sich auf Zieldefinition, Aufgabenverteilung und strukturelle Zusammenarbeit bezieht. Beide Ebenen beeinflussen sich wechselseitig und sind gemeinsam „orchestriert“ entscheidend für den Erfolg der Teamarbeit.

Die fünf Phasen sehen wie folgt aus:

1. *Forming bzw. Orientierungsphase*
   Wenn ein Team neu zusammengestellt wird, stehen in der ersten Phase der Teamentwicklung das gegenseitige Kennenlernen, das vorsichtige Abtasten bzw. „Beschnuppern“ sowie die Orientierung im Mittelpunkt. Ein „Wir-Gefühl“ ist noch nicht vorhanden, vielmehr fokussiert der Einzelne auf sich selbst. Die Teammitglieder versuchen, ihre eigene Rolle innerhalb der Gruppe zu finden, während gleichzeitig Unsicherheit über beispielsweise Abläufe, Zuständigkeiten oder Erwartungen besteht. Die Kommunikation ist in dieser Phase meist noch zurückhaltend, da gegenseitiges Vertrauen erst nach und nach aufgebaut werden muss. Psychologisch gesehen können das Bedürfnis nach Sicherheit, der Wunsch nach Rollenklärung und des Aufbaus eines Fundaments für eine vertrauensvolle Zusammenarbeit von Bedeutung sein. Führungskräfte können diesen Prozess aktiv unterstützen, indem sie die ersten Begegnungen moderieren, eine strukturierte Vorstellung der Teammitglieder und Aufgaben ermöglichen und von Beginn an klare Kommunikationsstandards etablieren.

Praxisbeispiel:

Lea initiiert als Projektleiterin für ein neu formiertes Team eine digitale Vorstellungsrunde mit persönlichen Kurzprofilen und ein Whiteboard zur Sammlung gemeinsamer Erwartungen, da sie weiß, dass ein strukturierter Rahmen Unsicherheit verringert und das Gefühl des Ankommens und der Zugehörigkeit im Team fördert. ◄

2. *Storming bzw. Konfliktphase*
   In der zweiten Phase der Teamentwicklung können ggf. erste Reibungen oder auch Machtkämpfe zutage treten. Unterschiedliche Meinungen, Zielkonflikte sowie Widerstände gegen die Aufgabenverteilung führen möglicherweise vermehrt zu Spannungen im Team. Ich-Denken steht oftmals im Vordergrund und der jeweilige Platz im Beziehungsgeflecht des Teams ist noch nicht gefestigt. Besonders in fachlich heterogenen Gruppen kommt es in dieser Phase häufig zu Rollenkonflikten und Missverständnissen, da unterschiedliche Arbeitsstile und Erwartungen aufeinandertreffen. Aus psychologischer Sicht kann es um Themen wie emotionale Regulation, das Bedürfnis nach Selbstwirksamkeit oder das Erleben von Gerechtigkeit gehen. Führungskräfte sind in dieser Phase gefordert, Konflikte nicht zu übergehen, sondern aktiv sichtbar zu machen und konstruktiv zu begleiten, sich aber auch nicht zu sehr von diesen vereinnahmen zu lassen. Die Einführung klarer Kommunikationsregeln, das Etablieren regelmäßiger Feedbackprozesse und eine wertschätzende Moderation helfen dabei, Spannungen produktiv zu nutzen und den Weg für eine funktionierende Zusammenarbeit zu ebnen.

Praxisbeispiel:

Lea erkennt frühzeitig, dass es unterschiedliche Auffassungen zur Verteilung der Aufgaben im Team gibt, was zu teilweise sehr hitzigen Diskussionen führt. Sie organisiert daraufhin einen Workshop zur Rollenklärung, in erster Linie als präventive Maßnahme, die in dieser Phase vor allem die Selbstwirksamkeit und das Vertrauen im Team stärken soll. ◄

3. *Norming bzw. Regelungsphase*
   In dieser Phase beginnen sich tragfähige Teamstrukturen herauszubilden. Die zuvor erlebten Konflikte sind weitgehend bearbeitet und es entsteht ein gemeinsames Verständnis von den jeweiligen Aufgaben, Rollen und Kommunikationswegen. Das Vertrauen zwischen den Teammitgliedern wächst, gemeinsame Regeln und Werte werden wichtiger. Die Absprachen untereinander verlaufen zunehmend besser, Verantwortlichkeiten werden klarer wahrgenommen und die gegenseitige Unterstützung nimmt zu. Führungskräfte können diesen Prozess stärken, indem sie Raum für gemeinsame Reflexion schaffen, erste Erfolge sichtbar machen und dabei unterstützen, dass sich teaminterne Routinen entwickeln.

Praxisbeispiel:

Die Einführung eines gemeinsamen Projektboards und ein direkter Austausch mit anderen Fachbereichen führen zu einem ersten wahrnehmbaren Erfolg und stärken das Selbstbewusstsein des Teams. ◄

4. *Performing – Leistungsphase*
   Hat sich das Team erfolgreich durch die vorangegangenen Entwicklungsphasen bewegt, entsteht eine leistungsfähige und überwiegend selbstorganisierte Zusammenarbeit. In dieser Phase ist das Team in der Lage, auch komplexe Aufgaben gemeinsam zu bewältigen, flexibel auf Veränderungen zu reagieren und voneinander zu lernen. Konflikte werden offen und lösungsorientiert angesprochen und Rollen werden bei Bedarf angepasst. Psychologisch kann es beispielsweise um Selbstwirksamkeit oder Vertrauen gehen. Die Rolle der Führungskraft verschiebt sich nun zunehmend in Richtung der Gestaltung des Rahmens der Zusammenarbeit. Die Teammitglieder handeln weitestgehend eigenverantwortlich, und zwar auf Basis gemeinsamer Ziele und eines ausgeprägten Wir-Gefühls (-> *Teamkohäsion*).

Praxisbeispiel:

Die selbstorganisierte Umsetzung eines technischen Verbesserungsvorschlags zeigt Lea, dass das Team sich aufeinander eingespielt hat. ◄

5. *Adjourning – Auflösungsphase*
   Wenn ein Projekt endet oder sich Teamkonstellationen auflösen, beginnt eine Phase des Abschieds. Diese Phase wird nicht immer bewusst gestaltet, daher kann sie auf gewisse Weise als optional gelten. Neben der organisatorischen Auflösung kann es auch um den emotionalen Umgang mit dem Ende der gemeinsamen Zusammenarbeit gehen. Ein bewusster Rückblick auf erreichte Ziele oder auch Hindernisse, die bewältigt wurden, schafft Raum für gegenseitige Würdigung und Wertschätzung, sowohl auf fachlicher als auch auf zwischenmenschlicher Ebene. Zugleich bietet diese Phase die Gelegenheit, auch auf organisationaler Ebene aus den jeweiligen Herausforderungen und Fehlern zu lernen. Das Motto kann dabei lauten: „Nach der Zusammenarbeit im Team ist vor der nächsten Zusammenarbeit – im gleichen oder einem neuen Team." Indem Erfahrungen strukturiert reflektiert und dokumentiert werden, lassen sich mögliche Muster erkennen, Verbesserungspotenziale benennen und entsprechend Erkenntnisse für zukünftige Teamprozesse in einer Organisation ableiten.

   Psychologisch relevant können in dieser Phase das Bedürfnis nach Anerkennung oder nach einem wertschätzenden Abschluss sein. Führungskräfte können den Übergang aktiv begleiten, indem sie Raum für Feedback und emotionale Verarbeitung schaffen, Erfolge sichtbar machen und den Transfer von Erfahrungen in künftige Kontexte unterstützen. So kann Adjourning möglicherweise sogar ein sinnvoller Bestandteil für die Entwicklung einer Teamkultur in Organisationen werden, in der systematisch aus Fehlern und Erfahrungen aus vergangenen Projekten gelernt wird.

Praxisbeispiel:

Eine hybride Abschlussrunde mit offener Reflexion zu den lessons learned und persönlicher Würdigung stärkt das Erleben von Sinn und schließt die Zusammenarbeit im Team wertschätzend und konstruktiv ab. ◄

In Tab. 4.2 findet sich eine Übersicht über ausgewählte Aufgaben einer Führungskraft auf die einzelnen Phasen bezogen.

Während eine gelungene Teamentwicklung durch Offenheit, das Integrieren unterschiedlicher Meinungen und Reflexionsfähigkeit gekennzeichnet ist, birgt sie zugleich die Gefahr unkritischer Harmonie. Wenn der Wunsch nach Einigkeit Überhand nimmt, kann dies in sogenanntes Gruppendenken münden.

4.3.3 Gruppendenken

Gerade in stark hierarchisch gegliederten oder auf Harmonie bedachten Teams kann es zu einem psychologisch riskanten Phänomen kommen: dem so genannten Gruppendenken (engl. Groupthink), das erstmals von Janis (1972) systematisch beschrieben wurde. Darunter versteht man einen Zustand, in dem das Streben nach Einigkeit in einer Gruppe

Tab. 4.2 Ziele und Aufgaben pro Phase

Phase	Ziel der Phase	Typische Aufgaben der Teamleitung
Forming	Sicherheit geben, Vertrauen aufbauen, Rahmen schaffen	– Begrüßung und strukturierte Einführung geben – Erwartungen, Rollen und Ziele klären – Kommunikationsregeln etablieren – Kennenlernen ermöglichen – Verlässliche Strukturen schaffen
Storming	Spannungen sichtbar machen, Selbstwirksamkeit fördern	– Konflikte erkennen und moderieren – Rollenklarheit stärken – Kommunikation und Austausch fördern – Aktives Zuhören fördern
Norming	Zusammenarbeit stärken, gemeinsame Werte etablieren	– Teamregeln reflektieren– Erfolge sichtbar machen– Partizipation ermöglichen– Feedbackprozesse stärken– Wir-Gefühl fördern
Performing	Autonomie fördern, Potenziale nutzen	– Aufgaben delegieren – Entwicklung fördern – Vertrauen schenken – Beratungs- bzw. Coaching-Rolle einnehmen – Angemessene Rahmenbedingungen für die Teamarbeit sicher stellen
Adjourning	Abschluss gestalten, Reflexion ermöglichen	– Abschluss und Erfolge würdigen – Rückblick und Feedback ermöglichen – Perspektiven für die Zukunft klären – Emotionale Prozesse anerkennen und ggf. begleiten

so dominant wird, dass abweichende Meinungen nicht mehr geäußert oder sogar aktiv unterdrückt werden - und das mit potenziell gravierenden Folgen für die Qualität von Entscheidungen.

In diesem Zusammenhang lassen sich in vielen Teams Dynamiken beobachten, die auf den ersten Blick wie ein Zeichen funktionierender Zusammenarbeit wirken, bei genauerem Hinsehen jedoch Risiken bergen. Ein solches Phänomen ist das bereits erwähnte Unterdrücken kritischer Stimmen bzw. abweichender Ansichten in Kombination mit einer unverrückbaren Ausrichtung auf das angestrebte Ziel. In einem stark konsensorientierten Umfeld vermeiden es Teammitglieder häufig, Einwände oder Bedenken zu äußern, möglicherweise aus der Sorge heraus, als destruktiv, illoyal oder „nicht teamfähig“ wahrgenommen zu werden. Besonders in Teams mit stark ausgeprägter Hierarchie oder dominanten Führungspersönlichkeiten entsteht so ein Klima, in dem kritisches Feedback oder abweichende Sichtweisen kaum noch geäußert werden und sich alle an die „offiziell“ herrschende Gruppenmeinung anpassen. Die Gruppe verliert dadurch wertvolle Impulse für möglicherweise wichtige Korrekturen und begibt sich in die Gefahr von gemeinsamen „blinden Flecken“. Wohin das führen kann, zeigen Katastrophen wie die Explosion der Challenger Raumfähre 1986 kurz nach dem Start.

Eng damit verknüpft sein kann eine Art *Illusion der Einstimmigkeit*. Wenn in einer Diskussion niemand widerspricht, entsteht schnell der Eindruck, alle seien sich einig, auch wenn Einzelne innerlich Zweifel hegen. Dieses Schweigen wird dann fälschlicherweise als Zustimmung interpretiert und kann verhindern, dass sich das Team ernsthaft mit Unsicherheiten, Risiken oder Alternativszenarien auseinandersetzt.

Verstärkt werden kann Gruppendenken außerdem durch ein übermäßiges Vertrauen in Gruppenentscheidungen. Je geschlossener ein Team nach außen auftritt, desto stärker ist oft die Überzeugung, die eigenen Entscheidungen seien besonders fundiert. Eine charismatische Führungspersönlichkeit kann diesen Effekt noch verstärken. Die Annahme „Wir als Gruppe machen das schon richtig" ersetzt dann vielfach eine differenzierte Analyse im Sinne eines gezielten Hinterfragens von Entscheidungen.

Welche Möglichkeiten gibt es nun, um Gruppendenken zu vermeiden?

1. *Kritisches Denken aktiv fördern*
   Der erste Schritt besteht darin, eine offene und auf Dialog ausgerichtete Teamkultur zu etablieren. In solchen Teams wird Kritik nicht als Angriff auf Personen verstanden, sondern als Beitrag zur gemeinsamen Sache. Führungskräften kommt dabei eine Schlüsselrolle zu: Sie können aktiv dazu auffordern, Risiken zu benennen, Bedenken zu äußern oder Alternativen zu diskutieren, beispielsweise mit Fragen wie „Welche Einwände gibt es?" oder „Was haben wir bisher übersehen?".
2. *Rollen wie den „Devil's Advocate" einführen*
   Ein wirksames Instrument ist die bewusste Zuweisung einer kritischen Rolle im Team. Wer als Devil's Advocate - bzw. des Teufels Advokat - agiert, soll immer wieder gezielt Gegenargumente einbringen, Schwachstellen aufzeigen und Annahmen hinterfragen - unabhängig von der eigenen Meinung. Dadurch entstehen nicht nur neue Sichtweisen, vielmehr wird Widerspruch als Teil konstruktiver Zusammenarbeit akzeptiert und kultiviert.
3. *Alternativszenarien durchdenken*
   Teams, die sich mit „Was-wäre-wenn"-Fragen auseinandersetzen, trainieren ihre Fähigkeit zum Wechsel der Perspektiven. Typische Impulse sind: „Was könnte passieren, wenn diese Annahme nicht zutrifft?" oder „Wie würden unsere Mitbewerber auf diese Entscheidung reagieren?". Durch das aktive Durchspielen verschiedener Szenarien kann ein umfassenderes Bewusstsein für die Situation und für mögliche Auswirkungen von Entscheidungen entstehen.
4. *Externe Perspektiven einholen*
   Gerade bei strategischen Weichenstellungen oder innovativen Projekten kann der Blick von außen entscheidende Impulse geben. Unabhängige ExpertInnen, FachkollegInnen aus anderen Bereichen oder externe BeraterInnen können dabei unterstützen, den eigenen Denkrahmen zu erweitern. Sie bringen neue Informationen, andere Herangehensweisen oder einen distanzierteren Blick ein und tragen so dazu bei, Phänomene wie eine „Betriebsblindheit" oder Wahrnehmungsverzerrungen in der Gruppe zu reduzieren oder gänzlich zu vermeiden.

Praxisbeispiel:

Lea leitet ein Teilprojekt zur Weiterentwicklung einer Brennkammerkomponente. In einer entscheidenden Phase steht das Team unter hohem Zeitdruck, um einen kritischen Meilenstein zu erreichen. Während eines strategischen Meetings mit dem Führungskreis wird über eine verkürzte Testphase diskutiert, um Zeit zu sparen. Obwohl Lea und zwei weitere Anwesende Zweifel an der technischen Machbarkeit äußern, spürt sie eine deutliche Erwartungshaltung der Führungskreises. Niemand spricht sich offen dagegen aus – zu stark scheint die unausgesprochene Annahme zu sein, dass alle „an einem Strang ziehen" wollen und müssen.

Im Nachgang stellt sich heraus, dass die Entscheidung des Leitungskreises tatsächlich riskant war: Ein sicherheitsrelevantes Materialverhalten eines Bauteils konnte erst in einem späteren Test identifiziert werden. Das daraus entstandene Problem hätte vermieden werden können, wenn die kritischen Stimmen frühzeitig Gehör gefunden hätten.

Diese Erfahrung wird Lea ein Wendepunkt: In späteren Projekten etabliert sie gezielt *„kritische Denkpausen"* in Meetings und benennt in jeder Sitzung eine Person als *„Advocate for Alternatives"*, die systematisch gegen die Gruppenmeinung argumentiert, unabhängig von der eigenen Überzeugung. ◄

Ein Team, das diese Praktiken systematisch integriert, stärkt nicht nur die Qualität seiner Entscheidungen, sondern entwickelt zudem eine Kultur, die von Meinungsvielfalt und einem vertrauensvollen Austausch geprägt ist. Genau hier setzen die zentralen sozialpsychologischen Prinzipien der Zusammenarbeit in einer Gruppe an. Sie erklären, warum und wie Teams funktionieren und wie entsprechend gelingende Zusammenarbeit gestaltet werden kann.

4.3.4 (Sozial-)Psychologische Prinzipien in Teams

Die Sozialpsychologie liefert wertvolle Erkenntnisse darüber, warum sich Menschen in Gruppen auf bestimmte Weise verhalten und wie Teamarbeit gezielt so gestaltet werden kann, dass diese Prinzipien konstruktiv wirksam werden (-> *Gruppendynamik*).

Einige bedeutsame Prinzipien werden im Folgenden vorgestellt:

1. *Reziprozität – Gegenseitigkeit schafft Bindung*
   Das Prinzip der Reziprozität besagt, dass Menschen dazu neigen, erhaltene Unterstützung zu erwidern (vgl. Cialdini, 2007). Wer sich wertgeschätzt fühlt, ist eher bereit, sich für andere einzusetzen. Diese Form des sozialen „Ausgleichs" läuft oft unbewusst ab, hat aber starke Auswirkungen auf die Kooperationsbereitschaft im Team. In gut funktionierenden Teams entsteht so ein Kreislauf von Geben und Nehmen, der Vertrauen und emotionale Bindung stärken kann.

Praxisbeispiel:

In einer Projektphase mit hoher Belastung übernimmt ein Kollege spontan Leas Kundenpräsentation, weil sie krankheitsbedingt ausfällt. Als dieser Kollege zwei Wochen später eine schwierige Abstimmung mit dem Betriebsrat vorbereiten muss, bietet Lea ohne zu zögern ihre Hilfe an. Die Erfahrung von gegenseitiger Unterstützung hat eine psychologische Verbindung geschaffen, die sich in der Folge auf das gesamte Team auswirkt: Man achtet aufeinander und hilft sich – und das stärkt den Zusammenhalt. ◄

2. *Normen und Rollen – Struktur gibt Sicherheit*
   Soziale Normen und klar definierte Rollen tragen wesentlich zur Stabilität und Effizienz von Teams bei. Normen regeln den Umgang miteinander und geben Orientierung, welches Verhalten als angemessen, hilfreich oder aber störend empfunden wird. Rollen schaffen Klarheit über Aufgaben und Verantwortlichkeiten.

Praxisbeispiel:

In einem interdisziplinären Projektteam ist Lea als Schnittstellenverantwortliche für die Abstimmung zwischen Technik und Kommunikation benannt worden. Diese Rollenzuweisung gibt ihr Autorität und zugleich auch Handlungssicherheit. Explizite Normen des Teams („Feedback wird offen und konstruktiv gegeben", „Meetings starten pünktlich") sorgen dafür, dass sich auch neue Teammitglieder schnell orientieren und integrieren können. ◄

3. *Konformität – Anpassung als soziale Strategie*
   Menschen haben ein tiefes Bedürfnis nach Zugehörigkeit. In Gruppensituationen führt dieses Bedürfnis oft dazu, dass man sich der Mehrheitsmeinung anpasst, auch wenn man eigentlich anderer Meinung ist (vgl. Asch, 1951). Konformität kann das Zusammenleben erleichtern, wird aber problematisch, wenn sie kritisches Denken verhindert (-> Gruppendenken). Gerade bei komplexen oder risikoreichen Entscheidungen kann dies zu Fehlern führen, die bei offener Diskussion vermeidbar gewesen wären.

Praxisbeispiel:

In einer Strategiebesprechung wird ein Vorschlag favorisiert, den Lea für unausgereift hält. Zunächst zögert sie, aber niemand äußert Bedenken. Dann erinnert sie sich an die explizite Einladung ihrer Teamleitung, auch unbequeme Perspektiven einzubringen. Sie formuliert sachlich ihre Kritik und löst damit eine wichtige Diskussion aus. Im Nachgang bedankt sich ein Kollege bei ihr: „Gut, dass du das angesprochen hast – ich war mir auch unsicher, wollte aber nichts sagen." ◄

4. *Social Facilitation – Leistungssteigerung durch Anwesenheit anderer*
Die bloße Anwesenheit von KollegInnen kann die individuelle Leistung positiv beeinflussen, und zwar insbesondere bei einfachen Aufgaben. Bei komplexen Aufgaben wirkt sich die Präsenz anderer Personen dahin gegen negativ auf die Leistung des Einzelnen aus. (vgl. Zajonc, 1965).

Praxisbeispiel:

Bei der grafischen Überarbeitung einer Präsentation bemerkt Lea, dass sie im Großraumbüro gut mit ihrer Arbeit vorankommen, obwohl eine sehr geschäftige Atmosphäre herrscht. Gleichzeitig fällt es ihr schwer, neue Inhalte in die Präsentation zu integrieren, während viele Gespräche um sie herum stattfinden. Für überwiegend konzeptionelle Aufgaben zieht sie sich daher bewusst in einen ruhigeren Bereich wie beispielsweise ein Einzelbüro zurück. Diese Differenzierung hilft ihr, ihre Umgebung gezielt auf ihre Arbeitsanforderungen abzustimmen. ◄

5. *Verantwortungsdiffusion – Wenn alle zuständig sind, fühlt sich niemand verantwortlich*
Das Phänomen der Verantwortungsdiffusion wurde zum ersten Mal umfassend im Kontext der sozialpsychologischen Forschung zur Hilfsbereitschaft in erkennbaren Notsituationen beschrieben, beispielsweise durch Darley & Latane, 1968). Es beschreibt die Tendenz, individuelle Verantwortung abzugeben, wenn mehrere Personen anwesend sind. Es handelt sich dabei um ein Prinzip, das grundsätzlich auch auf Gruppen- und Teamdynamiken in Organisationen übertragbar ist. Denn auchiIn Teams kann es vorkommen, dass Verantwortung auf viele Schultern verteilt wird - mit der Folge, dass sich im entscheidenden Moment niemand konkret verantwortlich fühlt. Verantwortungsdiffusion tritt vor allem dann auf, wenn Aufgaben oder Entscheidungsprozesse nicht klar geregelt sind oder unklar bleibt, wer zuerst handeln muss. Man geht davon aus, dass sich „schon jemand anders darum kümmern wird". Dies kann in kritischen Situationen zu Verzögerungen, Missverständnissen oder dem Unterlassen notwendiger Maßnahmen führen.

Praxisbeispiel:

In einem Sicherheitscheck vor einem Kundenmeeting fällt Lea auf, dass eine technische Prüfung offenbar nicht abgeschlossen wurde. Als sie nachfragt, verweisen mehrere Teammitglieder aufeinander und niemand fühlt sich zuständig. Schließlich übernimmt sie selbst die Abstimmung mit der Technik, um die Lücke zu schließen. Im Nachgang initiiert das Team, das Erstellen eine Checkliste erstellt wird, aus der die Verantwortlichkeiten pro Person hervorgeht, damit eine solche Situation nicht erneut entsteht. ◄

Leas Reflexionsmoment:
Im Laufe ihrer Projekte hat Lea aus konkreten Erfahrungen im Teamalltag ein feines Gespür für Gruppendynamik entwickelt, die sie im Nachhinein Revue passieren lässt:

Erstens hat sie erkannt, wie entscheidend unausgesprochene Normen für das Miteinander sind. Wer sie benennt und reflektiert, schafft Klarheit und vermeidet Missverständnisse. Zweitens ist ihr bewusst geworden, wie wichtig es ist, auch leise Bedenken zu äußern: Ihre Erfahrung mit Konformitätsdruck hat ihr gezeigt, dass mutige Rückfragen oft der Anfang von besseren Entscheidungen sind. Drittens nutzt Lea die Wirkung von sozialer Präsenz gezielt, etwa indem sie zwischen Fokusarbeit im Rückzugsraum und kreativen Phasen im Teamraum wechselt. Und viertens: Sie hat gelernt, dass gelebte Reziprozität nicht nur zwischen zwei Personen wirkt, sondern als Haltung das gesamte Teamklima stärken kann.

Die beschriebenen psychologischen Prinzipien verdeutlichen, wie stark Teamdynamiken von subtilen sozialen Mechanismen geprägt werden und wie sie das Miteinander fördern oder aber gefährden können. Umso wichtiger ist es, für Teams gezielte Rahmenbedingungen zu schaffen, die beispielsweise konstruktives und zielorientiertes Verhalten fördern. Im nächsten Abschnitt geht es daher darum, wie Kommunikation Teamarbeit unterstützen kann.

4.4 Kommunikation im Team

Effektive Teamarbeit steht und fällt mit der Qualität der Kommunikation. Ohne klare Absprachen, regelmäßigen Informationsaustausch und Feedback steigt die Gefahr von Missverständnissen, von Reibungsverlusten in Folge ineffizienter Zusammenarbeit oder für Konflikte. Kommunikation ist dabei nicht nur ein Mittel zur Informationsweitergabe, sondern ein zentrales Gestaltungselement für Beziehungen, das Ausgestalten von Rollen und die Zusammenarbeit im Team. Gerade in interdisziplinären oder hybriden Teams wird eine gut abgestimmte Kommunikation zur Schlüsselressource, indem sie für Transparenz, Orientierung und damit letztlich auch für Handlungsfähigkeit aller Beteiligten sorgt. Dabei kann es gerade in interdisziplinär zusammengesetzten Teams auch darum gehen, sich zu Beginn der Zusammenarbeit über vermeintlich klare und selbstverständliche Grundbegriffe auszutauschen und ein gemeinsames Verständnis dafür zu entwickeln. Denn es kann beispielsweise sein, dass ein Informatiker unter dem Begriff „System“ etwas anderes versteht als ein Sozialwissenschaftler. Für die Grundlagen der Kommunikationspsychologie wird an dieser Stelle auf Abschn. 2.8 verwiesen.

4.4.1 Grundpfeiler guter Team-Kommunikation

Effektive Kommunikation basiert also auf bewusst gestalteten Strukturen, die sie letztlich erst ermöglichen. Damit Informationen dort ankommen, wo sie gebraucht werden, ist daher zu Beginn der Zusammenarbeit im Team eine klare Regelung zentraler Kommunikationsaspekte unerlässlich.

Ein erster Eckpfeiler ist die Festlegung klarer Regeln und Strukturen: Wer informiert wen, in welchen Situationen und über welche Kanäle? Diese scheinbar einfachen Fragen bleiben in der Praxis oft ungeklärt oder dem Zufall überlassen. Informationsverluste, Doppelarbeit oder unnötige Rückfragen können dann die Folge sein. Ein strukturierter Kommunikationsrahmen - zum Beispiel durch einen schriftlich fixierten Kommunikationsplan (siehe Abschn. 4.4.4) - kann für Transparenz und Handlungssicherheit sorgen.

Ebenso wichtig sind regelmäßige Abstimmungen zwischen den Teammitgliedern. Gemeinsame Treffen - ob physisch oder virtuell - dienen nicht nur dem Informationsaustausch, sondern auch dem Abgleich unterschiedlicher Arbeitsstände oder dem gemeinsamen Setzen von Prioritäten. Regelmäßige Teambesprechungen, Wochenrückblicke oder Projektreviews fördern die immer wieder erforderliche Ausrichtung auf die gemeinsamen Ziele und beugen möglichen Missverständnissen vor.

Ein dritter Faktor ist die Informationstransparenz. Entscheidungsgrundlagen, Protokolle, Arbeitsergebnisse oder Zuständigkeiten sollten für alle Teammitglieder zugänglich und nachvollziehbar sein. Kollaborative Plattformen wie digitale Pinnwände, gemeinsam genutzte Laufwerke oder zentrale Informationsdatenbanken können dabei unterstützen.

Nicht zuletzt spielt die Rollenverteilung in der Kommunikation eine wichtige Rolle. Wer spricht wann mit wem? Wer ist für die externe Kommunikation zuständig, wer für Statusmeldungen im Team, wer für die Eskalation bei Problemen? Klare Zuständigkeiten entlasten die Führung und fördern gleichzeitig die Selbstorganisation im Team.

Ein Team kann nur dann effizient und zielorientiert arbeiten, wenn alle Beteiligten wissen, wie, wann, mit wem und auf welche Weise Informationen ausgetauscht werden - strukturierte und geregelte Kommunikation ist daher nicht nur Mittel zum Zweck, sondern integraler Bestandteil einer funktionierenden Zusammenarbeit.

4.4.2 Prinzipien der Kommunikation

Ein zentrales Element für eine gute Kommunikation im Team ist das *aktive Zuhören* (siehe Abschn. 2.8.4). Dabei geht es vor allem um die bewusste Wahrnehmung dessen, was das Gegenüber sagt. Aktives Zuhören bedeutet, eigene Annahmen und Meinungen zu einem Sachverhalt zurückzustellen, gezielt die Perspektive des Gegenübers zu ergründen und sich Zeit zu nehmen, um ein tiefgehendes Verständnis dazu zu entwickeln. (vgl. Rogers & Farson, 1957).

Ebenso wichtig ist eine *klare und präzise Sprache*. Fachlich komplexe Inhalte sollten so formuliert werden, dass sie für alle Beteiligten verständlich sind, insbesondere in Teams mit unterschiedlichen fachlichen Hintergründen. Unklare oder nicht definierte Begriffe, implizite Abkürzungen oder mehrdeutige Aussagen erhöhen das Risiko von Fehlinterpretationen und führen häufig zu unnötigen Rückfragen oder falschen Annahmen.

Auch eine *Kultur der Offenheit und Ehrlichkeit* ist unabdingbar. Probleme sollen nicht „unter den Teppich gekehrt", sondern frühzeitig und lösungsorientiert angesprochen werden. Dabei geht es nicht um Konfrontation, sondern um transparente Kommunikation im Sinne des Teams und seiner Ziele. Frühzeitiges Ansprechen hilft, Eskalationen zu vermeiden und das Verantwortungsbewusstsein für die eigene Kommunikation zu stärken.

Wertschätzendes Feedback ist die Basis für persönliches Wachstum und funktionierende Zusammenarbeit. Konstruktives Feedback bezieht sich auf das Verhalten und nicht auf vermeintliche Wesenszüge einer Person, ist konkret, lösungsorientiert und wohlwollend formuliert. Eine gute Möglichkeit ist dabei die Formulierung mit sogenannten Ich-Botschaften.

Nicht zu unterschätzen ist außerdem die Wirkung der *nonverbalen Kommunikation* (siehe Abschn. 2.8.3). Körpersprache, Mimik, Stimme und Gestik transportieren - abhängig vom jeweiligen Kommunikationsmedium - zumeist mehr als Worte. Sowohl in Präsenzveranstaltungen als auch in virtuellen Formaten ist es daher sinnvoll, sich dieser Signale bewusst zu sein - sowohl beim Senden als auch beim Empfangen von Nachrichten bzw. Botschaften.

Es bleibt festzuhalten, dass die meisten Missverständnisse in Teams nicht durch fehlende Informationen entstehen, sondern durch missverständliche oder unausgesprochene Botschaften oder Annahmen und vor allem durch *Fehlinterpretationen*, die beispielsweise auf persönlichen Einschätzungen beruhen. Hier sei auf Abschn. 3.3 ff. zur persönlichen Wahrnehmung verwiesen.

Nicht zuletzt in gemeinsamen Sitzungen eines Teams zeigt sich, wie bedeutsam eine klare, wertschätzende und bewusste Kommunikation für das gemeinsame Arbeiten ist. Denn dort verdichten sich viele der zuvor genannten Aspekte und bieten zugleich die Chance, Zusammenarbeit gezielt zu strukturieren und zu gestalten.

4.4.3 Gelingende Teammeetings

Besprechungen sind zentrale Orte, an denen Teams zusammenkommen, um sich auszutauschen, ihre Zusammenarbeit abzustimmen oder um Entscheidungen vorzubereiten oder zu treffen. Gleichzeitig gelten sie vielen Menschen als ineffizient, zu langwierig oder sogar als überflüssig - ein Widerspruch, der meist nicht am Format selbst, sondern an der Art der Durchführung liegt. Gute Besprechungen zeichnen sich durch Klarheit, Struktur und Verbindlichkeit aus, fördern den Austausch von Informationen und stärken das gemeinsame Verantwortungsbewusstsein. Daher gibt es Unternehmen, die in ihren Besprechungsräumen folgende oder ähnliche Hinweise gut sichtbar anbringen, um die Qualität der Meetings zu verbessern:

- *Im Vorfeld vorbereitete Agenda*

Ein strukturierter und möglichst vorab verteilter Ablaufplan mit den Themen, die im Meeting angesprochen werden, hilft den TeilnehmerInnen, sich gezielt darauf vorzubereiten und im Vorfeld für sich Erwartungen zu klären. Wenn Ziel und Themen des Treffens transparent sind, steigt dessen Relevanz und die persönliche Motivation, daran teilzunehmen.

- *Zu Beginn Rollenverteilung festlegen*

Meetings verlaufen deutlich effizienter, wenn zentrale Rollen wie Moderation, ZeitwächterIn oder ProtokollführerIn vorab benannt werden. Diese Rollen helfen, den Austausch zu strukturieren, fördern Verbindlichkeit und sorgen dafür, dass das Meeting nicht in Beliebigkeit abgleitet oder von Einzelnen dominiert wird. Besonders in selbstorganisierten Teams schafft die bewusste Rollenzuteilung zu Beginn Klarheit und Handlungssicherheit. Auch psychologisch wirkt eine klare Rollenvergabe entlastend: Sie verteilt Verantwortung auf mehrere Schultern und fördert das Gefühl gemeinsamer Gestaltung der Kommunikation.

- *Zeitbegrenzung und Fokus*

Meetings sollten nur so lange dauern wie nötig. Das Prinzip des *Timeboxing* kann dabei helfen, den zeitlichen Rahmen bewusst zu begrenzen. Dabei wird für jedes Thema eines Meetings ein fester Zeitblock definiert, in dem daran gearbeitet, diskutiert oder entschieden wird. Sobald dieser Zeitrahmen abläuft, wird zum nächsten Punkt übergegangen – unabhängig davon, ob bereits ein Ergebnis erzielt wurde. Dieses Vorgehen fördert Priorisierung, verhindert unnötige Abschweifungen und hilft, die Konzentration im Team hochzuhalten.Wichtig ist zudem, dass Meetings einen *klaren Startpunkt und ein festgelegtes Ende* haben (von dem auch nicht abgewichen wird). Pünktlicher Beginn und Abschluss signalisieren Verbindlichkeit, strukturieren den Arbeitsalltag und zeigen Wertschätzung für die Zeit aller Beteiligten.

- *Ergebnisse dokumentieren und nachhalten*

Beschlüsse, To-dos und Verantwortlichkeiten sollten unmittelbar im Anschluss festgehalten und für alle zugänglich gemacht werden – idealerweise direkt im Meeting-Protokoll oder einem Task-Management-System. Das verhindert Nachfragen und schafft Verbindlichkeit - auch für abwesende Teammitglieder. Durch das Führen eines ggf. digitalen Beschlussbuches kann die Übersicht über getroffene Entscheidungen und ihre Umsetzung unterstützt werden.

- *Aktive Beteiligung ermöglichen*

Meetings bieten Raum, um gemeinsam - laut und leise - zu denken. Damit alle Stimmen Gehör finden, kann mit Gesprächsregeln, Moderation oder einer anderen strukturie-

Tab. 4.3 Eine beispielhafte Meetingstruktur

Meeting-Phase	Zeit	Inhalte
1. Begrüßung & Zielklärung	5 min	– Rollenverteilung klären– Einführung durch Moderation– Ziel des Treffens klären– Art der Dokumentation festlegen
2. Status-Updates & offene Punkte	15 min	– Kurzberichte zu Fortschritten, Herausforderungen, Abhängigkeiten
3. Diskussion & Problemlösung	20 min	– Fokussierte Diskussion eines konkreten Themas – Ziel: Lösung und/oder Entscheidung
4. Zusammenfassung & Aufgaben	5 min	– Entscheidungen festhalten – Klare Aufgabenverteilung mit Verantwortlichkeiten und Deadlines

Tab. 4.4 Beispielhafte Checkliste für die Organisation von Meetings

Phase	Maßnahmen/Empfehlungen
Vor dem Meeting	– Ziel festlegen: Warum treffen wir uns? Was soll erreicht werden?– Agenda rechtzeitig (z. B. 24 h) vorher versenden– Nur relevante Teilnehmende einladen– Rollen klären (Moderation, Protokoll, etc.)
Während des Meetings	– Pünktlich starten und enden– Agenda einhalten, Zeit im Auge behalten– Beteiligung aktiv fördern (z. B. durch offene Fragen)– Beiträge bündeln, Ergebnisse festhalten (Wer macht was bis wann?)
Nach dem Meeting	– Protokoll zeitnah versenden (übersichtlich, mit To-dos)– ggf. Verantwortlichkeiten überprüfen– Umsetzung der vereinbarten To-dos überwachen – Follow-up sicherstellen (z. B. im nächsten Termin)

renden Gesprächsmethode gearbeitet werden, bei der jede Person im Team nacheinander und ohne Unterbrechung zu Wort kommt. Ziel ist es, allen Teilnehmenden eine Stimme zu geben, insbesondere jenen, die sich sonst seltener äußern.

In Tab. 4.3 ist ein Beispiel für eine Meetingstruktur dargestellt. Diese kann flexibel an die jeweilige Zielsetzung angepasst werden – entscheidend ist, dass sie Orientierung bietet und eine möglichst produktive Nutzung der (gemeinsamen) Zeit ermöglicht.

Den Abschluss dieses Abschnitts bildet eine Checkliste (siehe Tab. 4.4), in der Aufgaben zusammengestellt sind, die sich bei der Vorbereitung, Durchführung und Nachbereitung eines Meetings ergeben können.

Im nächsten Abschnitt wird Kommunikation aus einer übergeordneten und strukturgebenden Ebene betrachtet, wenn es um die übergreifende Planung von Kommunikation in Teams und/oder Projekten geht.

4.4.4 Kommunikation strukturieren

Ein *strukturierter Kommunikationsplan* ist ein zentrales Instrument, um die Qualität der Kommunikation und Zusammenarbeit zu gewährleisten. Er dient unter anderem dazu, sicherzustellen, dass alle relevanten Informationen zur richtigen Zeit bei den richtigen Personen ankommen. Ein gut durchdachter Kommunikationsplan sollte idealerweise zu Beginn eines Projekts oder einer neuen Teamkonstellation von allen Teammitgliedern gemeinsam entwickelt und regelmäßig überprüft und ggf. angepasst werden.

Er kann sich aus folgenden Elementen zusammensetzen:

1. *Kommunikationswege definieren:*
   Welche Kanäle werden für welche Inhalte genutzt? E-Mails eignen sich z. B. für formale Mitteilungen oder zur Dokumentation, Chats für kurze Abstimmungen, Meetings für Diskussionen und Entscheidungen, zentrale Projektplattformen für Statusdokumentationen etc. Ziel ist es, die unterschiedlichen Erwartungen der Teammitglieder abzugleichen, welcher Kanal für welche Informationen zu nutzen ist.
2. *Kommunikationsfrequenz festlegen:*
   Wie oft wird auf den jeweiligen Kanälen und Formaten kommuniziert? Welche Themen erfordern regelmäßige Updates (z. B. wöchentliche Team-Meetings), welche nur bei Bedarf (z. B. Entscheidungs- oder Eskalationsgespräche)? Die Frequenz der Kommunikation sollte zum Arbeitsmodus des jeweiligen Teams und der Phase, in der es sich befindet, passen.
3. *Zuständigkeiten klären:*
   Wer ist für welchen Informationsfluss verantwortlich? Wer kommuniziert mit wem, sowohl interne als auch externe KommunikationspartnerInnen betreffend. Ein Kommunikationsplan benennt AnsprechpartnerInnen für bestimmte Themen, Eskalationspfade und Zuständigkeiten bei der Dokumentation.
4. *Feedback- und Konfliktregeln integrieren:*
   Wie wird Rückmeldung gegeben – wann, wie oft, wie? Gibt es feste Feedbackformate (z. B. monatliche Peer-Reviews, 1:1-Gespräche)? Welche Regeln gelten für den Umgang mit Kritik oder Missverständnissen?

Gerade in virtuellen oder hybriden Teams ist ein Kommunikationsplan unerlässlich, denn er schafft für alle Teammitglieder Transparenz, Verbindlichkeit und Orientierung und ist damit eine zentrale Voraussetzung für eine produktive Zusammenarbeit – auch, wenn man sich nicht oder nur selten persönlich trifft.

Praxisbeispiel:

Lea übernimmt die technische Leitung eines internationalen Projektteams bei AeroSpace Dynamics. Ihre Teammitglieder arbeiten standortübergreifend in Deutschland, Frankreich und Kanada mit jeweils unterschiedlichen Arbeitszeiten, Kommunikationskulturen und fachlichen Schwerpunkten. Um eine verlässliche, transparente und störungsarme Zusammenarbeit von Anfang an sicherzustellen, initiiert Lea direkt im Kick-off-Meeting die gemeinsame Erstellung eines Kommunikationsplans (siehe Tab. 4.5). Darüber hinaus wird gesprochen, wie Entscheidungen dokumentiert und verteilt bzw. abgelegt werden (beispielsweise unter Nutzung eines Projekt-Wikis). Um die gemeinsame Verantwortung im Team zu fördern und die Vielfalt der Perspektiven in den Meetings angemessen zu berücksichtigen, wird außerdem beschlossen, die Protokollführung pro Treffen wechselnd über alle Beteiligten zu rotieren. ◄

Tab. 4.5 Kommunikationsplan für das Praxisbeispiel

Wer	Mit wem	Wann/Wie oft	Wie	Themen
Lea (techn. Leitung)	Projektleitung, Teilprojekt--leitungen	wöchentlich, montags 10 Uhr MEZ	MS Teams	Projektfortschritt, technische Abstimmung, Risiken
Lea & alle Team-mitglieder	Gesamtes Projektteam	alle zwei Wochen, dienstags 15 Uhr MEZ	Zoom--Meeting	Statusupdates, Schnittstellen, gemeinsame Ziele
Team Deutschland & Frankreich	Deutsche und französische EntwicklerInnen	dienstags & donnerstags, 14 Uhr MEZ	MS Teams	Code-Abstimmung, Schnittstellenoptimierung
Team Kanada & Deutschland	Kanadische und deutsche Konstruk--teurInnen	mittwochs, 16 Uhr MEZ	Slack--Call	Konstruktionsdetails, Zeitzonenabgleich
Lea & Projektleitung AeroSpace	Projektleitung AeroSpace	monatlich, letzter Freitag 10 Uhr MEZ	WebEx	Management-Reporting, Meilensteine
Alle Team--mitglieder	Alle im Projektteam	asynchron bei Bedarf	Slack, MS Teams, E-Mail	Alltagskommunikation, kurzfristige Fragen
Alle Team--mitglieder	AnsprechpartnerIn aus der Personal--entwicklung	Bei Bedarf	E-Mail, MS--Teams	Konflikte, interkulturelle Mißverständnisse

Trotz sorgfältiger Planung und guter Kommunikation lassen sich Spannungen und Meinungsverschiedenheiten im Teamalltag meist nicht vermeiden. Entscheidend ist daher nicht, ob es zu Konflikten kommt, sondern auf welche Weise ein Team damit umgeht.

4.4.5 Umgang mit Konflikten

Konflikte sind im Arbeitsalltag von Teams unvermeidlich - schließlich treffen unterschiedliche Perspektiven, Rollen, Interessen und Arbeitsweisen aufeinander, so dass fast zwangsläufig Reibung entsteht. Konflikte sind aber nicht per se negativ. Richtig erkannt und bewusst gestaltet, können sie notwenige Klärung herbeiführen oder Innovation und Entwicklung fördern.

Typische Ursachen für Teamkonflikte lassen sich in verschiedenen Bereichen finden. Eine häufige Ursache sind unklare *Erwartungen*: Wenn Rollen, Verantwortlichkeiten oder Ziele nicht klar formuliert sind, kommt es leicht zu beispielsweise Missverständnissen kommen. Gerade in selbstorganisierten oder agilen Teams, in denen klassische Strukturen bewusst aufgelöst werden, ist eine regelmäßige Klärung der Verantwortlichkeiten unerlässlich, um Reibungsverluste zu vermeiden.

Eine weitere Konfliktquelle sind unterschiedliche *Kommunikationsstile*. Während einige Teammitglieder sehr direkt und konfrontativ kommunizieren, bevorzugen andere eine diplomatische oder zurückhaltende Ausdrucksweise. Diese Unterschiede können zu Irritationen, Missverständnissen oder sogar zum völligen Abbruch der Kommunikation führen, wenn Äußerungen beispielsweise falsch interpretiert oder persönlich genommen werden.

Schließlich kann auch Konkurrenz oder Rivalität eine Rolle spielen. Wenn Teammitglieder um Sichtbarkeit, Einfluss oder Ressourcen konkurrieren - etwa bezüglich möglicher Beförderungen oder Anerkennung, kann das kollegiale Miteinander empfindlich gestört werden. Auch wenn individuelle Erfolge nicht als gemeinsamer Teamerfolg verstanden oder gewürdigt werden, können sich bereits vorhandene Konflikte noch verschärfen.

Strategien für den konstruktiven Umgang mit Konflikten können wie folgt aussehen:

a) *Frühzeitiges Ansprechen*

Der wichtigste Schritt zur Deeskalation ist das rechtzeitige Erkennen und Ansprechen von Spannungen, sobald sie wahrgenommen werden. Wenn Unstimmigkeiten ignoriert oder heruntergespielt werden, kann sich eine unterschwellige Unzufriedenheit aufbauen, die in der Folge die Zusammenarbeit negativ beeinflusst und möglicherweise behindert. Offene Kommunikation in einem respektvollen und geschützten Rahmen kann dabei helfen, Probleme oder unangenehme Themen anzusprechen, bevor sie sich festsetzen und ggf. zuspitzen.

b) *Sachebene und Ebene der Person voneinander trennen*

In emotional aufgeladenen Situationen fällt es oft schwer, zwischen Sache und Person zu unterscheiden. Doch gerade diese Unterscheidung ist wichtig: Kritik sollte sich immer auf konkretes Verhalten oder nachvollziehbare Sachverhalte beziehen und nicht auf persönliche Eigenschaften oder die Person an sich. Wer Ich-Botschaften formuliert („Ich habe den Eindruck, dass...“) statt Vorwürfe zu erheben („Du hast schon wieder…“), schafft die Basis für einen respektvollen, lösungsorientierten Austausch.

c) *Lösungsorientierung fördern*

Ein guter Dialog über Konflikte konzentriert sich nicht vorrangig auf das Problem, sondern sucht aktiv nach Möglichkeiten des gegenseitigen Verstehens und der Verbesserung der Situation im Sinne einer für alle Beteiligten tragfähigen Lösung. Dazu gehört, alle Sichtweisen ernst zu nehmen und gemeinsam Optionen zu entwickeln, die von allen Teammitgliedern akzeptiert werden können. Besonders hilfreich ist es, wenn das Team eine Haltung der Kooperation pflegt: „Wie kommen wir gemeinsam weiter?“ statt „Wer hat denn nun Recht?“.

d) *Externe Moderation nutzen*

In Situationen, in denen ein Konflikt bereits festgefahren oder die Kommunikation miteinander stark belastet ist, kann die Unterstützung einer externen Moderation hilfreich sein. Eine neutrale Instanz wie eine erfahrene Führungskraft oder eine professionelle *Mediation* können helfen, verhärtete Positionen aufzubrechen, Verständnis zu fördern und neue Lösungswege aufzuzeigen.

4.5 Kooperation und Koordination

Strukturiert arbeitende Teams schaffen die Grundlage für eine gezielte Bündelung vielfältiger Kompetenzen. Durch das Zusammenspiel von Fachwissen, kreativen Lösungsansätzen und sozialen Fähigkeiten können Aufgaben nicht nur effizienter, sondern auch qualitativ hochwertiger bearbeitet werden – insbesondere in komplexen, interdisziplinären oder innovationsgetriebenen Kontexten (vgl. Kozlowski & Ilgen, 2006). Klare Teamstrukturen schaffen Orientierung und fördern die Qualität der Zusammenarbeit. Sie beantworten Fragen wie: Wer übernimmt welche Aufgaben? Wie werden Entscheidungen gefällt? Wie sieht der (Zeit-)Plan aus?

Eine gut abgestimmte Kooperation im Team stellt eine zentrale Ressource dar: Sie macht individuelle Stärken sichtbar und unterstützt zugleich den konstruktiven Umgang mit Unterschiedlichkeit. Besonders in vielfältig zusammengesetzten Teams bietet sich die Chance, unterschiedliche Perspektiven und fachliche Hintergründe gewinnbringend zu integrieren.

Darüber hinaus ist Koordination unerlässlich, um Aufgaben, Rollen und Verantwortlichkeiten zielgerichtet zu strukturieren und aufeinander abzustimmen. Sie bildet die Grundlage für reibungslose Arbeitsprozesse, kann das Risiko für Überlastungen reduzieren und zugleich das Gefühl von Selbstwirksamkeit im Team stärken (vgl. Salas et al., 2005).

4.5.1 Teams Struktur geben

Damit ein Team möglichst effizient und ohne größere Reibungsverluste zusammenarbeiten kann, sollten mindestens folgende Bedingungen erfüllt sein (vgl. Hackman, 2002):

1. Vorgabe der Richtung - Gibt es einen klaren Auftrag und eine entsprechend formulierte Zielsetzung für das Team?
2. Definierte Rollen - Wer macht was?
3. Abgestimmte Prozesse - Wie arbeiten wir zusammen?
4. Unterstützendes Umfeld - Wie wird dem Team beispielsweise durch das zur Verfügungstellen von Ressourcen oder Informationen beigestanden?
5. Coaching durch die Führungskraft - Welche Unterstützungsmöglichkeiten gibt es für den Umgang mit Teamdynamiken oder mit herausfordernden Aufgaben?

Anknüpfend an diese Punkte werden im Folgenden drei Aspekte ausführlicher beschrieben. Es geht um Themen wie eine fachlich passende Zusammensetzung des Teams und damit verbunden die Verteilung von Rollen im Team, erforderliche Struktur und Normen in Bezug auf Kommunikation und Entscheidungen und die Bedeutung einer adäquaten Planung von Projekten.

a) *Rollenverteilung im Team*

Jedes Teammitglied sollte wissen, wofür es fachlich verantwortlich ist und wofür nicht. Die fachlichen Rollen sollten klar beschrieben und kommuniziert werden und bei Bedarf flexibel angepasst werden. Gerade in agilen oder projektbasierten Arbeitsformen ist es hilfreich, diese Rollen gemeinsam im Team auszuhandeln und regelmäßig zu überprüfen.

Das Teamrollenmodell von Belbin (2010) hält eine zusätzliche Differenzierung bereit, die auf die unterschiedlichen Persönlichkeiten im Team ausgerichtet ist. Belbin identifizierte neun verschiedene Rollen, die aus seiner Sicht für ein funktionierendes Team notwendig sind. Nicht alle müssen gleichzeitig in einem Team besetzt sein, aber ein ausgewogenes Rollenprofil kann helfen, typische Dynamiken und Stärken im Team nutzbar zu machen.

Nachfolgend sind einige Team-Rollen kurz skizziert: Der Macher (Shaper) bringt Energie ins Team, der Umsetzer (Implementer) sorgt für Struktur und der Perfektionist (Completer bzw. Finisher) für eine hohe Qualität. Der Koordinator (Coordinator) moderiert, der Teamarbeiter (Teamworker) stärkt Beziehungen und der Spezialist (Specialist) bringt Fachwissen ein.

Belbins Ansatz kann Teams dabei helfen, die unterschiedlichen Persönlichkeitsprofile, Potentiale und Präferenzen der einzelnen Teammitglieder untereinander bewusst zu machen und besser zu verstehen. Teams, die ihre Rollenvielfalt kennen und anerkennen, arbeiten effizienter und konfliktfreier zusammen. In der Praxis kann es daher sinnvoll sein, mit Hilfe von Teamworkshops oder kurzen Selbsttests die vorherrschenden Rollen im Team zu identifizieren. Wichtig dabei: Diese Rollen sind nicht „written in stone", sondern kontextabhängig und können sich im Laufe eines Projekts verändern.

b) *Kommunikations- und Entscheidungswege*

Struktur und Normen betreffen auch den Austausch: Welche Formate und Regeln gibt es für operative Abstimmungen, strategische Entscheidungen oder informelles Feedback? Wer wird wann und wie einbezogen? Eine transparente Kommunikationsarchitektur ist ein tragendes Element jeder Teamstruktur, denn durch sie wird sichergestellt, dass Informationen dort ankommen, wo sie benötigt werden. Voraussetzung dafür ist, dass sie (pro)aktiv gestaltet und bei Bedarf angepasst wird.

Dabei stehen beispielsweise folgende Fragen im Vordergrund: Wer darf was entscheiden - allein, im Tandem mit wem oder im Plenum? Werden Entscheidungen im Konsens, per Mehrheitsprinzip oder durch definierte EntscheidungsträgerInnen getroffen?

c) *Projektpläne*

Insbesondere in interdisziplinären oder verteilten Teams, wie sie in modernen Projektumgebungen (z. B. in der Luft- und Raumfahrt) üblich sind, helfen digitale Projektpläne, den Überblick zu behalten und die Kommunikation zu vereinfachen. Tools wie Microsoft Project ermöglichen es, Aufgaben zu strukturieren, Zeiträume zu definieren oder Verantwortliche zuzuweisen.

Die Verwendung von Projektplänen im Team bringt eine Reihe von Vorteilen mit sich - sowohl für die Koordination als auch für die Motivation der Beteiligten. Ein zentraler Mehrwert liegt dabei in der Klarheit der Verantwortlichkeiten: Projektpläne ermöglichen es jedem Teammitglied, auf einen Blick zu erkennen, wer für welche Aufgabe zuständig ist, was einen Überblick über Deadlines und aktuellem Fortschritt einschließt. Dadurch wird Verantwortungsdiffusion (siehe Abschn. 4.3.4) vermieden und die Selbststeuerung im Team erheblich erleichtert.

Darüber hinaus schaffen Projektpläne Transparenz über Zeitabläufe und Meilensteine. Ein strukturierter Zeitplan gibt Orientierung, zeigt Abhängigkeiten zwischen einzelnen Arbeitsschritten auf und macht deutlich, wann kritische Phasen erreicht werden. Dies ermöglicht eine frühzeitige Abstimmung. Wenn mehrere Teams oder Fachbereiche parallel arbeiten, zeigt ein Projektplan, wo Prozesse ineinander greifen und welche Akteure aufeinander angewiesen sind.

Auch die Priorisierung von Aufgaben wird durch eine gemeinsame Arbeitsfläche oder ein Gantt-Diagramm erleichtert. Die Visualisierung macht deutlich, welche Aufgaben gerade im Fokus stehen und wo gegebenenfalls Ressourcen umverteilt werden sollten.

Was ein guter Projektplan mit einem gemeinsamen Verständnis bezüglich einer Zusammenarbeit im Team zu tun hat, ist Thema des nächsten Abschnitts.

4.5.2 Shared Mental Model und Situationsbewusstsein

Erfolgreiche Teams teilen sich nicht nur Aufgaben, sondern auch ein gemeinsames Verständnis davon, wie sie zusammenarbeiten, worauf sie hinarbeiten und wer wofür verantwortlich ist. Dieses gemeinsame Wissen wird in der Psychologie als Shared Mental Model bezeichnet, das heißt ein inneres Bild der Teamrealität, das in den Köpfen aller Beteiligter mehr oder weniger gleich ausgeprägt ist. (vgl. Mathieu et al., 2000)

Ein Shared Mental Model erstreckt sich über drei Kernbereiche, die in anderen Zusammenhängen bereits angesprochen wurden.

- Ziele und Prioritäten:
  Was wollen wir kurz-, mittel- und langfristig erreichen? Welche Aufgaben sind kritisch, welche können warten?
- Arbeitsweise und Prozesse:
  Wie treffen wir Entscheidungen? Wie lösen wir Probleme? Wie reagieren wir auf unvorhergesehene Situationen?

- Rollenverteilung:
  Wer übernimmt welche Aufgaben? Welche Verantwortlichkeiten sind klar, welche müssen noch abgestimmt werden?

Werden alle diese Dimensionen im Team in ähnlicher Weise verstanden und immer wieder miteinander in Einklang gebracht, ergibt sich dadurch ein hohes Maß an Übereinstimmung.

Das Konzept geht vor allem auf die Arbeiten von Cannon-Bowers & Salas (2001) zurück. Teams mit einem ausgeprägten gemeinsamen mentalen Modell arbeiten nicht nur reibungsloser zusammen, sondern sind auch in kritischen Situationen deutlich leistungsfähiger, da sie schneller und koordinierter auf neue Anforderungen oder Veränderungen reagieren können. Darüber hinaus profitieren Teams von einem reduzierten Kommunikationsaufwand: Weil ein gemeinsames Verständnis von zentralen Abläufen, Erwartungen und Prioritäten vorhanden ist, sind weniger Abstimmungen untereinander notwendig, gleichzeitig sinkt das Risiko von Missverständnissen.

Die in den beiden vorherigen Abschnitten thematisierten Bereiche wie vor allem Kommunikation, Koordination und Kooperation zielen letztlich alle auf dieses gemeinsame mentale Modell ab. Daher erübrigt sich an dieser Stelle eine detailliertere Ausführung von Maßnahmen, die das Shared Mental Model fördern.

In komplexen Arbeitsumgebungen - insbesondere in Projekten mit hoher Dynamik - ist außerdem entscheidend, dass alle Teammitglieder zu jedem Zeitpunkt wissen, wo das Team steht, was als nächstes zu tun ist und welche Hindernisse es gibt. Dieses kollektive Verständnis wird in der Psychologie als Situationsbewusstsein bezeichnet. Es kann als zentraler Faktor für die Handlungsfähigkeit eines Teams gelten und geht über den Ansatz des Shared Mental Models hinaus.

Situationsbewusstsein beschreibt die Fähigkeit, in dynamischen Arbeitssituationen relevante Informationen zu erkennen, deren Bedeutung richtig einzuordnen und daraus sinnvolle Handlungen abzuleiten.

Das Modell von Endsley (1995) unterteilt diesen Prozess in drei Stufen:

1. *Wahrnehmung (Perception):*
   In einem ersten Schritt geht es darum, die verfügbaren Informationen bestmöglich zu erfassen. Das betrifft beispielsweise technische Statusmeldungen, Rückmeldungen von KollegInnen, Zeitpläne, Verfügbarkeit von Ressourcen oder sich veränderte Rahmenbedingungen.

   Beispiel:
   Im Projektalltag bedeutet das für Lea beispielsweise, zu bemerken, dass ein Zulieferteil nicht rechtzeitig geliefert wird oder dass ein Teammitglied zeitliche Engpässe signalisiert. Diese Ebene ist besonders fehleranfällig – denn was nicht wahrgenommen wird, kann auch nicht berücksichtigt werden.

2. *Verständnis (Comprehension):*
   Die nächste Stufe beschreibt die Fähigkeit, aus den erfassten Informationen ein sinnvolles Gesamtbild zu entwickeln. Welche Aufgaben stehen in Abhängigkeit zueinander? Wo entstehen möglicherweise Zielkonflikte oder Ressourcenkollisionen?

Beispiel:
Lea erkennt beispielsweise, dass die verzögerte Lieferung einen kritischen Meilenstein gefährdet und eine parallel laufende Schnittstellenentwicklung beeinflusst. Erst das Verstehen von Zusammenhängen ermöglicht eine zielführende Koordination und Priorisierung.

3. *Vorausschau (Projection):*
   Im dritten Schritt wird antizipiert, wie sich die aktuelle Situation entwickeln wird. Welche Folgen ergeben sich für das Team oder das Projekt, wenn keine Maßnahmen ergriffen werden? Welche Entscheidungen müssen vorgezogen, welche Ressourcen möglicherweise umverteilt werden?

Beispiel: Für Lea kann das bedeuten, dass sie einen Teil des Teams kurzfristig auf eine andere Aufgabe ansetzt oder frühzeitig mit dem Kunden über eine mögliche Verschiebung spricht.

Ein ausgeprägtes Situationsbewusstsein ermöglicht es Teams, frühzeitig auf Veränderungen zu reagieren, Entscheidungen besser abzustimmen und konfliktträchtige Entwicklungen zu vermeiden, weil alle am gleichen „Lagebild" arbeiten. Teams, die über ein ausgeprägtes Situationsbewusstsein verfügen, agieren dementsprechend nicht reaktiv, sondern proaktiv - sie erkennen Muster, antizipieren Entwicklungen und vermeiden operative Überraschungen.

Praktische Strategien zur Förderung des Situationsbewusstseins können z. B. kurze, strukturierte Team-Check-Ins (z. B. 15 min am Morgen) sein, die den Austausch relevanter Informationen ermöglichen: Was habe ich gestern gemacht? Was steht heute an? Wo hakt es? Diese Meetings schaffen Synchronisation und fördern das gemeinsame Fokussieren. Auch die bereits erwähnte Visualisierung von Aufgaben, Verantwortlichkeiten oder Hindernissen hilft, den Überblick zu behalten - sowohl für den Einzelnen als auch für das gesamte Team. Digitale Boards erhöhen die Transparenz und reduzieren den Abstimmungsbedarf. Darüber hinaus können in gezielten Gesprächsformaten (z. B. Lessons Learned oder Risk Reviews) Herausforderungen systematisch identifiziert und kollektiv eingeordnet werden. Dadurch wird das kollektive Lagebild gestärkt und kontinuierlich aktualisiert.

Praxisbeispiel:

Lea steht in ihrem aktuellen Projekt vor der Herausforderung, mehrere parallel laufende Arbeitspakete zu koordinieren, bei denen Schnittstellen und Abhängigkeiten eine große Rolle spielen. In der Vergangenheit kam es immer wieder zu Missverständnissen, weil Teammitglieder nicht wussten, welche Aufgaben bereits in Bearbeitung sind oder wo es aktuell hakt. Um die Transparenz und Abstimmung zu verbessern, initiiert Lea ein wöchentliches „Projektlagebild" – ein visuell aufbereitetes Board, das alle relevanten Informationen bündelt: Projektstatus, Verantwortlichkeiten, kritische Entwicklungen und aktuelle Hindernisse.

Dieses visuelle Lagebild, übrigens ein Tool, das in der Arbeit von Katastrophenschutz-Stäben schon lange etabliert ist, wird im Team-Check-In gemeinsam aktualisiert und dient fortan als zentrales Koordinationsinstrument. Einmal pro Woche moderiert Lea ein kurzes Treffen, in dem nicht nur der Fortschritt reflektiert, sondern auch Risiken antizipiert werden. Die Teammitglieder empfinden diese Praxis als sehr hilfreich: Sie wissen, wo das Projekt steht, welche Aufgaben kritisch sind und wo sie sich gegenseitig unterstützen können. ◄

Dieses gemeinsame Verständnis ist nicht nur für die operative Zusammenarbeit entscheidend, sondern auch für die kontinuierliche (Weiter-)Entwicklung eines Teams. Wie sich Teamarbeit gezielt fördern lässt, wird im folgenden Abschnitt thematisiert.

4.6 Teamentwicklung

Die Forschung zeigt: Teams, die in der Anfangsphase gezielt begleitet werden, entwickeln eine höhere Kooperationsfähigkeit, zeigen bessere Leistungen und erleben im weiteren Verlauf weniger Konflikte (Tuckman, 1965; Kozlowski & Ilgen, 2006). Dennoch zeigt die Erfahrung, dass dieser Phase häufig wenig oder gar keine Aufmerksamkeit geschenkt wird.

Im Fokus der Maßnahmen sollte dabei der Aufbau von Vertrauen und Offenheit und das Fördern einer Sensibilität füreinander stehen. Gegenseitiges Vertrauen fördert das Gefühl, sich auf den anderen verlassen zu können und das Gefühl des Zusammenhalts (–> Teamkohäsion). Auch der Austausch zu gemeinsamen Werten und das Entwickeln von Zielen stärken diesen Zusammenhalt. Wenn ein Team nicht nur Aufgaben, sondern auch Werte und Überzeugungen wie Offenheit, Verlässlichkeit oder Innovationsbereitschaft teilt, kann sich das positiv auf die Identifikation und Motivation der einzelnen Teammitglieder auswirken.

Teamentwicklung sollte jedoch nicht nur als einmaliges Angebot für neu zusammengestellte Teams verstanden werden. Denn auch etablierte Teams profitieren davon, ihre Zusammenarbeit regelmäßig zu reflektieren, strukturelle Abläufe zu optimieren und das Miteinander aktiv weiterzuentwickeln.

Leistungsstarke Teams zeichnen sich durch die Fähigkeit zur kontinuierlichen Weiterentwicklung aus: Sie nutzen Feedback gezielt, analysieren sowohl Erfolge als auch Misserfolge und passen ihre Arbeitsweise flexibel an neue Anforderungen an (vgl. Hackman, 2002). Auf diese Weise schaffen sie es, nicht nur Stabilität zu sichern, sondern auch aus Herausforderungen und Krisen gestärkt hervorzugehen.

4.6.1 Entwicklungsbereiche für Teams

Unabhängig von Branche, Teamgröße oder Arbeitskontext lassen sich verschiedene Entwicklungsfelder identifizieren, die für eine nachhaltige Zusammenarbeit von Bedeutung sein können:

1. *Aufbau von Vertrauen und Offenheit*

Vertrauen ist die Grundlage jeder erfolgreichen Zusammenarbeit. Es entsteht, wenn die Teammitglieder die Erfahrung machen, dass sie sich – mit ihren Stärken, aber auch mit Unsicherheiten – zeigen können, ohne negative Konsequenzen befürchten zu müssen. Besonders förderlich ist dabei ein konstruktives und verständnisvolles Miteinander, in dem beispielsweise Rückmeldungen respektvoll und konstruktiv formuliert werden. Wer sich im Team verstanden und unterstützt fühlt, ist eher bereit, sich zu öffnen und trägt dadurch aktiv zum Aufbau einer vertrauensvollen Zusammenarbeit bei.

2. *Stärkung der Problemlösungs- und Entscheidungskompetenz*

Erfolgreiche Teams zeichnen sich durch ein hohes Maß an kollektiver Problemlösungsfähigkeit aus. Dies zeigt sich in der Art und Weise, wie sie mit komplexen Anforderungen umgehen: Sie analysieren Herausforderungen gemeinsam, entwickeln verschiedene Lösungsoptionen und treffen fundierte und nachvollziehbare Entscheidungen.

Wichtig ist dabei, dass die Verantwortung nicht auf Einzelne konzentriert bleibt, sondern geteilt wird. Entscheidungsprozesse können - je nach Kontext - durch Konsensbildung, Mehrheitsentscheidung oder Delegation geregelt werden. Entscheidend ist, dass alle Beteiligten den Prozess nachvollziehen können und sich eingebunden fühlen. Diese Form der partizipativen Entscheidungsfindung fördert die Identifikation mit dem Team, stärkt das Engagement und erhöht die Qualität und Tragfähigkeit der entwickelten Lösungen.

3. *Förderung von Resilienz und Anpassungsfähigkeit*

Teams sind zunehmend mit Unsicherheit, Zeitdruck, widersprüchlichen Erwartungen oder disruptiven Veränderungen konfrontiert. Resiliente Teams sind nicht nur in der Lage, auf solche Situationen zu reagieren - sie bereiten sich proaktiv darauf vor. Sie verfügen über gemeinsame Rituale, Routinen und Kommunikationswege, die ihnen helfen, in kritischen Situationen fokussiert und handlungsfähig zu bleiben.

In einer resilienten Teamkultur werden Belastungen frühzeitig erkannt, Probleme offen benannt und gemeinsam nach Lösungen gesucht. Unterstützung im Team - sei es in Form von kollegialer Beratung, empathischem Feedback oder praktischer Entlastung bei der Bewältigung von Aufgaben - ist ein zentraler Schutzfaktor. Ebenso wichtig ist eine lösungsorientierte Haltung: Statt sich in Schuldzuweisungen zu verlieren, richten resiliente Teams aktiv den Blick auf nächste Schritte, die machbar und zielführend sind und lernen aus Rückschlägen - individuell und gemeinsam.

4. *Selbstorganisation stärken*

In projektorientierten Arbeitsumgebungen zählt Selbstorganisation auch für Teams zu den Schlüsselkompetenzen. Sie beschreibt die Fähigkeit eines Teams, ohne permanente Steuerung von außen eigenständig Entscheidungen zu treffen, Aufgaben zu verteilen und Prioritäten zu setzen.

Ein selbstorganisiertes Team weiß, welche Entscheidungen es eigenständig treffen kann und wo es Rückkopplung braucht. Entscheidungsbefugnisse sind klar geregelt und Rollen bei Bedarf flexibel gestaltbar. Damit Selbstorganisation gelingt, braucht es - nicht zuletzt seitens der Führungskraft - Vertrauen in die Kompetenz der Teammitglieder, klare Kommunikationswege und eine gemeinsame Zielorientierung. Je höher der Reifegrad eines Teams ist, desto höher kann der Grad der Selbststeuerung sein.

4.6.2 Teambildung und Team-Workshops

Teambildung (engl. team building) ist eine gezielte Möglichkeit, um beispielweise die Themen, die im vorherigen Abschnitt angesprochen wurden, zu fördern. Nicht nur in neu zusammengesetzten Teams können gut konzipierte Teambildungs-Maßnahmen dabei helfen, sich (besser) kennenzulernen, Vertrauen auf- oder auszubauen und ein Wir-Gefühl zu entwickeln. Wichtig ist dabei: Die jeweiligen Maßnahmen müssen zum Team und zur Arbeitsrealität passen, denn nur dann können sie ihre volle Wirkung entfalten. Daher sollte zum einen vor der Konzeption einer Intervention zur Teambildung eine ausführliche Bedarfsanalyse stattfinden. Zudem sollte der Transfer des im Teambuilding Erlebten auf den Teamalltag immer mit auf der Agenda eines Offsites oder Workshops stehen.

In der personalpsychologischen Arbeit mit Teams haben sich verschiedene Ansätze etabliert, von denen nachfolgend drei vorgestellt werden.

1. *Kooperative Übungen:*
   Aktivitäten wie das gemeinsame Absolvieren eines Escape-Rooms oder Team-Challenges wie beispielsweise das gemeinsame Bauen eines Floßes fördern die Problemlösefähigkeit und zeigen, wie das Team unter zeitlichem Druck zusammen arbeiten kann. Dabei treten oft implizite Teamdynamiken offen zutage, die im Anschluss gemeinsam reflektiert und auf die Arbeit im Team übertragen werden können.
2. *Gemeinsame Erlebnisse:*
   Outdoor-Aktivitäten wie beispielweise der Besuch eines Hochseilgartens schaffen emotionale Bindung durch gemeinsame Erlebnisse. Aktivitäten, die über das gewohnte Arbeitsumfeld hinausgehen und neue Seiten an den Teammitgliedern zum Vorschein bringen, sind besonders wirkungsvoll. Allerdings gilt es hier zu beachten, dass sportliche Aktivitäten ggf. nicht bei allen Teammitgliedern auf Anklang stoßen. Das sollte im Vorfeld offen besprochen und bei der Konzeption und Planung berücksichtigt werden.

3. *Rollenspiele und Fallstudien:*
   Durch das gezielte Einnehmen verschiedener Perspektiven oder das Durchspielen realitätsnaher Situationen lassen sich Teamrollen trainieren, Kommunikation üben und kritische Phasen simulieren, was z. B. für Projektstarts oder Change-Prozesse hilfreich sein kann.

In der betrieblichen Praxis kann es sich - nicht zuletzt aus Gründen der Effizienz - anbieten, Maßnahmen zur Teamentwicklung mit der Durchführung von Workshops zu schwerpunktmäßig fachlichen Themen zu kombiniert.

Workshops schaffen Raum für gezielten Austausch und ermöglichen die Bearbeitung konkreter Herausforderungen - vorausgesetzt, sie sind gut vorbereitet, verfolgen eine für die Teilnehmenden nachvollziehbare Zielsetzung und beziehen die Bedürfnisse der Teilnehmenden ausreichend ein. Es empfiehlt sich, Team-Workshops nicht von der jeweiligen Führungskraft des Teams moderieren zu lassen und stattdessen eine Team externe Person zu beauftragen.

Dabei lassen sich unterschiedliche Entwicklungsbereiche gezielt stärken. So kann ein Kommunikationstraining dazu beitragen, Gesprächsführung, aktives Zuhören und den Umgang mit herausfordernden Situationen zu verbessern, immer mit einem konkreten Bezug zum Arbeitsalltag. Auch Workshops zum Thema Konfliktmanagement bieten wertvolle Impulse: Anhand anonymisierter Praxisbeispiele kann gemeinsam reflektiert werden, wie Konflikte frühzeitig erkannt, konstruktiv angesprochen und lösungsorientiert bearbeitet werden können. In Workshops zur Zusammenarbeit können Methoden der Selbstorganisation in den Mittelpunkt gestellt werden – etwa zur gemeinsamen Planung, Entscheidungsfindung oder Koordination von Aufgaben.

In Tab. 4.6 sind verschiedene Impulse für Workshop-Themen und mögliche Fragestellungen zusammengefasst.

Tab. 4.6 Workshopthemen für Teams und mögliche Fragestellungen

Workshopthema	Mögliche Fragestellungen
Kommunikationstraining	• Wie können wir klar, konstruktiv und wertschätzend miteinander sprechen? • Wie gelingt aktives Zuhören und gute Gesprächsführung – auch in herausfordernden Situationen?
Konfliktmanagement	• Wie gehen wir mit Meinungsverschiedenheiten um, damit sie nicht eskalieren? • Welche Wege gibt es, um Konflikte frühzeitig anzusprechen und konstruktiv zu lösen?
Rollenklärung	• Welche Erwartungen bestehen an einzelne Teammitglieder – und wo braucht es mehr Klarheit? • Wie können Zuständigkeiten, Schnittstellen und Verantwortungsbereiche transparent gemacht werden?
Agiles Arbeiten & Selbstorganisation	• Wie steuern wir uns effizient und ohne ständige Kontrolle? • Welche agilen Prinzipien und Methoden lassen sich sinnvoll auf unsere Teamarbeit übertragen?

Damit Workshops nicht bei der Vermittlung von Wissen stehen bleiben, sondern anschließend im Teamalltag echte Wirkung entfalten, braucht es - wie bereits erwähnt - mehr als gute Inhalte. Entscheidend ist eine methodische Gestaltung, die die aktive Beteiligung der Teilnehmenden fördert, ausreichend Praxisbezüge herstellt und mit der unterstützt wird, dass die Ergebnisse nachhaltig in den Arbeitsalltag überführt werden können. Nachfolgend werden diese Prinzipien kurz erläutert.

A) *Aktives Einbringen fördern*

Eine zentrale Voraussetzung für die Effektivität von Workshops ist die aktive Beteiligung der Teilnehmenden. Frontale Vorträge oder reine Informationsblöcke sind hier nur bedingt hilfreich. Gefragt sind vielmehr dialogorientierte Methoden, die Partizipation ermöglichen und zum Mitdenken, Austauschen und Ausprobieren anregen. Durch Rollenspiele, Kleingruppenübungen oder moderierte Diskussionen werden die Teilnehmenden aktiviert und die Eigenverantwortung für den individuellen Lernprozess gestärkt. Gleichzeitig fördern sie die soziale Dynamik im Team, bauen Hemmschwellen ab und eröffnen neue Perspektiven.

B) *Fallbeispiele nutzen*

Abstrakte Inhalte werden am besten greifbar, wenn sie hinreichend mit der eigenen Lebenswirklichkeit bzw. der Teamrealität verknüpft werden. Deshalb empfiehlt es sich, mit konkreten, möglichst arbeitsplatznahen Fallbeispielen zu arbeiten. Idealerweise stammen diese aus dem Erfahrungsbereich der Teilnehmenden - zum Beispiel aus aktuellen Projekten, oder greifen typische Teamkonflikten oder kommunikative Stolpersteine im Alltag auf. Durch das gemeinsame Durchdenken, Analysieren und Lösen realer Fälle kann gemeinsames Lernen und der Transfer auf den Teamalltag unterstützt werden.

C) *Ergebnisse sichern und nachhalten*

Ein häufig unterschätzter Aspekt erfolgreicher Workshopgestaltung ist die Nachhaltigkeit in Bezug auf die Implementierung der Ergebnisse in den Arbeitsalltag. Was im Workshop erarbeitet wurde, sollte nicht auf Flipcharts oder Moderationskarten stehen bleiben, sondern in der Nachbereitung des Workshops dokumentiert und beispielsweise durch schriftliche Maßnahmenpläne oder individuelle Zielvereinbarungen verankert werden. Auch kurze Follow-up-Formate oder die Erweiterung der Tagesordnung in wiederkehrenden Teambesprechungen um bestimmte vereinbarte Punkte können dabei hilfreich sein. So kann Vertrauen in die Wirksamkeit und Sinnhaftigkeit der Maßnahme gefördert werden.

4.7 Zusammenfassung

Zusammenarbeit ist in der heutigen Arbeitswelt ein zentraler Erfolgsfaktor für Organisationen. Kap. 4 widmet sich daher der psychologischen Dynamik von Teams – also Gruppen von Menschen, die gemeinsam an Zielen arbeiten und dafür kommunizieren, kooperieren und koordinieren müssen. Im Zentrum stehen Fragen wie: Was macht ein funktionierendes Team aus? Welche psychologischen Prozesse wirken in Gruppen? Und wie können diese gestaltet werden?

Zu Beginn werden wichtige Begriffe geklärt: Ein Team ist mehr als eine Gruppe – es ist ein funktionales System mit gemeinsamem Ziel, geteilten Verantwortlichkeiten und hoher Interdependenz. Unterschiedliche *Teamformen* wie klassische, agile, virtuelle oder hybride Teams bringen jeweils spezifische Herausforderungen mit sich. Dabei ist das Team oft das entscheidende Bindeglied zwischen dem Individuum und der Organisation (vgl. Cummings & Worley, 2009).

Ein zentraler Gedanke: Die Qualität der Teamarbeit hängt weniger von individuellen Kompetenzen ab als vom abgestimmten Zusammenspiel der Beteiligten. Und dieses Zusammenspiel ist psychologisch geprägt – durch Kommunikation, Vertrauen, Rollenverständnis und gemeinsame Ziele.

Ein Schwerpunkt des Kapitels liegt auf der *Psychologie von Teams* und der *Gruppendynamik*. Modelle wie die Phasen der Teamentwicklung nach Tuckman (1965) verdeutlichen, dass Teams unter anderem Zeit und Struktur brauchen, um effektiv zusammenzuarbeiten. Nicht zuletzt in der Storming-Phase – wenn Konflikte und Machtfragen offen zutage treten – sind psychologisches Wissen und gezielte Interventionen gefragt.

Gefahren wie das *Gruppendenken* (vgl. Janis, 1972), also das Streben nach Konsens um jeden Preis, oder *soziales Faulenzen* werden analysiert und mit konkreten Gegenstrategien versehen. Eine zentra Erkenntnis ist dabei, dass effektive Teamarbeit aktiv gestaltet, begleitet und reflektiert werden sollte.

Ein weiteres zentrales Thema ist die *Kommunikation im Team*. Missverständnisse, unklare Verantwortlichkeiten oder implizite Erwartungen können die Zusammenarbeit erheblich belasten. Im Kapitel werden bedeutsame Prinzipien zur Kommunikation und zum Umgang mit Konflikten angesprochen und auf den Teamkontext übertragen.

Besonders betont wird der Wert von *aktivem Zuhören*, klaren Feedbackprozessen und der Fähigkeit, auch heikle Themen offen anzusprechen. Die Qualität der Kommunikation bestimmt maßgeblich, wie effektiv Teams Probleme lösen, Entscheidungen treffen und gemeinsam lernen.

Kooperation erfordert mehr als gute Absichten – sie braucht Strukturen und Normen. Das Kapitel zeigt auf, wie *Shared Mental Models* – also ein gemeinsames Verständnis von Aufgaben, Rollen und Zielen – entstehen und gepflegt werden können. Gerade in interdisziplinären oder projektbasierten Teams ist es entscheidend, Zuständigkeiten transparent zu machen und gegenseitige Erwartungen abzustimmen.

Auch das Thema *Situationsbewusstsein* wird aufgegriffen: Wie gut weiß jedes Teammitglied, was im Moment wichtig ist – und was die anderen gerade tun? Diese Form der kollektiven Aufmerksamkeit ist Voraussetzung für effektive Koordination und wird durch beispielsweise gute Kommunikation unterstützt.

Abschließend werden psychologische Ansätze zur *Teamentwicklung und Teamförderung* vorgestellt. Das Ziel strukturierter Maßnahmen wie beispielsweise Workshops ist nicht nur, die Zusammenarbeit zu verbessern, sondern auch ein Klima zu schaffen, in dem Vertrauen, Offenheit und psychologische Sicherheit wachsen können.

Insgesamt verdeutlicht das Kapitel: Teams sind komplexe soziale Systeme. Ihre Leistungsfähigkeit hängt nicht nur von Aufgaben und den jeweils verfügbaren Tools ab, sondern vor allem vom gemeinsamen Verständnis, der Qualität der zwischenmenschlichen Beziehungen – und dem psychologischen Wissen, mit dem sie gestaltet werden.

Doch wer trägt eigentlich Verantwortung dafür, dass Teams funktionieren, wachsen und in schwierigen Phasen nicht zerbrechen? Was bedeutet es, in einer sich wandelnden Arbeitswelt nicht nur fachlich, sondern auch menschlich Orientierung zu geben?

In Kap. 5 rückt die *Führungskraft* ins Zentrum – als ImpulsgeberIn, ModeratorIn, Vorbild und manchmal auch als „Katalysator" für Veränderung. Wir werfen einen differenzierten Blick darauf, wie psychologische Faktoren erfolgreiche Führung beeinflussen – und warum gute Führung mit guter Selbstführung beginnt.

Literatur

Asch, S. E. (1951). *Effects of group pressure upon the modification and distortion of judgments*. In H. Guetzkow (Hrsg.), *Groups, leadership and men* (S. 177–190). Carnegie Press.

Bakker, A. B., & Demerouti, E. (2007). The Job Demands–Resources model: State of the art. *Journal of Managerial Psychology, 22*(3), 309–328. https://doi.org/10.1108/02683940710733115

Bakker, A. B., Demerouti, E., & Euwema, M. C. (2005). Job resources buffer the impact of job demands on burnout. *Journal of Occupational Health Psychology, 10*(2), 170–180. https://doi.org/10.1037/1076-8998.10.2.170

Bandura, A. (1977). *Social Learning Theory*. Prentice Hall.

Baumeister, R. F., & Leary, M. R. (1995). The need to belong: Desire for interpersonal attachments as a fundamental human motivation. *Psychological Bulletin, 117*(3), 497–529. https://doi.org/10.1037/0033-2909.117.3.497

Belbin, R. M. (2010). *Team Roles at Work* (2. Aufl.). Routledge. https://doi.org/10.4324/9780080963242

Biddle, B. J. (1986). Recent developments in role theory. *Annual Review of Sociology, 12*, 67–92. https://doi.org/10.1146/annurev.so.12.080186.000435

Cannon-Bowers, J. A., & Salas, E. (2001). Reflections on shared cognition. *Journal of Organizational Behavior, 22*(2), 195–202. https://doi.org/10.1002/job.82

Cannon-Bowers, J. A., Salas, E., & Converse, S. A. (1993). *Shared mental models in expert team decision making*. In N. J. Castellan (Hrsg.), *Individual and group decision making: Current issues* (S. 221–246). Lawrence Erlbaum Associates.

Cialdini, R. B. (2007). *Die Psychologie des Überzeugens* (6. Aufl.). Hogrefe.

Cummings, T. G., & Worley, C. G. (2009). *Organization Development and Change* (9. Aufl.). South-Western Cengage Learning.

Darley, J. M., & Latane, B. (1968). Bystander intervention in emergencies: Diffusion of responsibility. *Journal of Personality and Social Psychology, 8*(4, Pt.1), 377–383. https://doi.org/10.1037/h0025589

Endsley, M. R. (1995). Toward a Theory of Situation Awareness in Dynamic Systems. *Human Factors, 37*(1), 32–64.

Hackman, J. R. (2002). *Leading Teams: Setting the Stage for Great Performances*. Harvard Business Press.

Janis, I. L. (1972). *Victims of groupthink: A psychological study of foreign-policy decisions and fiascoes*. Houghton Mifflin.

Kozlowski, S. W. J., & Ilgen, D. R. (2006). Enhancing the effectiveness of work groups and teams. *Psychological Science in the Public Interest, 7*(3), 77–124. https://doi.org/10.1111/j.1529-1006.2006.00030.x

Latané, B., Williams, K., & Harkins, S. (1979). Many hands make light the work: The causes and consequences of social loafing. *Journal of Personality and Social Psychology, 37*(6), 822–832.

Lewin, K. (1948). *Resolving social conflicts: Selected papers on group dynamics*. Harper.

Mathieu, J. E., Heffner, T. S., Goodwin, G. F., Salas, E., & Cannon-Bowers, J. A. (2000). The influence of shared mental models on team process and performance. *Journal of Applied Psychology, 85*(2), 273–283. https://doi.org/10.1037/0021-9010.85.2.273

Rogers, C. R., & Farson, R. E. (1957). *Active Listening*. Industrial Relations Center, University of Chicago.

Salas, E., Sims, D. E., & Burke, C. S. (2005). Is there a "Big Five" in Teamwork? *Small Group Research, 36*(5), 555–599. https://doi.org/10.1177/1046496405277134

Tajfel, H., & Turner, J. C. (1986). *The social identity theory of intergroup behavior*. In S. Worchel & W. G. Austin (Hrsg.), *Psychology of intergroup relations* (S. 7–24). Nelson-Hall.

Tuckman, B. W. (1965). Developmental sequence in small groups. *Psychological Bulletin, 63*(6), 384–399. https://doi.org/10.1037/h0022100

Woolley, A. W., Chabris, C. F., Pentland, A., Hashmi, N., & Malone, T. W. (2010). Evidence for a collective intelligence factor in the performance of human groups. *Science, 330*(6004), 686–688. https://doi.org/10.1126/science.1193147

Zajonc, R. B. (1965). Social facilitation. *Science, 149*(3681), 269–274. https://doi.org/10.1126/science.149.3681.269

Führung

5

5.1 Ziele des Kapitels

Führung stellt einen einflussreichen Aspekt psychologischer Wirkmechanismen am Arbeitsplatz dar und ist zugleich ein außerordentlich vielschichtiges Phänomen. In diesem Kapitel geht es daher darum, auf welche Art und Weise Führung in modernen Arbeitskontexten effektiv gestaltet werden kann und welche psychologischen Prozesse ihr zugrunde liegen. Der Fokus liegt dabei nicht ausschließlich auf theoretischen Modellen, sondern insbesondere auf der praxisorientierten Umsetzung. Die zentrale Frage, die sich in diesem Zusammenhang stellt, ist, wie Führung in einer zunehmend hybriden, dynamischen und vielfältigen Arbeitswelt gelingen kann.

Das Kapitel verfolgt mehrere Ziele: Zunächst ist es hilfreich, ein grundlegendes Verständnis davon zu entwickeln, was Führung aus psychologischer Sicht bedeutet. Dazu werden verschiedene Führungsstile und -modelle vorgestellt. Diese reichen vom klassischen transaktionalen Ansatz über transformationale Führung bis hin zu modernen Konzepten wie Servant und Shared Leadership. Zudem wird dargelegt, mit welchen Herausforderungen Führungskräfte immer wieder und auch gegenwärtig konfrontiert sind, welche Rolle(n) sie als Führungskraft innehaben können und auf welche Weise beispielsweise gute Kommunikation dazu beitragen kann, mit Krisen oder Veränderungsprozessen souverän umzugehen.

Fragestellungen, denen im Kapitel nachgegangen wird, lauten unter anderem:

- Welche psychologischen Grundannahmen liegen erfolgreicher Führung zugrunde?
- Gibt es *den einen* idealen Führungsstil?
- Wie gelingt es, Mitarbeitende nicht nur zu steuern, sondern vielmehr zu inspirieren?

B. Schleidt, *Angewandte Psychologie am Arbeitsplatz*,
https://doi.org/10.1007/978-3-662-72703-4_5

- Welche Rolle spielen Emotionen, Kommunikation und Selbstreflexion im Führungsalltag?
- Wie können Führungskräfte in Krisen Orientierung geben und in Veränderungsprozessen dazu beitragen, Sicherheit zu schaffen?
- Welche Bedeutung hat Selbstführung (siehe Abschn. 3.5) für die Fähigkeit, andere wirksam zu führen?

Neben theoretischen Konzepten werden konkrete Praxisbeispiele präsentiert, die typische Führungssituationen veranschaulichen und zur eigenen Reflexion anregen. Die Beispiele stammen – wie auch bisher – aus Leas Berufsalltag. Das Ziel besteht darin, ein psychologisch fundiertes Führungsverständnis zu vermitteln, welches sich nicht an Themen wie Macht und Kontrolle orientiert, sondern an Beziehung, Entwicklung und wirksamer Umsetzung im Alltag. Führung wird folglich als ein lern- und entwicklungsorientierter Prozess verstanden, der Menschen dabei unterstützen kann, gemeinsam erfolgreich zu handeln und Ziele zu erreichen.

Während Kap. 4 das Miteinander im Team behandelte, rückt Kap. 5 nun die Führungsrolle in den Fokus und kann als eine Art Brücke zur organisationalen Perspektive in Kap. 6 fungieren.

5.2 Einleitung

5.2.1 Was ist Führung?

Führung ist ein komplexes und dynamisches Geschehen, das seit vielen Jahren weit über das traditionelle Verständnis von Anweisung und Aufgabenverteilung hinausgeht. In der wissenschaftlichen literatur wird Führung in der Regel als gezielter, interaktiver Einflussprozess beschrieben, mit dem Verhalten und Einstellungen anderer Menschen bewusst beeinflusst werden – sei es zur Zielerreichung oder zur Stärkung des Zusammenhalts innerhalb einer Organisation. Dabei umfasst Führung sowohl eine sachlich-inhaltliche als auch eine sozial-zwischenmenschliche Dimension.

Ein wichtiger Bestandteil sind die funktionalen Aspekte von Führung, also jene Maßnahmen, die auf die Gestaltung und Steuerung von Arbeitsprozessen abzielen. Hierzu zählen unter anderem die Festlegung von Zielen, die Verteilung von Aufgaben sowie die Bewertung von Leistungen. Sie dienen der Strukturierung des Arbeitsalltags und lassen sich vergleichsweise klar beobachten und bis zu einem gewissen Grad messen.

Von ebenso großer Bedeutung – wenngleich schwerer greifbar – sind die sozialen und emotionalen Prozesse, die mit Führung verbunden sind. Zu den relevanten Faktoren zählen beispielweise der Aufbau von Vertrauen, das Kommunikationsverhalten, emotionale Intelligenz, Werteorientierung oder die Fähigkeit, ein unterstützendes, motivierendes und gleichzeitig herausforderndes Klima zu schaffen.

Aus psychologischer Perspektive basiert effektive Führung auf der Fähigkeit, das Verhalten von Individuen sowie deren Interaktion in sozialen Kontexten wie Teams oder Organisationen zu verstehen und angemessen zu interpretieren. Von besonderer Bedeutung ist in dabei die Fähigkeit zur Perspektivübernahme, zur (Selbst-)Reflexion und zur Regulation der eigenen Wirkung auf andere.

Führungskräfte, die in der Lage sind, sowohl die Anforderungen einer konkreten Arbeitssituation als auch die Bedürfnisse, Fähigkeiten und Entwicklungspotenziale ihrer Mitarbeitenden wahrzunehmen, verfügen über eine wesentliche Voraussetzung, um in ihrer Rolle erfolgreich tätig zu sein.

Vor diesem Hintergrund gewinnt auch der Aspekt der *Selbstführung* (siehe Abschn. 3.5) zunehmend an Bedeutung. Wer andere führen will, muss zunächst in der Lage sein, sich selbst zu reflektieren, die eigenen Werte, Motive und Reaktionsmuster zu verstehen und bewusst zu steuern. Selbstführung umfasst dabei nicht nur die Fähigkeit zur Zielorientierung, Selbstmotivation und Selbstregulation, sondern auch den achtsamen Umgang mit den eigenen Ressourcen (siehe Abschn. 3.4). Führungskräfte, die in der Lage sind, sich selbst bewusst zu führen, haben ein authentisches Auftreten und strahlen nicht zuletzt Souveränität und Verlässlichkeit aus.

5.2.2 Führungsmodelle und -ansätze

In der Führungsforschung haben sich über die Jahrzehnte verschiedene Modelle herausgebildet, in denen jeweils unterschiedliche Schwerpunkte gesetzt werden – sei es in Bezug auf Motivation, Kommunikation, Entscheidungsverhalten oder die Beziehung zwischen Führungskraft und Mitarbeitenden.

Dabei ging und geht es immer wieder um die Frage, ob es einen idealen Führungsstil gibt, das heißt eine Art „Best Practice", die in allen Situationen gleichermaßen wirkungsvoll und effektiv ist. Die Antwort auf diese Frage ist eindeutig: Nein. Es existiert kein universelles „Führungsrezept", das unabhängig vom Kontext und den beteiligten Personen zuverlässig zum jeweils angestrebten Ziel führt. Effektive Führung ist stets abhängig von der jeweiligen Situation und den darin befindlichen Menschen. Um effektiv zu führen, ist daher immer wieder die Fähigkeit gefordert, sich flexibel auf unterschiedliche situative Anforderungen, Rollenverteilungen oder soziale und individuelle Dynamiken einzustellen und bewusst mit ihnen umzugehen.

Diese Erkenntnis wird unter anderem im Modell der *situativen bzw. situationsorientierten Führung* nach Hersey und Blanchard (1969) aufgegriffen, das im nächsten Abschnitt vorgestellt wird.

5.2.2.1 Situative Führung

Das Konzept der situativen Führung (Hersey & Blanchard, 1969) beruht auf der Annahme, dass Führung stets im Kontext der jeweiligen Situation betrachtet werden muss – insbesondere unter Berücksichtigung des sogenannten *reifegrads* der Mitarbeitenden als den Beteiligten in der Situation. Die Wirksamkeit von Führungsverhalten hängt also maßgeblich von sowohl den situativen Gegebenheiten als auch den individuellen Merkmalen der Mitarbeitenden ab.

Dahinter steht die Annahme, dass der Reifegrad der Mitarbeitenden – bestehend aus fachlicher Kompetenz bzw. Fähigkeit und Motivation – ausschlaggebend dafür ist, welcher Führungsstil zum gewünschten Ziel führt. Es werden vier Grundstile unterschieden, die sich entlang zweier Dimensionen – Aufgabenorientierung und Beziehungsorientierung – beschreiben lassen:

1.) Direktiver Führungsstil („telling"): Die Führungskraft gibt klare Anweisungen, kontrolliert die Umsetzung engmaschig und trifft die Entscheidungen. Der Fokus der Kommunikation liegt auf klarer Struktur und Anleitung.

Dieser Stil ist geeignet bei Mitarbeitenden mit geringer Kompetenz und unsicherer Haltung gegenüber der Aufgabe – z. B. bei BerufsanfängerInnen.

2.) Überzeugender Führungsstil („selling"): Hier wird stärker auf Motivation und Beziehung gesetzt, während der Umgang mit der Aufgabe dennoch weitgehend durch die Führungskraft vorgegeben wird. Die Führungskraft bleibt inhaltlich steuernd, gibt aber gleichzeitig viel persönliche Unterstützung, erklärt ihre Entscheidungen und gibt Gelegenheit für klärende Fragen.

Dieser Stil eignet sich besonders für Mitarbeitende, die bereits etwas Sicherheit gewonnen haben und Entwicklungspotenzial zeigen oder die motiviert sind, aber (noch) nicht über ausreichend Fachwissen verfügen.

3.) Partizipativer Führungsstil („participating"): Die Führungskraft – beispielsweise in der Rolle als Coach - überträgt Verantwortung, begleitet beratend und fördert die Eigeninitiative und -verantwortung, beispielsweise, indem sie die Mitarbeitenden ermutigt, sich aktiv in Entscheidungsprozesse einzubringen.

Dieser Stil eignet sich für Mitarbeitende mit guten fachlichen Kenntnissen, aber wechselhafter Motivation oder Unsicherheit.

4.) Delegierender Führungsstil („delegating"): Sehr kompetente und selbstorganisierte Mitarbeitende arbeiten größtenteils eigenständig. Die Führungskraft überträgt Verantwortung und hält sich weitgehend zurück, steht aber bei Bedarf beratend zur Seite. Dieser Stil ist geeignet bei hoher fachlicher Kompetenz und stabiler Motivation.

Praxisbeispiel

Lea, bisher Teammitglied bei AeroSpace Dynamics, übernimmt zum ersten Mal die Leitung eines kleineren Projektmoduls. Ihre Führungskraft wählt zunächst den „Selling"-Stil: Sie gibt ihr eine klare Struktur und inhaltliche Orientierung, erläutert die Erwartungen transparent und signalisiert gleichzeitig Unterstützung. Nach einigen Wochen zeigt sich, dass Lea die Aufgabe fachlich souverän und mit wachsendem Selbstvertrauen erfüllt. Daraufhin wechselt ihre Führungskraft zum „Participating"-Stil: Lea erhält nun mehr Entscheidungsspielraum und übernimmt eigenverantwortlich die Abstimmung mit anderen Fachbereichen. ◄

Das Modell der situativen Führung legt nahe, dass Führungskräfte die Fähigkeit entwickeln sollten, ihre Rolle flexibel auszufüllen und ihre Kommunikation und ihr Verhalten entsprechend der jeweiligen Situation anzupassen. Psychologisch betrachtet erfordert dies ein hohes Maß an diagnostischem und zwischenmenschlichem Feingefühl, kommunikativer Kompetenz sowie die Bereitschaft zur Selbstreflexion – denn nicht der Führungsstil an sich ist entscheidend, sondern vielmehr, wie angemessen er im jeweiligen Kontext eingesetzt wird und „Früchte trägt".

Insbesondere moderne Führungsansätze wie Servant Leadership und Shared Leadership (siehe Abschn. 5.2.2.4) lassen sich als Weiterentwicklungen des partizipativen und delegierenden Stils interpretieren. Sie betonen Vertrauen, Verantwortung und Entwicklungspotenzial und sind somit besonders geeignet für Teams mit hoher Reife, Selbstorganisation und kooperativem Umgang miteinander.

Im Folgenden werden neuere Ansätze vorgestellt, die sich vielerorts im betrieblichen Alltag etabliert haben.

5.2.2.2 Transaktionale Führung

Die transaktionale Führung kann als klassischer und lange Zeit dominierender Führungsstil in der Managementpraxis betrachtet werden. Das zugrunde liegende Prinzip ist das Wechselspiel von Leistung und Gegenleistung – ein Ansatz, der maßgeblich von Burns (1978) und Bass (1985) geprägt wurde. Führungskräfte definieren hierbei klare Ziele, stellen Ressourcen bereit und bewerten die Ergebnisse anhand vorher festgelegter Kriterien. Im Gegenzug erwarten sie von ihren Mitarbeitenden die Zielerreichung, effizientes Handeln und das Einhalten der jeweiligen Vorgaben und Regeln.

Motivation entsteht in diesem Modell vor allem durch äußere Anreize wie Lob, Boni oder Beförderungen. Die zugrundeliegende Führungsbeziehung ist funktional ausgerichtet: Im Zentrum steht ein rationales Austauschverhältnis, das auf der Erwartung beruht, dass gute Leistung mit entsprechender Belohnung verknüpft wird.

Der Leitsatz könnte entsprechend lauten: *„Wenn du deine Aufgabe wie vereinbart erledigst, erhältst du Anerkennung oder eine konkrete Gegenleistung."* Emotionale Bindung, Sinnorientierung oder individuelle Entwicklung spielen in diesem Führungsstil hingegen eine untergeordnete Rolle. Hier wird bereits eine Schwäche dieses Ansatzes deutlich, da dies Aspekte sind, die insbesondere in dynamischen, wissensintensiven Arbeitsumfeldern zunehmend an Bedeutung gewinnen.

Nachfolgend werden einige bedeutsame Mechanismen der transaktionalen Führung vorgestellt.

- *Kontingente Belohnung:*
  Es besteht eine direkte Kopplung zwischen Leistung und Belohnung. Das Erreichen von Zielen führt zu einer Anerkennung, die sich finanziell oder symbolisch zeigt (beispielsweise in Form von Prämien oder Lob). Diese Form der Verstärkung kann kurzfristig motivieren, kann jedoch auch dazu führen, dass sich beim Mitarbeitenden die Erwartung entwickelt, in der Folge weitere Belohnungen zu erhalten.

- *Management by Exception:*
  Die Führungskraft greift in die Arbeitsabläufe nur ein, wenn es zu Abweichungen, Fehlern oder Regelverstößen kommt. Ansonsten überlässt sie die operative Arbeit den Mitarbeitenden. Dieses Vorgehen spart Ressourcen, funktioniert jedoch nur, wenn die Arbeitsabläufe weitgehend gleichbleiben und angemessen geregelt sind.
- *Klare Strukturen:*
  Transaktionale Führung basiert auf definierten Rollen, festgelegten Verantwortlichkeiten und transparenten Abläufen. Dadurch wird für alle Beteiligten Orientierung geschaffen, Entscheidungswege sind eindeutig und ermöglichen planbares Arbeiten.

Aus psychologischer Perspektive beruht der transaktionale Führungsstil auf *extrinsischer Motivation,* das heißt auf der Verhaltenssteuerung durch äußere Anreize (vgl. Deci & Ryan, 1985, Ryan & Vansteenkiste, 2023). Menschen handeln also primär, weil sie eine Belohnung erwarten oder eine Sanktion vermeiden möchten und nicht unbedingt, weil sie intrinsisch motiviert sind, an der Aufgabe an sich zu arbeiten. Dieses Motivationsprinzip erweist sich als effektiv bei klar strukturierten, repetitiven Tätigkeiten, bei denen die Leistung messbar und standardisierbar ist. In Arbeitsfeldern, die als dynamisch, kreativ oder komplex klassifiziert werden können, stößt dieser Ansatz jedoch wie erwähnt an seine Grenzen. Da dort Eigenverantwortung oder Innovationsfähigkeit gefordert sind, reicht das Setzen äußerer Anreize oft nicht mehr aus. Sie können vielmehr sogar kontraproduktiv wirken, indem sie das Bedürfnis nach Autonomie und Sinnhaftigkeit untergraben können (vgl. Deci & Ryan, 2000 zur Selbstbestimmungstheorie).

Praxisbeispiel

Im Produktionsbereich von AeroSpace Dynamics, wo Lea zu Beginn als Ingenieurin eingesetzt war, zeigte sich transaktionale Führung als durchaus wirkungsvoll. Die Abläufe waren klar strukturiert, Qualitätsstandards präzise definiert und die Aufgaben standardisiert – etwa bei der Umsetzung von Fertigungstests oder der Dokumentation technischer Prüfprozesse. Leistungskennzahlen und Bonusregelungen schufen dabei eine transparente Verbindung zwischen Zielerreichung und Belohnung. In diesem stabilen Umfeld konnte Lea fokussiert arbeiten und hatte klare Orientierung.

Als sie jedoch in ein interdisziplinäres Innovationsprojekt wechselte, in dem kreative Lösungsansätze, Eigenverantwortung und teamübergreifende Zusammenarbeit gefragt waren, stieß der gleiche Führungsstil an seine Grenzen. Die reine Zielvorgabe reichte nicht mehr aus und es fehlte vielmehr an Sinnbezug, Möglichkeiten der Mitgestaltung und Vertrauen in die Selbststeuerung der Teammitglieder. Erst der Wechsel zu einem transformationalen Führungsansatz, der Raum für Dialog, Wertschätzung und gemeinsame Visionen schuf, ermöglichte es Lea, ihre Potenziale im neuen Kontext voll auszuschöpfen. ◄

Das Beispiel verdeutlicht: Transaktionale Führung bietet klare Strukturen, Orientierung und Stabilität – insbesondere in von Regeln bestimmten und hierarchisch organisierten Umfeldern. Ihre Wirksamkeit hängt also stark vom Kontext ab. In modernen Arbeitswelten, in denen Sinn, Selbstverantwortung und Innovation in den Vordergrund treten, braucht es ergänzend dazu transformationale Elemente, um Motivation und Leistungsfähigkeit langfristig zu sichern – das Thema des nächsten Abschnitts.

5.2.2.3 Transformationale Führung und das FRLM-Modell

Die *transformationale Führung* markiert einen signifikanten Wandel in der Führungsforschung und -praxis. Im Gegensatz zu klassischen Führungsansätzen, die stark auf Kontrolle, Zielvereinbarungen und Belohnungssysteme (–> transaktionale Führung) fokussieren, zielt transformative Führung darauf ab, Mitarbeitende auf einer intrinsischen Ebene zu erreichen. Das Ziel besteht darin, nicht nur Verhalten zu steuern, sondern vielmehr Inspiration, Befähigung und Begleitung in der persönlichen sowie beruflichen Entwicklung zu gewährleisten.

Der zentrale Gedanke ist, dass Führungskräfte durch das *Vermitteln von erstrebenswerten Visionen* und des gemeinsamen Wegs zur Erreichung von Zielen, genauso wie durch das Eintreten für Werten und ein authentisches Verhalten ihre Mitarbeitenden intrinsisch motivieren und auf ihre Werte und Einstellungen transformierend einwirken können. (vgl. Bass, 1985; Bass & Avolio, 1994). Transformational führende Personen zeichnen sich dadurch aus, dass sie ein Zukunftsbild zeichnen, das über den Alltag hinausführt und den Mitarbeitenden Sinn vermittelt in dem, was sie tun. Sie verknüpfen strategische Ziele mit persönlicher Bedeutung, ihre Kommunikation nimmt die Mitarbeitenden mit und vermittelt eine klare Ausrichtung.

Mitarbeitende, die transformational geführt werden, erleben ihre Arbeit als sinnstiftend, motivierend und wachstumsfördernd. Im Fokus steht dabei der *idealisierte Einfluss*, der auch als eine Art „gelebte Vorbildfunktion" bezeichnet werden kann. Führungskräfte, die auf diese Weise agieren, vertreten klar erkennbare und verhalten sich in einer Weise, die mit diesen Werten übereinstimmt. So werden sie zu einer glaubwürdigen Bezugs- und Orientierungsperson für ihre Mitarbeitenden – ihr Einfluss basiert nicht auf ihrem Status, sondern auf Integrität, Authentizität und Verlässlichkeit im Sinne von „walk your talk".

Schließlich zeigt sich transformationale Führung in der *individuellen Förderung* der Mitarbeitenden. Führungskräfte sind dazu aufgefordert, unterschiedliche Potenziale, Interessen und Entwicklungsziele zu erkennen und angemessen zu würdigen. Dies kann beispielsweise durch konstruktives Feedback geschehen, indem Kompetenzen gezielt gefördert werden oder Raum für persönliche Entfaltung gegeben wird – beispielsweise durch neue Aufgaben oder Impulse zur Weiterbildung.

Praxisbeispiel

Lea arbeitet seit zwei Jahren als Teilprojektleiterin in der Entwicklung. Ihr Vorgesetzter verfolgt deutlich wahrnehmbar einen transformationalen Führungsstil. In Meetings betont er regelmäßig, wie wichtig Leas Perspektive für die strategische Weiterentwicklung des Bereichs ist. Seine Vision für das neue Kabinenkonzept bindet er geschickt in übergeordnete Unternehmensziele ein – und macht dabei klar, welchen Beitrag Lea leisten kann. Anstatt Lösungen vorzugeben, stellt Leas Vorgesetzer Fragen, fordert kreative Ideen ein und lobt unkonventionelle Ansätze, die Lea äußert. Als Lea kürzlich einen neuen Prozess zur Schnittstellenkommunikation vorschlug, griff er diesen nicht nur auf, sondern beauftragte sie direkt mit der Pilotierung. In Feedbackgesprächen geht er gezielt auf ihre Stärken ein und ermutigt sie, an einem Führungskräftetraining teilzunehmen – weil er in ihr Potenzial sieht. Für Lea ist das nicht nur motivierend, es stärkt auch ihr Selbstvertrauen und eröffnet ihr neue Entwicklungspfade. ◄

Um diese und weitere Facetten von Führung systematisch zu erfassen und in ihrem Zusammenspiel besser zu verstehen, wird im Folgenden das *Full-Range-Leadership-Modell (FRLM)* vorgestellt. Es stellt eine übergeordnete Führungstheorie dar, in der Ansätze zur transaktionalen Führung, zur transformationalen Führung und der Laissez-faire-Führungsstil zusammengeführt werden. (vgl. Avolio & Bass, 1991)

Im Zentrum steht die Annahme, dass Führung entlang eines Kontinuums erfolgt, das von passivem Nicht-Handeln bis hin zu stark motivierendem, inspirierendem Führungsverhalten reicht. Die *Laissez-faire-Führung* stellt dabei das unterste Ende des Kontinuums dar. Sie beschreibt ein Führungsverhalten, das durch Passivität, das Vermeiden von Entscheidungen und fehlende Unterstützung der Mitarbeitenden geprägt ist. Führungskräfte dieser Kategorie greifen nicht ein, selbst wenn Handlungsbedarf besteht. Damit handelt sich also um eine Art „Nicht Führung". Im mittleren Bereich des Modells befindet sich die in Abschn. 5.2.2.2 beschriebene *transaktionale Führung,* die auf einem rationalen Austausch basiert: Zielvereinbarungen, klare Vorgaben und externe Anreize – etwa in Form von Lob, Bonus oder Beförderung – stehen dabei im Mittelpunkt. Die Führungsbeziehung ist funktional und orientiert sich an messbaren Ergebnissen.

Aspekte wie Kreativität, Eigenverantwortung oder Sinn werden in der bereits weiter oben beschriebenen *transformationale Führung* aufgegriffen, die den oberen Pol des FRLM bildet. Hier liegt der Fokus auf Inspiration, persönlicher Entwicklung oder der Orientierung an Werten.

Das Full-Range-Leadership-Modell führt also deutlich vor Augen, dass wirksame Führung nicht die Entscheidung für *einen* Stil bedeutet, sondern die bewusste Kombination verschiedener Elemente – abhängig vom jeweiligen Kontext, der Aufgabe und den beteiligten Personen.

5.2.2.4 Servant Leadership & Shared Leadership

Über den transformationalen Führungsstil hinaus geht das Modell des *Servant Leadership,* also dienende Führung. Es beschreibt einen Führungsstil, bei dem die Führungskraft dem Team gezielt und bewusst zuarbeitet (vgl. Greenleaf, 1977). Die Idee dahinter ist, dass wahrhafte Führung sich im Dienen bzw. im Dienst an den Mitarbeitenden zeigt. Führungspersonen fungieren als WegbereiterInnen, indem sie die Bedürfnisse ihrer Mitarbeitenden erkennen, ihnen dabei helfen, ihre Potenziale zu entfalten, Hindernisse zu beseitigen und so ihre Entwicklung aktiv zu begleiten. Es geht dabei um Themen wie Empathie und Demut, also die Fähigkeit zur Perspektivübernahme und die Bereitschaft, die eigene Person mit allem was sie ausmacht in den Hintergrund zu stellen. Ebenso ist die Verantwortungsübergabe an das Team von Bedeutung, was eine bewusste Abgabe der eigenen Kontrolle und die Förderung von Autonomie im Team beinhaltet. Auch dieses Modell basiert psychologisch gesehen unter anderem auf der Selbstbestimmungstheorie (vgl. Deci & Ryan, 2000, siehe Abschn. 2.4.3).

Praxisbeispiel

Lea leitet ein interdisziplinäres Team bei AeroSpace Dynamics, das für die Entwicklung einer modularen Kabineneinheit („CabinFlex") verantwortlich ist. Anstatt sich in jeder Entscheidung einzumischen, verfolgt ihr Vorgesetzter bewusst einen dienenden Führungsstil: Er gibt Leitplanken vor, schafft aber gezielt Freiräume für eigenverantwortliches Arbeiten. ◄

Als ein technisches Teilproblem eskaliert, bietet er nicht sofort eine Lösung an. Stattdessen fragt er Lea: „Was brauchst du von mir, um dein Team gut durch diese Situation zu führen?" Er stellt zusätzliche Ressourcen zur Verfügung, ermöglicht den Kontakt zu einem erfahrenen Kollegen aus der Zentrale und überlässt Lea die Entscheidung, wie sie diese Unterstützung nutzen will. Lea fühlt sich dadurch nicht nur fachlich ernst genommen, sondern auch persönlich gestärkt.

Ein Ansatz, der noch stärker auf die Verteilung der Führungsaufgaben ausgelegt ist, ist das Modell *der Shared Leadership,* also der verteilten Führung. Dabei wird Führung nicht mehr an eine spezifische Position und Person geknüpft, sondern als ein dynamischer Prozess betrachtet. Rollen, Aufgaben und Verantwortung unterliegen einer flexiblen und veränderlichen Ausgestaltung, die sich an den individuellen Kompetenzen, Erfahrungen und dem jeweiligen Bedarf orientiert. Führung entsteht situativ und verteilt sich auf mehrere Mitglieder im Team. Entscheidungen werden kollektiv getroffen, die Arbeit wird kooperativ und selbstgesteuert verrichtet.

Diese Form der Führung entfaltet bei den Mitarbeitenden eine motivierende Wirkung, da beispielsweise die Selbstwirksamkeit gefördert wird. Außerdem können soziale Bindungen gestärkt und das Etablieren einer lernenden Fehlerkultur unterstützt werden. Auch auf organisationaler Ebene kann sich die Wirksamkeit zeigen, weil Teams mit geteilten Führungsstrukturen möglicherweise schneller auf Veränderungen reagieren können, beispielsweise indem vorhandenes Wissen effizienter genutzt wird. Gleichzeitig sollten mögliche Risiken im Auge behalten werden, weil sich Kommunikationswege in aller Regel komplizierter gestalten als bei anderen Führungsmodellen.

Eine Analyse der unterschiedlichen Führungsansätze zeigt einmal mehr, dass es keine universell gültige Führungsmethode gibt. Stattdessen obliegt es der Verantwortung von Führungskräften, situationsspezifisch, einfühlsam und kontextbezogen zu agieren und einen Führungsstil zu wählen, der die Mitarbeitenden, ihren Erfahrungsstand, ihre Kompetenzen und ihre Bedürfnisse angemessen berücksichtigt.

5.3 Herausforderungen in der Führung

Moderne Führung setzt – wie bereits dargestellt – ein fundiertes Verständnis für organisationale Strukturen, technologische Entwicklungen und psychologische Dynamiken voraus. Sie lässt sich als lernorientiert, menschenzentriert und kontextsensibel charakterisieren (vgl. Northouse, 2021; Yukl, 2013).

Ein zentraler Treiber des derzeitigen Wandels ist die *digitale Transformation.* Technologien wie künstliche Intelligenz, Automatisierung und Big Data verändern nicht nur Arbeitsprozesse, sondern auch die Rollen und Verantwortlichkeiten innerhalb von Teams. Führungskräfte sehen sich in der Verantwortung, digitale Kompetenzen nicht nur selbst aufzubauen, sondern auch ihre Mitarbeitenden im Umgang mit neuen Technologien zu unterstützen. Die Etablierung einer Kultur, in der digitale Weiterbildung und ein regelmäßiger Austausch zum Umgang mit neuen Technologien selbstverständlich sind, ist dabei von besonderer Bedeutung (vgl. Kane et al., 2017). Gleichzeitig erfordert die Nutzung datenbasierter Entscheidungsprozesse ein hohes Maß an ethischer Sensibilität und sozialer Verantwortung.

Dieser Wandel erstreckt sich nicht nur auf die Arbeitsmittel und technologische Ausstattung von Arbeitsplätzen, sondern umfasst auch die unterschiedlichen und mittlerweile etablierten Arbeitsformen. Hybrides und ortsunabhängiges Arbeiten, die zunehmende Verbreitung von virtuellen Teams und die Arbeit im Homeoffice erfordern ein umfassendes Umdenken im Führungsverhalten. Vertrauen, Transparenz und klare Zielvereinbarungen ersetzen die physische Präsenz und das unmittelbare Miteinander. Diese *Führung auf Distanz* erfordert neue Instrumente der Kommunikation, eine bewusste Gestaltung sozialer Interaktionen sowie das aktive Vorleben von Offenheit und Erreichbarkeit (vgl. Hill, Ferris & Märtinson, 2003; Wang et al., 2021). Die Herausforderung besteht darin, eine der Situation angemessene Verbindung zwischen Nähe und Distanz zu etablieren, wobei sowohl die individuelle Betreuung als auch das kollektive Teamgefühl gewahrt werden müssen.

Ein weiterer Aspekt betrifft die *zunehmende Flexibilisierung von Arbeitszeitmodellen,* unter anderem in Form von Gleitzeit oder Vertrauensarbeitszeit. Führungskräfte sehen sich in diesem Zusammenhang mit der Herausforderung konfrontiert, eine Balance zwischen Flexibilität und Verlässlichkeit zu finden. Sie sollten Überlastungen ihrer Mitarbeitenden erkennen, eine faire Aufgabenverteilung gewährleisten und Rahmenbedingungen schaffen, die sowohl eigenverantwortliches Handeln als auch Erholungszeiten ermöglichen (vgl. Kossek & Lautsch, 2018; Allen, Golden & Shockley, 2015).

Zudem verändert sich das Verständnis davon, was unter *guter Führung* zu verstehen ist. Diesbezüglich hat sich die Erwartungshaltung der Mitarbeitenden im Laufe der Zeit gewandelt. Während sie früher vorrangig passende Zielvorgaben und eine angemessene Verteilung von Aufgaben erwarteten, sind sie heute vielmehr auf der Suche nach Sinn, persönlicher Entwicklung und einer Arbeitsumgebung, die von gegenseitiger Wertschätzung geprägt ist. In diesem Zusammenhang hat sich die transformationale Führung (siehe Abschn. 5.2.2.2) als besonders wirksam erwiesen. Führungskräfte, die transformationale

Elemente in ihr Verhalten integrieren, fördern damit nicht nur das Engagement ihrer Mitarbeitenden, sondern leisten zugleich einen Beitrag zur Innovationskraft und Identifikation mit der Organisation (Wang et al., 2011).

Auch die Bedeutung von *Empathie* in der Führungsarbeit sollte hier Erwähnung finden. In einem von ständiger Veränderung geprägten Umfeld ist mentale Gesundheit ein Schlüsselfaktor für Leistungsfähigkeit und Resilienz. Führungskräfte sollten daher in der Lage sein, emotionale Signale ihrer Mitarbeitenden sensibel wahrzunehmen und auf ihre individuelle Bedürfnisse adäquat einzugehen.

Die skizzierten Herausforderungen verdeutlichen: Führung ist ein kontinuierlicher Lernprozess und Führungskräfte sollten sich in der permanenten Pflicht sehen, regelmäßig an ihrer Weiterentwicklung zu arbeiten, ihr Verhalten zu reflektieren und ihre persönliche Resilienz zu stärken. Dies schließt die Fähigkeit zur Selbstführung (siehe Abschn. 3.5) ebenso ein wie den bewussten Umgang mit Themen wie Stress, Unsicherheit oder Widersprüchlichkeit (vgl. Schein, 2010). Auch die Fähigkeit, die eigene Rolle immer wieder kritisch zu hinterfragen, aktiv Feedback einzuholen und sich seiner Ressourcen bewusst zu sein, spielen eine wichtige Rolle.

Unternehmen können diese Prozesse durch Personalentwicklungsangeboten, die spezifisch auf die Anforderungen von Führungskräften zugeschnitten sind, fördern. So können beispielsweise im Rahmen von gezielten Führungstrainings entsprechende Kompetenzen vermittelt werden.

Praxisbeispiel

Lea übernimmt die Leitung eines interdisziplinären Projektteams, das an einem von Innovation getriebenen Projekt arbeitet. Die Zusammenarbeit ist überwiegend hybrid organisiert: Einige arbeiten im Büro, andere dauerhaft remote oder an internationalen Standorten. Für Lea ist diese Veränderung ein Perspektivwechsel – weg von fachlichen Aufgaben hin zu zwischenmenschlichen und organisatorischen Führungsfragen. Sie merkt schnell, dass klassische Führungsinstrumente in diesem Setting nur begrenzt greifen. Präsenzzeiten und informelle Kommunikationswege fallen weg, Missverständnisse nehmen zu, einige Teammitglieder fühlen sich weniger eingebunden als andere. Lea reagiert reflektiert: Sie bildet sich weiter und setzt bewusst auf klare Strukturen, tägliche virtuelle Stand-ups, transparente Zielvereinbarungen und den vermehrten Einsatz kollaborativer Tools zur Zusammenarbeit. Auch psychosoziale Aspekte rückt sie in den Fokus, indem sie in Einzelgesprächen die individuellen Bedürfnisse ihres Teams besser kennenlernt. Während manche im Homeoffice produktiv sind, fühlen sich andere isoliert. Sie entwickelt daraufhin gemeinsam mit ihrem Team verbindliche Kommunikationsregeln und führt eine virtuelle Team-Charta ein (siehe ein Beispiel in Tab. 5.1). Auch fördert sie eigenverantwortliches Arbeiten, wo möglich. Rückblickend beschreibt Lea diese Erfahrungen als Lernkurve: Sie erkennt, dass digitale Führung emotionale Präsenz ebenso braucht wie organisatorische Klarheit – und entwickelt einen empathischen, reflektierten Führungsstil, der zur Realität ihres Arbeitsumfelds passt. ◄

Tab. 5.1 Beispielhafte Inhalte einer Team Charta für ein hybrides Team

Bereich	Vereinbarung	z. B.
Kommunikations--wege	Welche Tools nutzen wir wofür? (z. B. E-Mail, Chat, Videokonferenz, Wiki)	MS Teams für schnelle Rückfragen, E-Mail für formelle Infos, Wiki für Projektdokumentation
Erreichbarkeit	Wann und wie sind wir erreichbar? Was gilt außerhalb der Kernzeiten?	Reaktionszeit auf Chatnachrichten: 4 Std. an Werktagen; keine Pflicht zur Antwort ab 18 Uhr
Meetingkultur	Wie oft, wie lange und mit welcher Struktur treffen wir uns virtuell?	Wöchentliche 30-minütige Check-ins mit strukturierter Agenda; Kamera optional
Feedbackkultur	Wie geben wir Rückmeldung? (z. B. sachlich, wertschätzend, regelmäßig)	Konstruktives Feedback im Monatsreview; Emojis okay, Ironie vermeiden
Dokumentation	Wo dokumentieren wir Ergebnisse und Entscheidungen? Wer ist verantwortlich?	Protokolle im Wiki innerhalb von 24 h; rotierende Protokollverantwortung
Konfliktlösung	Wie sprechen wir Konflikte an? Ab wann holen wir externe Moderation dazu?	„Rotes Telefon"-Prinzip: direkte Ansprache bevorzugt; Mediator:in bei Bedarf aus PE
Verbindlichkeit	Was verstehen wir unter Verbindlichkeit bei Zusagen, Fristen, Rückmeldungen?	Zugesagte Aufgaben werden bestätigt; Rückmeldung bei Verzögerung spätestens Vortag
Vertrauen und Offenheit	Wie schaffen wir ein Klima, in dem Offenheit und Vertrauen möglich sind?	Check-in-Runde zu Beginn des Meetings; persönliche Eindrücke teilen erwünscht

5.4 Rollenvielfalt und Aufgaben einer Führungskraft

Die bisherigen Ausführungen verdeutlichen, dass die Rolle einer Führungskraft als komplex, vielschichtig und anspruchsvoll einzustufen ist. Sie wird nicht nur durch die Erwartungen der Organisation, der Mitarbeitenden und des jeweiligen organisationalen Umfelds geprägt. Eine Führungskraft fungiert neben der „klassischen" Rolle des/der Vorgesetzten auch als RichtungsgeberIn, Coach, ModeratorIn oder PersonalentwicklerIn und zumeist auch als Vorbild. Um den damit verbundenen Anforderungen gerecht zu werden, ist ein erhebliches Maß an persönlicher Flexibilität und Anpassungsfähigkeit in Bezug auf die konkrete Ausgestaltung der unterschiedlichen Rollen erforderlich (siehe ausführlich Steiger & Lippmann, 2013).

Versteht sich eine Führungskraft als Coach, so geht es beispielsweise um die aktive Begleitung und Förderung der individuellen Entwicklung von Mitarbeitenden (vgl. Whitmore, 2017). Im Zentrum stehen dann Themen wie das Fördern von Eigenverantwortung, Lernbereitschaft und das Vertrauen in die Selbstwirksamkeit des Einzelnen.

Gerade in Zeiten organisationaler oder gesellschaftlicher Unsicherheit kommt der Führung eine weitere zentrale Rolle zu: Sie dient als emotionale und normative Orientierung. Die Metapher des „*Leuchtturms*" beschreibt treffend, was damit gemeint ist – nämlich Strukturen zu bieten, Klarheit zu schaffen und Zuversicht auszustrahlen. Wie Bennis (2009) betont, schafft Orientierung Sicherheit und befähigt Menschen, handlungsfähig zu bleiben. Hier zeigt sich besonders das Potenzial transformationaler Führung: Sie vermittelt Sinn, inspiriert und ermöglicht einen positiven Blick auf die Zukunft und damit (möglicherweise) verbundene Herausforderungen (vgl. Bass, 1990).

Ein entscheidender Wirkfaktor ist zudem *Authentizität*. Führungskräfte, die im Einklang mit ihren eigenen Werten handeln, nachvollziehbar kommunizieren und konsistente Entscheidungen treffen, gewinnen an Glaubwürdigkeit und werden als verlässliche Bezugspersonen wahrgenommen (vgl. Avolio & Gardner, 2005).

In der betrieblichen Praxis lassen sich verschiedene Aufgabenbereiche identifizieren, die im Folgenden beschrieben werden:

1. *Ziele setzen und Orientierung geben.* Eine gute Führungskraft schafft Klarheit über das Setzen von Prioritäten und reflektiert in regelmäßigen Abständen mit dem Team über den aktuellen Stand der Dinge, die noch zu erledigenden Aufgaben und die Mittel, die für die Erreichung der Ziele noch benötigt werden. Zielklärung wird dabei als dialogischer Prozess verstanden (vgl. Kotter, 1996; Locke & Latham, 2002).
2. *Mitarbeitende entwickeln und fördern.* Die Qualität einer guten Führung wird maßgeblich durch die Fähigkeit bestimmt, vorhandene Potenziale zu identifizieren, die Entwicklung der Mitarbeitenden zu begleiten und die Übernahme von Eigenverantwortung zu fördern. Zu geeigneten Maßnahmen zählen beispielsweise stärkenorientiertes Feedback oder die Vereinbarung individueller Entwicklungsziele.
3. *Teamprozesse gestalten.* Der Erfolg von Projekten ist im Wesentlichen von der Qualität der Zusammenarbeit und einer „Orchestrierung" der zur Verfügung stehenden Kompetenzen und Fähigkeiten der Mitarbeitenden abhängig. Führungskräfte sind in diesem Umfeld dazu angehalten, auftretende Spannungen zu moderieren, Beteiligung zu fördern und für klare Kommunikationswege zu sorgen. Auch das frühzeitige Erkennen und Lösen von Konflikten ist wichtig. Außerdem darf *emotionale Intelligenz* in diesem Zusammenhang als Erfolgsfaktor gelten (vgl. Goleman, 2013). – siehe Kap. 4.

4. *Unternehmenskultur mitgestalten.* Führungskräfte beeinflussen das Arbeitsklima durch ihre Haltung bzw. ihr Mindset, ihre Kommunikation und das, was sie im Alltag vorleben. Gegenseitiges Vertrauen oder ein konstruktiver Umgang mit Fehlern können dementsprechend als Ergebnis einer bewussten Führung gelten. Auch eine Orientierung an bestimmten Werten offenbaren sich im täglichen Verhalten – etwa in der Bereitschaft, zuzuhören oder Verantwortung abzugeben (vgl. Schein, 2010).

Praxisbeispiel

Wie Lea ihre Rolle als Teilprojektleiterin ausfüllt – ein Perspektivwechsel

Leas Perspektive als Führungskraft:

Als Teilprojektleiterin versteht Lea ihre Rolle nicht nur als fachliche Koordinatorin, sondern auch als Coach und Wegbereiterin. Sie beginnt Projektphasen stets mit einer gemeinsamen Zielklärung im Team, bezieht ihre KollegInnen aktiv ein und fördert Eigenverantwortung. In Einzelgesprächen interessiert sie sich für individuelle Entwicklungsthemen und bei Bedarf regt sie beispielsweise Job-Rotation oder interne Schulungen an. In stressigen Phasen achtet sie bewusst darauf, trotzdem so oft wie möglich für Fragen ansprechbar zu bleiben. Ihr Ziel ist dabei, ein Klima zu schaffen, in dem Klarheit und Vertrauen ebenso zählen wie Leistung.

Perspektive aus dem Team:

Leas Team empfindet ihren Führungsstil als unterstützend und motivierend. Die Mitarbeitenden schätzen besonders, dass sie aktiv zuhört und Entwicklung nicht nur einfordert, sondern auch ermöglicht. Entscheidungen werden transparent kommuniziert, konstruktiv geäußerte Kritik ist erlaubt und wird ernst genommen. Wenn Konflikte auftreten, bleibt Lea ruhig, stellt Fragen und achtet darauf, dass alle zu Wort kommen. Ihre KollegInnen erleben sie als glaubwürdig, empathisch und klar – auch in herausfordernden Situationen. ◄

Fazit:

Lea lebt Führung als Beziehungsgestaltung: Sie verbindet Struktur mit menschlicher Nähe, Orientierung mit Vertrauen. Damit wird sie für ihr Team nicht nur zur fachlichen Ansprechpartnerin, sondern auch zur stabilen Bezugsperson – ganz im Sinne einer modernen, rollenflexiblen Führung.

Führung darf also als ein wesentlicher Einflussfaktor auf die Entwicklung von Menschen, Gruppen bzw. Teams und Organisationen angesehen werden. Sie umfasst auch die Verantwortung für die Gestaltung der Rahmenbedingungen, unter denen Menschen ihre optimale Leistung erbringen können. Welche Bedeutung Kommunikation in der Ausgestaltung von Führung hat, ist nun Thema des nächsten Abschnitts.

5.5 Kommunikation als Führungsinstrument

Kommunikation fungiert als das wohl wichtigste Instrument einer Führungskraft, stellt jedoch auch eine der anspruchsvollsten Aufgaben im täglichen Miteinander dar. Sie beeinflusst nicht nur die Art und Weise, wie Informationen interpretiert werden, sondern auch die Gestaltung von Beziehungen, den Aufbau von Vertrauen oder wie mit Konflikten umgegangen wird. Gelingende Führungskommunikation kann dabei als ein vielschichtiges Zusammenspiel aus Inhalt, Beziehung, Kontext und Wirkung verstanden werden.

Für eine gelingende Kommunikation sollten Führungskräfte sowohl die formellen als auch die informellen Kommunikationswege aktiv gestalten. Beide Ebenen erfüllen unterschiedliche, aber sich ergänzende Funktionen und tragen gemeinsam zu einem vertrauensvollen Miteinander bei.

Informelle Kommunikation umfasst spontane Gespräche im Arbeitsalltag, die etwa bei einer Tasse Kaffee oder Tee, beim Mittagessen in der Kantine oder in virtuellen Kurznachrichten geführt werden und die sich nicht selten auch um Themen abseits des Arbeitsalltags drehen. Obwohl sie oft beiläufig wirkt, erfüllt sie eine zentrale soziale Funktion, denn sie unterstützt dabei, Vertrauen aufzubauen, fördert die persönliche Beziehung untereinander und reduziert Barrieren, die durch beispielsweise Hierarchien entstehen können (Watkins, 2013). Informelle Gespräche sind eine gute Möglichkeit, um persönliche Nähe und Verbundenheit herzustellen.

Demgegenüber ist formelle Kommunikation durch eine geplante, strukturierte und zielorientierte Gestaltung gekennzeichnet. Zu den Maßnahmen, die dazu ergriffen werden, zählen regelmäßige Mitarbeitergespräche, Teammeetings, Feedback- oder Entwicklungsgespräche. Diese Form der Kommunikation kann unter anderem der langfristigen Steuerung von Entwicklungen, der Rückkopplung über Leistungen oder der gemeinsamen Reflexion von Zielen oder Arbeitsfortschritten dienen (vgl. London, 2003).

Idealerweise nutzen Führungskräfte beide Kommunikationsformen komplementär: Die informelle Kommunikation fördert Nähe und Authentizität, während die formelle den Rahmen für Verbindlichkeit und Entwicklung schafft. Der Übergang zwischen beiden Formen ist übrigens fließend.

5.5.1 Prinzipien der Gesprächsführung

Die Effektivität von Gesprächen wird maßgeblich durch eine klare Absicht bzw. Intention, eine wertschätzende Grundhaltung und dem Einsatz strukturierter Gesprächstechniken bestimmt. Die folgenden Prinzipien dürfen vor diesem Hintergrund als Fundament erfolgreicher Gesprächsführung gelten:

1. *Klarheit: Verständlich und präzise kommunizieren*
   Unklare Aussagen erzeugen Unsicherheit und Missverständnisse. Klare, nachvollziehbare und transparente Kommunikation schafft Orientierung (vgl. Abschn. 2.8 und 5.5).
   Beispiel:
   Statt: „Wir überlegen, das Reporting vielleicht anzupassen."
   Besser: „Ab nächstem Monat werden wir das Reporting umstrukturieren. Ziel ist, dass..."
2. *Intention klären: Gespräche mit Absicht führen*
   Ein formales Gespräch sollte mit einer bewussten Zielklärung beginnen. Gesprächsziele sollten – soweit möglich – klar benannt werden. Dies erhöht die Bedeutsamkeit des Gesprächs und den Fokus der Gesprächsbeteiligten auf das jeweilige Ziel – insbesondere in Feedback- und Entwicklungsgesprächen (vgl. u. a. Abschn. 5.6.3).
   Beispiel:
   „Ich möchte heute mit dir auf die letzten Wochen zurückblicken – was gut lief, was herausfordernd war und welche Ziele wir für die nächste Phase setzen."
3. *Wertschätzung: Menschen wahrnehmen*
   Eine respektvolle, zugewandte Haltung zeigt sich im Ton, in der Körpersprache und im ehrlichen Interesse am Gegenüber. Ein von Wertschätzung geprägter Gesprächsstil wirkt sich positiv auf beispielweise die Motivation des Gesprächspartners aus. Auch ein Wort des Dankes oder der Anerkennung
   Beispiel:
   „Ich habe gesehen, wie viel Mühe du in die Präsentation gesteckt hast – das war überzeugend."
4. *Aktives Zuhören: Echtes Verstehen ermöglichen*
   Zuhören ist ein aktiver Prozess, der vor allem Rückfragen, Paraphrasieren und das Aufgreifen emotionaler Signale einschließt. Es signalisiert dem Gesprächsbeteiligten ehrliches Interesse und Zugewandtheit, fördert Vertrauen und verhindert vorschnelle Urteile (vgl. Abschn. 2.8).
   Beispiel:
   „Wenn ich dich richtig verstanden habe, dann..."
   „Du wirkst auf mich nachdenklich – was beschäftigt dich?"
5. *Empathie: Zwischentöne erkennen und einfühlsam reagieren*
   Gerade in herausfordernden Situationen zählt nicht nur, *was* gesagt wird – sondern auch *wie* es gesagt wird. Einfühlungsvermögen kann daher als ein Schlüsselaspekt der emotionalen Intelligenz (vgl. Goleman, 1998) gelten und stärkt die Beziehungsqualität.
   Beispiel:
   „Ich merke, dass dich gerade etwas beschäftigt – magst du mir sagen, um was es geht?"
6. *Offene Fragen: Verantwortung und Reflexion fördern*
   W-Fragen, also Fragen, die mit beispielsweise „was" oder „wie" beginnen, regen dazu an, Perspektiven zu reflektieren und Eigenverantwortung zu übernehmen. Sie sind zentral für partizipative Gesprächsformate und fördern Lernprozesse oder Reflexion.
   Beispiel:

„Was würdest du dir an Unterstützung wünschen?"
„Was wäre aus deiner Sicht ein sinnvoller nächster Schritt?"

7. *Konsistenz und Authentizität: Was gesagt wird, muss auch gelten*
   Nur wenn Worte und Verhalten übereinstimmen, bleibt Kommunikation glaubwürdig. Konsistenz ist eine Voraussetzung für Vertrauen – gerade in der Führungsrolle (vgl. Abschn. 5.4).
   Beispiel:
   Wer Mitarbeitende dazu einlädt, sich einzubringen, muss auch bereit sein, das sich daraus ergebende Feedback aufzugreifen und umzusetzen.
8. *Konstruktives Feedback: Klar, konkret, lösungsorientiert*
   Gut formuliertes Feedback ist entwicklungsfördernd – vorausgesetzt, es ist sachlich, auf beobachtbares Verhalten bezogen und wertschätzend.
   Beispiel:
   „Ich habe wahrgenommen, dass Du in der gestrigen Diskussion sehr ruhig geblieben bist. Für die Zukunft würde ich mir wünschen, dass du deine Sichtweise aktiver in fachliche Diskussionen einbringst."
9. *Verbindlichkeit: Was wurde besprochen – und was folgt daraus?*
   Gespräche entfalten erst durch konkrete Vereinbarungen Wirkung. Verbindlichkeit ist ein Ausdruck von Respekt und Verlässlichkeit – zentrale Elemente gelingender Zusammenarbeit (vgl. Abschn. 4.5).
   Beispielhafte Fragen:
   „Was nehmen wir konkret mit?"
   „Wer übernimmt was und bis wann?"

Im nächsten Abschnitt geht es nun um die Bedeutung von Kommunikationsroutinen für den Alltag von Führungskräften.

5.5.2 Kommunikationsroutinen

Die Implementierung regelmäßiger Routinen für die Kommunikation zwischen Führungskräften und ihren Mitarbeitenden kann einen Gewöhnungseffekt für beide Seiten bewirken. Dadurch werden kommunikationsbezogene Ressourcen für außergewöhnliche Situationen wie beispielsweise Konflikte, um die es im nächsten Abschnitt gehen wird, verfügbar. Nachfolgend sind einige Beispiele als Anregung für das Etablieren solcher Routinen zusammengestellt.

1. *Wöchentliche Check-ins*
   Ziel: Regelmäßiger kurzer Austausch zur Standortbestimmung, Beziehungsarbeit und zum frühzeitigen Erkennen von Spannungen
   Format: 15–30 min, 1:1 oder im kleinen Team
   Typische Fragen: „Was lief in dieser Woche gut?", „Wo gibt es Stolpersteine oder Unterstützungsbedarf?", „Gibt es etwas, das du mir sagen möchtest, was bisher keinen Raum hatte?"

2. *Feedback-Friday*
   Ziel: Rückmeldung etablieren, Fehlerkultur fördern, Entwicklungen sichtbar machen
   Format: Wöchentlicher Slot (10–15 Min.) im Team oder bilateral
   Impulse: „Worauf bist du diese Woche stolz?", „Was hat dich irritiert?", „Was wünsche ich mir fürs nächste Mal?"
3. *Quartalsweise Entwicklungsgespräche*
   Ziel: Persönliche Entwicklung reflektieren, Ziele ausrichten, Motivation stärken
   Format: 60 min, vorbereitet mit Leitfaden oder Reflexionsbogen
   Inhalte: Erfolge und Herausforderungen, Lernfelder und Ressourcen, Zukunftsziele und Entwicklungswünsche
4. *„Walk & Talk" (Informelle bedarfsorientierte Gespräche)*
   Ziel: Niederschwellige Beziehungspflege, Atmosphäre der Offenheit fördern
   Format: Spaziergang, gemeinsamer Kaffee oder virtuelles Gespräch ohne Agenda (20–30 Min.)
   Nutzen: Nähe aufbauen, Hemmschwellen senken, Stimmungen wahrnehmen
5. *Team-Kompass-Meeting (monatlich)*
   Ziel: Teamklima reflektieren, Zusammenarbeit verbessern
   Format: 60–90 min im Team, moderiert oder im Wechsel
   Elemente: Blitzlicht zur Stimmung, Reflexion zu Zusammenarbeit und Kommunikation, Was lief gut? Wo knirscht es? Was lernen wir daraus?

5.5.3 Umgang mit Konflikten

Konflikte sind ein natürlicher Bestandteil des Arbeitsalltags. Überall dort, wo Menschen mit unterschiedlichen Rollen, Interessen, Zielen oder Persönlichkeiten aufeinandertreffen, entstehen fast schon zwangsläufig Spannungen. Für Führungskräfte stellt sich daher nicht die Frage, ob Konflikte auftreten, sondern wie sie damit umgehen. Der konstruktive Umgang mit Konflikten kann daher zu den zentralen kommunikativen Kompetenzen in der Führung gelten.

Entscheidend ist dabei die innere Haltung: Konflikte sollten nicht als Störfaktor oder etwas, das auf jeden Fall zu vermeiden ist, sondern als potenzielle Lern- und Entwicklungschance verstanden werden. Werden sie professionell bearbeitet, können sie verborgene Spannungen sichtbar machen, zu einer tiefergehenden Klärung beitragen und nachhaltige Veränderungen sowohl auf zwischenmenschlicher als auch auf struktureller Ebene ermöglichen.

Im Folgenden werden bewährte Leitlinien für den konstruktiven Umgang mit Konflikten beschrieben.

Zum einen ist es wichtig, dass ein *neutraler und sachlicher Blick* auf den Konflikt gewahrt oder wieder hergestellt wird. Führungskräfte sollten sich daher bewusst aus emotionalen Eskalationen heraushalten und stattdessen für einen ruhigen, sachlichen Rahmen sorgen, in dem dann ein Konflikt ausgetragen werden kann. Hilfreich ist dabei, Positionen (z. B. „Ich will das so“) von den dahinterliegenden Interessen („Mir ist wichtig, dass …“) zu unterscheiden, eine zentrale Idee aus dem sogenannten Harvard-Modell des Verhandelns (vgl. Fisher, Ury & Patton, 2012). Die Führungskraft nimmt dann eine moderierende Funktion ein, ohne in der Auseinandersetzung Stellung zu beziehen.

Zudem sollten *sämtliche Perspektiven* in Bezug auf den Konflikt Gehör finden.

Wertschätzende Kommunikation beinhaltet die Bereitschaft, auch unbequeme Sichtweisen auszuhalten und anzuerkennen. In vielen Fällen sind genau diese Äußerungen von wesentlicher Bedeutung für die Lösung des jeweiligen Problems.

Außerdem sollten Führungskräfte immer wieder den *Blick aller Beteiligten auf die Lösung des Konflikts* lenken und gemeinsam nach tragfähigen Lösungen suchen. Dabei kann es hilfreich sein, gemeinsam Ziele zu identifizieren und konkrete Schritte in Hinblick auf die Lösung des Konfliktes zu vereinbaren. Mediationstechniken oder strukturierte Konfliktgespräche können in diesem Zusammenhang als wirkungsvolle Interventionstechniken dienen.

Praxisbeispiel

Lea leitet ein internationales Projektteam, das an einer neuen Triebwerkskomponente arbeitet. Zwischen zwei ihrer Teammitglieder kommt es wiederholt zu Spannungen: Während die eine Person stark sicherheitsorientiert agiert und bestehende Prozesse einhalten möchte, drängt die andere auf schnelle Umsetzung und experimentiert gern mit neuen Ansätzen.

Lea erkennt, dass sich die Situation zu verhärten droht. Sie initiiert daher ein moderiertes Gespräch mit beiden – in geschütztem Rahmen und mit klaren Gesprächsregeln. Zunächst lässt sie beide Seiten ihre Perspektiven schildern, ohne diese zu bewerten. Dabei wird deutlich: Der eine Kollege sorgt sich um technische Risiken und Qualität, die andere Kollegin fühlt sich durch zu viel Regelwerk in ihrer Innovationskraft eingeschränkt.

Lea hilft den beiden Gesprächsbeteiligten, die hinter den jeweiligen Positionen liegenden Interessen – Sicherheit versus Innovationsfreiraum – zu erkennen. Gemeinsam wird daraufhin ein neues Vorgehen vereinbart: In frühen Projektphasen wird mehr Experimentierfreiheit zugelassen, ab einem bestimmten Reifegrad greifen dann verbindliche Standards. So entsteht ein Rahmen, der beiden Seiten gerecht wird – und der Konflikt wird zur Chance für eine bessere Zusammenarbeit. ◄

Das Praxisbeispiel verdeutlicht: Konflikte im beruflichen Kontext lassen sich nicht vermeiden. Umso wichtiger ist es, ihnen mit strukturierter, wertschätzender Kommunikation zu begegnen. Im folgenden Abschnitt geht es nun um ein weiteres kommunikationsbezogenes Instrument der Gestaltung der Beziehung zwischen Führungskraft und MitarbeiterIn – das Mitarbeitergespräch.

5.6 Mitarbeitergespräche als Führungsinstrument

In der gängigen Führungspraxis gelten regelmäßige Mitarbeitergespräche als ein zentrales Werkzeug wirksamer Personalführung. Sie schaffen einen klaren, verbindlichen Rahmen für den Dialog zwischen Führungskraft und Mitarbeitenden und ermöglichen es, sowohl operative Fragen als auch strategische Entwicklungsthemen gezielt zu besprechen. Dabei stehen nicht nur Leistungsbeurteilungen oder Zielvereinbarungen im Mittelpunkt, sondern insbesondere auch der vertrauensvolle Austausch, die gemeinsame Reflexion und die individuelle Förderung der Mitarbeitenden.

Regelmäßig geführte Mitarbeitergespräche und das damit verbundene Feedback – so es konstruktiv formuliert wird – wirken sich in aller Regel positiv auf Motivation, Arbeitszufriedenheit und Leistungsbereitschaft aus. Sie schaffen Klarheit über Erwartungen, ermöglichen eine gemeinsame Reflexion bisheriger Arbeitsergebnisse und können die Perspektive auf langfristige Entwicklungen fördern. Mitarbeitergespräche sollten daher nicht als jährliches „Pflichtgespräch" angesehen werden, sondern als kontinuierliches Führungsinstrument, das ggf. auch quartalsweise oder sogar monatlich durchgeführt werden kann (siehe u. a. London, 2003).

Die Ziele eines Mitarbeitergesprächs lassen sich wie folgt zusammenfassen:

- Klärung von Zielen und Erwartungen: Mitarbeitende erhalten eine klare Orientierung darüber, was von ihnen erwartet wird, welche Ziele sie erreichen sollten und wie ihre Rolle im Team und/oder in der Organisation eingebettet ist.
- Reflexion der Leistung: Das, was bisher erreicht wurde, wird seitens der Führungskraft gewürdigt. Sofern Herausforderungen bestehen, werden diese offen angesprochen und gemeinsam erarbeitet, wie damit umgegangen werden kann.
- Entwicklungsperspektiven aufzeigen**:** Es wird gemeinsam besprochen, welche mittel- und langfristigen Ziele, Weiterbildungsmöglichkeiten oder neue Aufgabenfelder es für den Mitarbeitenden gibt. (siehe Abschn. 5.6.3)
- Motivation und Zufriedenheit stärken**:** Eine offene und wertschätzende Kommunikation fördert die Identifikation des Mitarbeitenden mit der Organisation, stärkt sein Engagement und wirkt sich positiv auf die Beziehung zwischen Führungskraft und Mitarbeitendem aus. Es kommt also einmal mehr auch auf das „Wie" im Gespräch an.

5.6.1 Zielvereinbarung

Das Vereinbaren von Zielen darf als ein wesentlicher Teil eines Mitarbeitergespräches gelten. Dahinter steht ein bewährter Ansatz in der Mitarbeiterführung – das sogenannte *Führen über Zielvereinbarungen,* auch bekannt als *Management by Objectives* (MbO) (vgl. Drucker, 1954). Hierbei werden in einem gemeinsamen Dialog klare, messbare und realistische Ziele definiert, die sowohl auf individueller als auch auf organisatorischer Ebene – im Sinne einer top-down-Steuerung – anschlussfähig sind, das heißt, dass die individuell vereinbarten Ziele auf die Organisationsziele „einzahlen".

Als Grundlage für das Definieren von Zielen kann die bereits in Abschn. 2.4.4 kurz vorgestellte *SMART-Methode* herangezogen werden (vgl. Doran, 1981>):

- Spezifisch – das Ziel ist eindeutig und konkret formuliert.
- Messbar – es sind klare Kriterien definiert, anhand derer bewertet werden kann, ob das Ziel erreicht wurde.
- Attraktiv – das Ziel ist angemessen, motivierend und sinnvoll.
- Realistisch – es ist mit vorhandenen Ressourcen erreichbar.
- Terminiert – es gibt einen klaren zeitlichen Rahmen.

Besonders wirksam sind ambitionierte, aber erreichbare Ziele, die die Motivation und das Engagement deutlich steigern können (vgl. Locke & Latham, 2002). Gleichzeitig ist es wichtig, die Zielerreichung nicht isoliert, sondern im Zusammenhang mit der persönlichen und fachlichen Entwicklung zu betrachten (siehe Abschn. 5.6.3).

Praxisbeispiel

Lea einigt sich in einem Entwicklungsgespräch mit einer Mitarbeiterin aus ihrem Projektteam auf folgendes SMART formuliertes Ziel: „Bis zum nächsten Quartalsende (T) übernimmt die Mitarbeiterin eigenverantwortlich die Koordination der wöchentlichen Abstimmungsrunde im Teilprojekt X (S). Sie erstellt jeweils vorab eine kurze Agenda und dokumentiert im Anschluss die wichtigsten Entscheidungen in unserem Projekttool (M). Ziel ist es, ihre Kommunikationskompetenz und organisatorische Verantwortung gezielt zu stärken (A). Die Einarbeitung in das Tool ist abgeschlossen und sie verfügt über die nötige Erfahrung mit den Projektinhalten (R).“ ◄

5.6.2 Feedback geben

Feedback ist meist ein wesentlicher Bestandteil eines Mitarbeitergesprächs, insbesondere im Hinblick auf die Reflexion vereinbarter Ziele. Angemessen formuliertes Feedback bietet eine der wirksamsten Möglichkeiten, um Verhaltensänderungen und persönliche Entwicklungsprozesse anzustoßen und sowie die Leistung am Arbeitsplatz zu verbessern. Laut Kluger & DeNisi (1996) wirkt Feedback besonders dann nachhaltig, wenn es konkret formuliert wird und möglichst zeitnah zum beobachteten Verhalten erfolgt. Sonst verliert es möglicherweise an Relevanz und Wirkung – nicht zuletzt, weil sich der Mitarbeitende vermutlich nicht mehr richtig an die Situation und/oder sein Verhalten erinnern kann (siehe dazu Abschn. 2.3 zur menschlichen Informationsverarbeitung).

Feedback sollte zudem konstruktiv also faktenbasiert sein, das heißt sich auf beobachtbares Verhalten beziehen. Persönliche Bewertungen oder Interpretationen gilt es zu vermeiden. Der/die Feedbacknehmende sollte ausschließlich zuhören und sich nicht für sein Verhalten rechtfertigen.

Bewährt hat sich die sogenannte *Sandwich-Methode,* bei der ein positives Feedback den Einstieg in die Rückmeldung bildet, gefolgt von einem kritischen Aspekt und einem positiven, ermutigenden Abschluss. Diese Struktur fördert die Aufnahmebereitschaft und kann dazu beitragen, dass Abwehrreaktionen auf Seiten des Feedbacknehmenden reduziert werden.

Praxisbeispiel

In einer Projektbesprechung sagt Lea zu einem Kollegen: „Ich fand deinen Beitrag in der heutigen Diskussion sehr klar strukturiert – das hat der Gruppe geholfen, den technischen Zusammenhang gut zu verstehen. Was mir aufgefallen ist: Du bist in der kritischen Phase der Entscheidungsfindung sehr zurückhaltend geblieben. Deine Perspektive hätte uns dort sicher weitergebracht. Ich würde mich freuen, wenn du dich beim nächsten Mal auch in solchen Momenten aktiver einbringst – denn dein Input ist fachlich sehr wertvoll.“ ◄

Aus psychologischer Sicht kann regelmäßiges Feedback dazu beitragen, das *Selbstwirksamkeitserleben* (vgl. Bandura, 1997) und damit verbunden die wahrgenommene Kompetenz zu fördern – ein zentraler Motivationsfaktor, der wiederum eng mit Arbeitszufriedenheit und persönlicher Entwicklung verknüpft sein kann.

5.6.3 Entwicklungsgespräche

Wie bereits ausgeführt wurde, wird in Zielvereinbarungsgesprächen in vielen Fällen auch die persönliche Weiterentwicklung des Mitarbeitenden thematisiert. Daher werden in der betrieblichen Praxis Zielvereinbarungsgespräche oftmals mit Entwicklungsgesprächen kombiniert. Sie fokussieren auf die mittel- bis langfristige Karriere- und Kompetenzentwicklung (siehe Abschn. 6.5.2) und fördern die systematische Auseinandersetzung mit Potenzialen, Interessen und Lernfeldern des Mitarbeitenden.

Ein typisches Entwicklungsgespräch kann folgende Elemente umfassen:

- Analyse des Status quo: Welche Stärken und Entwicklungspotenziale sind erkennbar? Dazu können als Unterstützung beispielsweise Kompetenzprofile oder Rollenbeschreibungen herangezogen werden.
- Festlegen von Zielen: Was sind die persönlichen Entwicklungs- bzw. Karriereziele des Mitarbeitenden?
- Planung von Maßnahmen: Welche konkreten Schritte sind notwendig, beispielsweise das Absolvieren von Trainings, die Übernahme von zusätzlicher Projektverantwortung oder die Teilnahme an Personalentwicklungsmaßnahmen wie einem Mentoringprogramm?
- Verbindliche Vereinbarungen: Wie sehen konkrete nächste Schritte aus? Wie erfolgt die Fortschrittskontrolle?

Die Wirksamkeit von Mitarbeitergesprächen – unabhängig von ihrem jeweiligen inhaltlichen Schwerpunkt – hängt maßgeblich von der Qualität ihrer Vorbereitung und Durchführung ab. Gespräche, die unstrukturiert, nebenbei oder ohne klares Ziel geführt werden, können ihre positive Wirkung nicht entfalten – im Gegenteil: Sie führen in vielen Fällen zu Missverständnissen oder zur Demotivation auf Seiten der Mitarbeitenden.

5.6.4 Gesprächsstruktur für Mitarbeitergespräche

Ein strukturierter Ablauf eines Mitarbeitergespräches schafft Sicherheit für beide Seiten. Eine im Vorfeld definierte Agenda – mit Themen wie Zielerreichung, Zusammenarbeit, Entwicklungspotenziale oder neuen Aufgaben – hilft, Abschweifungen zu vermeiden und den Fokus zu bewahren.

Die nachfolgende Struktur eignet sich sowohl für Entwicklungsgespräche als auch für Zielvereinbarungen oder Feedbackgespräche. Die einzelnen Phasen sind entsprechend flexibel anpassbar.

1. Gesprächseinleitung
   Ziel: Atmosphäre schaffen, Gesprächsrahmen klären, Vertrauen aufbauen
   Beispielhafte Formulierungen:
   - „Danke, dass du dir Zeit nimmst. Ich möchte heute mit dir gemeinsam zurückblicken, reflektieren und auch nach vorn schauen – mit dem Ziel, Klarheit zu schaffen und Entwicklungsperspektiven zu besprechen."
   - „Mir ist wichtig, dass dieses Gespräch ein Dialog ist. Deine Sichtweise und Einschätzungen interessieren mich sehr."
2. Zielformulierung
   Ziel: Erwartungsklärung, Orientierung für beide Seiten
   Beispielhafte Formulierungen:
   - „Ich habe drei Themen vorbereitet: Rückblick auf die letzten Monate, deine Entwicklungsperspektiven und mögliche neue Aufgaben."
   - „Am Ende sollten wir gemeinsam klare nächste Schritte und ggf. Zielvereinbarungen festgelegt haben."
3. Rückblick & Reflexion
   Ziel: Rückmeldung geben, Leistungen würdigen, Herausforderungen thematisieren
   Beispielfragen:
   - „Was lief aus deiner Sicht in den letzten Monaten gut?"
   - „Wo bist du stolz auf dich? Was war herausfordernd?"
   - „Gab es Situationen, in denen du dir mehr Unterstützung gewünscht hättest?"
   - „Welche Rückmeldungen hast du aus dem Team erhalten?"

4. Perspektiven & Entwicklung
   Ziel: Stärken erkennen, Potenziale benennen, Entwicklung planen
   Beispielfragen:
   - „Wo möchtest du dich fachlich oder persönlich weiterentwickeln?"
   - „Gibt es Aufgaben oder Themen, die dich besonders interessieren?"
   - „Was würdest du gern ausprobieren oder vertiefen?"
   - „Welche Unterstützung brauchst du, um deine Ziele zu erreichen?"
5. Zielvereinbarung
   Ziel: Konkrete und überprüfbare Vereinbarungen treffen
   Beispielformulierungen:
   - „Lass uns das Ziel konkret fassen: Was genau soll bis wann erreicht sein?"
   - „Was sind Kriterien, an denen wir das messen können?"
   - „Was kann dir helfen, das Ziel gut zu erreichen?"
6. Abschluss & Verbindlichkeit
   Ziel: Ergebnis sichern, Motivation stärken, Verbindlichkeit schaffen
   Beispielformulierungen:
   - „Was nimmst du für dich aus diesem Gespräch mit?"
   - „Ich fasse die nächsten Schritte zusammen: …"
   - „Lass uns einen Termin in sechs Wochen vereinbaren, um die Fortschritte gemeinsam anzuschauen."

Am Ende des Gesprächs sollte eine kurze Dokumentation stehen, die für beide Seiten zugänglich ist. Dies sichert Transparenz und dient als Grundlage für möglicherweise anstehende Folgetermine. In Tab. 5.2 findet sich eine Checkliste, die Impulse für die eigene Praxis bieten kann.

Tab. 5.2 Best Practice Checkliste für ein erfolgreiches Mitarbeitergespräch

Phase	Checkpunkt
Vor dem Gespräch	Gesprächsziel und Agenda klar definieren
	Relevante Informationen und Rückmeldungen zusammentragen
	Gespräch strukturiert vorbereiten (z. B. mit Leitfaden oder Gesprächsbogen)
	Einladung frühzeitig kommunizieren – inkl. Ziel und Ablauf
Während des Gesprächs	Gespräch in wertschätzender Atmosphäre eröffnen
	Ziel des Gesprächs benennen und Rollen klären
	Aktives Zuhören: Paraphrasieren, nachfragen, Emotionen erkennen
	Offene Fragen stellen – Reflexion und Verantwortung fördern
	Rückmeldungen konkret, zeitnah und lösungsorientiert geben
	Entwicklungsperspektiven thematisieren
	SMART formulierte Zielvereinbarungen treffen
Nach dem Gespräch	Vereinbarungen schriftlich festhalten und bestätigen lassen
	Bei Bedarf Folgetermin zur Fortschrittsüberprüfung festlegen
	Gespräch intern dokumentieren

Praxisbeispiel

Im Rahmen der strategischen Weiterentwicklung des Teams hat Lisa sich vorgenommen, regelmäßig mit allen Teammitgliedern Entwicklungsgespräche zu führen. Besonders wichtig ist ihr dabei der Dialog auf Augenhöhe. Heute steht ein Gespräch mit Paul an – einem jungen, engagierten Ingenieur, der seit einem Jahr im Team arbeitet. Lisa bereitet sich gründlich vor: Sie analysiert Pauls bisherigen Beitrag zum Projekt, erinnert sich an Rückmeldungen aus dem Kollegenkreis und macht sich Notizen zu möglichen Entwicklungsfeldern. Gleichzeitig überlegt sie, welche Fragestellungen Paul dabei helfen könnten, seine eigenen Ziele zu klären.

Das Gespräch beginnt in entspannter Atmosphäre. Lisa eröffnet mit einem positiven Rückblick auf Pauls bisherigen Beitrag und betont seine analytische Stärke sowie seine verlässliche Arbeitsweise. Anschließend fragt sie gezielt nach Pauls Sicht: Was sind seine aktuellen Herausforderungen? Wo sieht er sich mittelfristig im Unternehmen? Paul berichtet, dass er sich zunehmend für Systemarchitektur interessiert und gerne mehr Verantwortung in der Schnittstellenkoordination übernehmen würde. Lisa greift diesen Impuls auf und überlegt gemeinsam mit ihm, welche Kompetenzen dafür erforderlich sind. Sie schlägt vor, dass Paul im nächsten Projektabschnitt die technische Abstimmung mit einem externen Zulieferer übernimmt – eine Aufgabe, die sowohl Kommunikation als auch technisches Verständnis erfordert. Parallel dazu empfiehlt sie ihm, an einem internen Seminar zur bereichsübergreifenden Zusammenarbeit teilzunehmen.

Im weiteren Verlauf formulieren beide gemeinsam konkrete Entwicklungsziele nach dem SMART-Prinzip. Lisa dokumentiert die Vereinbarungen und legt mit Paul einen Folgetermin in sechs Monaten fest, um die Fortschritte zu reflektieren. Am Ende bedankt sich Paul ausdrücklich für das Gespräch – es habe ihm geholfen, seine Stärken besser einzuordnen und neue Perspektiven zu entwickeln. ◄

Während Mitarbeitergespräche im regulären Arbeitsalltag ein wichtiges Mittel der Kommunikation darstellen, zeigt sich die wahre Qualität von Führung insbesondere in Krisenzeiten und Veränderungsprozessen – wenn es um Themen wie Orientierung oder psychologische Sicherheit geht.

5.7 Führung in Krisen und Veränderungsprozessen

Schon in stabilen Zeiten ist Führung anspruchsvoll – in Krisen und Veränderungsprozessen wird sie zur echten Bewährungsprobe. Denn unter Druck zeigt sich, wie belastbar, empathisch und handlungsfähig Führung wirklich ist. Krisen – ausgelöst durch wirtschaftliche Einbrüche, technologische Umbrüche, interne Konflikte oder externe Schocks wie Pandemien – verändern nicht nur die Rahmenbedingungen, sondern auch die Rolle und das

Selbstverständnis von Führungskräften grundlegend. Ebenso erfordern tiefgreifende Veränderungsprozesse wie die digitale Transformation oder organisatorische Umstrukturierungen besondere kommunikative, emotionale und strategische Kompetenzen.

5.7.1 Führung in Krisensituationen

Krisen gehen häufig mit Gefühlen wie Unsicherheit oder Ängsten oder emotionaler Anspannung einher, so dass Mitarbeitende dann besonders sensibel für die Art und Weise sind, wie Führung ausgestaltet wird.

Eine zentrale Aufgabe von Führungskräften – im Sinne einer authentischen Führung – in solchen Phasen sollte daher darin bestehen, auch bei unvollständiger Informationslage zügig und nachvollziehbar eine Richtung vorzugeben und der jeweiligen Situation angemessene Entscheidungen zu treffen. Es geht dabei weniger um perfekte Lösungen, als vielmehr um ein klares und mutiges Vorgehen, das dabei unterstützen kann, Orientierung zu schaffen (vgl. Avolio & Gardner, 2005; Weick & Sutcliffe, 2015).

Außerdem suchen Menschen in instabilen Situationen Halt und Führungskräfte können zu etwas wie *emotionalen Ankern* werden. Durch persönliche Klarheit und Ansprechbarkeit können sie dazu beitragen, dass die Mitarbeitenden sich an ihnen ausrichten und „einen kühlen Kopf" bewahren.

Eine *offene, authentische und aufrichtige Kommunikation* kann dabei helfen, Ängste zu reduzieren, Missverständnissen vorzubeugen und Vertrauen aufrechtzuerhalten (vgl. Heifetz, Grashow & Linsky, 2009). Gleichzeitig ist Einfühlungsvermögen von Nöten. Mitarbeitende wollen mit ihren Gefühlen wie beispielsweise Ängsten ernst genommen werden – emotionale Präsenz, aktives Zuhören und das Eingehen auf individuelle Befindlichkeiten sind deshalb unverzichtbare Elemente wirksamer Krisenführung (vgl. Goleman, 1998).

Letztlich bietet jede Krise auch Entwicklungspotenzial. Eine von Resilienz geprägte Führung kann dabei unterstützen, gezielt vorhandene Ressourcen zu mobilisieren, die Selbstwirksamkeit der Mitarbeitenden zu stärken und einen Rahmen zu schaffen, in dem Lernen und Anpassung ermöglicht werden. So kann eine Krise nicht nur bewältigt werden, sondern auch für nachhaltiges Wachstum genutzt werden (vgl. Coutu, 2002).

Die Phasen eines systematischen Umgangs mit Krisen kann folgende Schritte umfassen (vgl. Mitroff, 2005)

1. *Vorbereitung:* In dieser Phase geht es darum, potenzielle Risiken frühzeitig zu erkennen, mögliche Krisenszenarien zu antizipieren und präventiv Maßnahmen zu entwickeln, wie mit diesen Szenarien umgegangen werden könnte. Führungskräfte sollten in ruhigen Phasen gemeinsam mit ihren Teams Frühwarnsysteme etablieren, Notfallpläne erstellen und für den Krisenfall klare Verantwortlichkeiten festlegen. Ziel ist es, die Organisation krisenfest zu machen und alle Beteiligten darauf vorzubereiten, im Ernstfall schnell reagieren zu können.

2. *Akute Phase*: Sobald eine Krise eintritt, ist schnelles, entschlossenes und gleichzeitig nachvollziehbares Handeln gefordert. Führungskräfte sollten Prioritäten setzen, die operative Handlungsfähigkeit ihrer Mitarbeitenden sicherstellen und zentrale Kommunikationskanäle (re)aktivieren. In dieser Phase zählt einmal mehr Klarheit, Entschlossenheit und Verlässlichkeit. Regelmäßige und transparente Kommunikation nach innen und außen kann dabei unterstützen, Unsicherheiten abzubauen und Vertrauen zu bewahren.
3. *Anpassung*: Nach der ersten akuten Reaktionsphase ist es möglicherweise erforderlich, Prozesse, Strukturen und Strategie(n) an die neuen Gegebenheiten anzupassen. In dieser Phase ist ein hohes Maß an Flexibilität, Kreativität und strategischem Denken gefragt. Führungskräfte sollten gemeinsam mit ihrem Team überlegen, welche Veränderungen notwendig sind, um den jeweiligen Arbeitsbereich zukunftsfähig aufzustellen und dabei vorhandene Ressourcen sinnvoll einzuteilen und möglicherweise auch umzuverteilen.
4. *Nachbereitung*: Ist die Krise überwunden, beginnt die Phase der Reflexion. Was ist gut gelaufen? Was hätte besser laufen können? Welche Lehren können für die Zukunft gezogen werden? Ziel ist es, die Resilienz des Bereichs und der Organisation zu stärken und Krisenerfahrungen in nachhaltige Lernprozesse zu überführen. Auch hier kommt der Führungskraft eine Schlüsselrolle zu, indem sie diesen Rückblick moderiert.

Ein zentraler Erfolgsfaktor über alle Phasen hinweg ist die *Präsenz* der Führungskraft: Damit ist nicht nur die physische Anwesenheit gemeint, sondern vor allem ein bewusstes, aktives und zugewandtes Führungsverhalten. Führungskräfte sollten grundsätzlich immer – in Krisen aber in besonderem Maß sichtbar und ansprechbar sein – sowohl emotional, operativ als auch strategisch.

Praxisbeispiel

Lea leitet ein Teilprojekt in einem sicherheitskritischen Bereich der Luft- und Raumfahrt. Drei Wochen vor dem geplanten Integrationstest kommt es zu einer unerwarteten Verzögerung: Ein externer Zulieferer kann ein zentrales Bauteil nicht fristgerecht liefern. Die Folge: Zeitdruck, Unruhe im Team, Unsicherheit bei der Projektleitung.

Akute Phase: Klarheit statt Perfektion

Lea reagiert umgehend. Noch am selben Tag lädt sie ihr Projektteam zu einem kurzen Krisenbriefing ein. Obwohl sie selbst noch nicht alle Informationen hat, benennt sie klar die ihr bekannten Fakten, die nächsten Schritte und die offenen Punkte. Ihre Botschaft: „Wir wissen noch nicht alles – aber wir handeln, so gut wir es jetzt können.“ Diese entschlossene und transparente Haltung stabilisiert das Team und verhindert vorschnelle Schuldzuweisungen.

Kommunikation & Empathie

In der folgenden Woche führt Lea täglich kurze Check-Ins ein. Diese dienen nicht nur dem Informationsaustausch, sondern auch der emotionalen Lageeinschätzung: Wer wirkt angespannt oder überfordert? Wer braucht Unterstützung? In einem Gespräch bemerkt sie, dass ein Kollege sich besonders unter Druck gesetzt fühlt. Sie nimmt sich

Zeit, hört zu, entlastet durch das Setzen von Prioritäten und gibt emotionale Rückendeckung.

Anpassung & Ressourcenfokus

Parallel prüft Lea mit dem Team alternative Lieferquellen, passt den internen Testplan an und verteilt Aufgaben neu. Dabei betont sie konsequent das, was beeinflussbar ist: „Wir können den Zulieferer nicht beschleunigen – aber wir können unsere Abläufe jetzt so straffen, dass wir bereit sind, sobald das Bauteil kommt."

Nachbereitung & Lernen

Nach Projektabschluss führt Lea ein strukturiertes Lessons-Learned-Meeting durch. Im Fokus steht nicht nur die technisch-fachliche Analyse, sondern auch die Teamdynamik in der Krise. Was hat gut funktioniert? Wo gibt es Verbesserungspotenzial? Das Team erarbeitet gemeinsam Maßnahmen zur Verbesserung der Lieferantenkommunikation und Lea initiiert das Erstellen eines internen „Krisenleitfadens". ◄

5.7.2 Führung in Veränderungsprozessen

Veränderung ist ein ständiger Begleiter in Organisationen – sei es durch technologische Innovationen, strategische Neuausrichtungen oder kulturelle Transformationen. Dabei sind es nicht nur Prozesse oder Strukturen, die betroffen sind, sondern vor allem Menschen mit ihren Gewohnheiten, Erwartungen und Gefühlen. Führungskräfte tragen in diesem Zusammenhang eine besondere Verantwortung, da sie maßgeblich die Art und Weise beeinflussen, wie Veränderungen erlebt und verarbeitet wird. Dies ist vor allem dadurch bedingt, dass sie die primären Ansprechpartner für ihre Mitarbeitenden sind.

Eine der am häufigsten auftretenden Herausforderungen ist der *Umgang mit Widerständen und Unsicherheiten* (siehe Abschn. 6.6.7). So können Veränderungen bei Mitarbeitenden beispielsweise ein Gefühl des Kontrollverlustes auslösen. Es kann auch sein, dass sie den Verlust bewährter Routinen im Arbeitsalltag befürchten und die Sinnhaftigkeit der Veränderungen in Frage stellen. In dieser Phase ist daher das Einfühlungsvermögen der Führungskraft wichtig. Es ist dann meist nicht ausreichend, auf der rationalen Ebene zu argumentieren, vielmehr bedarf es eines aufrichtigen Interesses an den Sorgen der Mitarbeitenden sowie der Bereitschaft, diesen mit der gebührenden Achtsamkeit zu begegnen (vgl. Dent & Goldberg, 1999).

Ein weiterer zentraler Faktor ist *die Vermittlung der Sinnhaftigkeit der Veränderung.* Menschen machen Veränderungen nicht aufgrund formaler Notwendigkeiten mit, sondern nur dann, wenn sie verstehen, warum die Veränderung notwendig ist und wie sie sich auf ihre Rolle auswirkt. In solchen Phasen bedeutet Führung auch, Narrative zu schaffen: Warum verändern wir uns? Was ist der Zweck? Was ist das größere Ziel? (vgl. Kotter, 1996).

Schließlich *ist Partizipation* ein entscheidender Ansatzpunkt für die Akzeptanz von Veränderungen. Je mehr Mitarbeitende die Möglichkeit haben, den Veränderungsprozess aktiv mitzugestalten, desto stärker fühlen sie sich verantwortlich – ein mitunter als „Ownership" bezeichnetes Phänomen. Partizipation kann in Form von Workshops oder

Feedbackrunden erfolgen und stärkt unter anderem das Vertrauen in die Führung (vgl. Armenakis & Bedeian, 1999).

Im Folgenden werden einige psychologische Prinzipien vorgestellt, die bei der Bewältigung der mit Veränderungsprozessen verbundenen Herausforderungen und einer angemessenen Kommunikation hilfreich sein können.

Psychologische Sicherheit schaffen:

Veränderungen gehen im Allgemeinen mit einem Gefühl der Unsicherheit einher. Die Erledigung neuer Aufgaben, Unklarheiten bezüglich der Verantwortlichkeiten sowie ungewohnte Abläufe können dazu führen, dass Fehler begangen werden oder der Abstimmungsbedarf ansteigt. Wesentlich ist, ob sich Mitarbeitende in solchen Situationen sicher genug fühlen, um ihre Gedanken offen zu äußern – oder ob sie aus Angst vor negativen Konsequenzen schweigen. (vgl. Edmondson, 1999)

Die Bereitschaft zur Veränderung fördern:

Die Reaktionen auf Veränderungen können individuell unterschiedlich ausfallen. Ein „Growth Mindset", also die Überzeugung, dass Fähigkeiten durch Anstrengung und Lernen entwickelt werden können, kann sich in diesem Zusammenhang positiv auswirken (vgl. Dweck, 2006) (siehe Abschn. 2.5). Führungskräfte können diese Haltung bei ihren Mitarbeitenden gezielt fördern, indem sie Herausforderungen als Entwicklungschancen interpretieren, Lernerfolge sichtbar machen und offen mit ihren eigenen Unsicherheiten und Lernerfahrungen umgehen.

Emotionale Intelligenz nutzen:

Veränderungen können bei den Betroffenen unterschiedliche Emotionen auslösen, wie beispielsweise Neugier und Aufbruchstimmung, aber auch Angst, Ärger oder Überforderung. Daher ist emotionale Intelligenz sehr bedeutsam für erfolgreiche Führung. Ein wesentlicher Aspekt ist dabei die Fähigkeit, Emotionen bei sich selbst und anderen zu identifizieren, zuzulassen und einfühlsam darauf zu reagieren.

Die Förderung von Akzeptanz durch Sinnhaftigkeit:

Veränderungen werden in der Regel eher akzeptiert, wenn sie nachvollziehbar sind und eine gewisse Sinnhaftigkeit erkennen lassen. Gemäß der Definition von Weick (1995) kann der Begriff „Sensemaking" als ein Prozess definiert werden, in dem der Veränderung kollektiv ein Sinn zugeschrieben wird. Führung umfasst das Erläutern von Zusammenhängen und die Veranschaulichung übergeordneter Ziele, um so einen roten Faden im Geschehen aufzuzeigen. Die Mitarbeitenden entwickeln dadurch ein Verständnis für die Notwendigkeit von Veränderungen und erkennen ihren eigenen Beitrag zur aktiven Mitgestaltung.

Praxisbeispiel

Lea arbeitet als Projektleiterin in einem technologisch anspruchsvollen Entwicklungsbereich. Ihr Unternehmen entscheidet sich, mittelfristig auf agile Arbeitsformen umzustellen, um flexibler auf Kundenwünsche reagieren zu können. Einige ihrer Teammitglieder reagieren zunächst skeptisch, andere fühlen sich durch die neuen Anforderungen verunsichert.

Lea erkennt, dass sie ihrem Team psychologische Sicherheit vermitteln muss: In einem Teammeeting betont sie, dass Fehler möglich sind und Rückfragen ausdrücklich erwünscht sind – und dass das Team gemeinsam daraus lernen wird. Sie führt zudem regelmäßig Retrospektiven ein, in denen Erfahrungen mit der neuen Arbeitsform offen reflektiert werden.

Um Veränderungsbereitschaft zu fördern, teilt Lea auch ihre eigene Lernkurve: Sie berichtet von ihren eigenen Unsicherheiten, mit denen sie im agilen Arbeiten konfrontiert war – und wie sie damit umgegangen und letztlich daran gewachsen ist. So stärkt sie eine auf Transformation und Weiterentwicklung ausgerichtete Einstellung im Team.

Lea achtet zudem gezielt auf emotionale Signale – etwa stille Rückmeldungen oder ironische Bemerkungen – und sucht das Gespräch, bevor sich Unmut festsetzen kann. Dabei zeigt sie Verständnis für Ängste und bespricht individuelle Entwicklungsbedarfe. Parallel kommuniziert sie regelmäßig, warum die Veränderung strategisch notwendig ist, und stellt den größeren Zusammenhang her: mehr Kundennähe, schnellere Iterationen, bessere Lernzyklen. Dadurch hilft sie ihrem Team, die Umstellung auf die neue Arbeitsform als sinnvollen und notwendigen Entwicklungsschritt zu verstehen. ◄

Das Change-Management-Modell von Kotter (1996) beschreibt acht Phasen, die Führungskräfte aktiv und bewusst gestalten können, um umfassende Veränderungsvorhaben wie beispielsweise die Fusion von zwei Unternehmen erfolgreich zu begleiten und nachhaltig zu verankern. Jede Phase erfüllt dabei eine spezifische Funktion im Verlauf der Veränderung und baut auf der jeweils vorhergehenden auf:

1. *Dringlichkeit erzeugen*: Veränderungen gelingen nur, wenn ein geeminschaftliches Bewusstsein entsteht, dass es Handlungsbedarf in Bezug auf den Status quo und die Notwenigkeit zur Veränderung gibt. Führungskräfte sind in dieser Phase dazu aufgefordert, zu erklären, warum jetzt gehandelt werden muss. Dies kann durch das Aufzeigen von Risiken des aktuellen Status oder Chancen, die sich durch den Wandel ergeben, geschehen. Das Ziel besteht darin, ein Gefühl von Relevanz und Dringlichkeit zu kreieren.
2. *Führung und Führungskoalitionen aufbauen*: Um den Wandel herbeizuführen, bedarf es Verbündeter. In dieser Phase ist es daher wichtig, neben einem Leitungsteam ein Netzwerk aus unterstützenden Personen aufzubauen. Dabei sollten insbesondere solche Personen einbezogen werden, die über Einfluss, Überzeugungskraft und Glaubwürdigkeit verfügen. Diese Koalition fungiert als Multiplikator, bietet Rückhalt und verleiht dem Veränderungsvorhaben Legitimität.
3. *Vision und Strategie entwickeln*: Es ist von wesentlicher Bedeutung, dass eine klare Richtung vorgegeben wird. In der Vision wird das angestrebte Zukunftsbild beschrieben. In der Strategie wird festgelegt, wie dieses Ziel erreicht werden soll. Die Vision sollte inspirierend, glaubwürdig und anschlussfähig sein – eine Leitidee, die Sinn stiftet und Orientierung gibt.

4. *Die Vision kommunizieren*: Kommunikation spielt eine entscheidende Rolle für die Akzeptanz. Die mit der Veränderung verbundene Vision muss kontinuierlich, verständlich und über verschiedene Kanäle hinweg konsistent kommuniziert werden.
5. *Mitarbeitende befähigen:* Damit der Wandel nicht aufgrund mangelnder Kompetenzen scheitert, ist es erforderlich, dass Weiterbildungsbedarfe rechtzeitig identifiziert werden. Zudem ist die Bereitstellung von Ressourcen in Form von Zeit, Budget, Unterstützung oder Fortbildungsangeboten erforderlich. Das Ziel besteht darin, die Handlungsfähigkeit der Mitarbeitenden aufrechtzuerhalten und zu fördern.
6. *Kurzfristige Erfolge sichtbar machen*: Kleine, frühe Erfolge – quick wins – sind als bedeutende psychologische Meilensteine zu betrachten, die es in gebotenem Umfang zu „feiern" gilt. Dadurch wird sichtbar und erlebbar, dass Veränderung möglich ist, sie motivieren zur Fortsetzung und stärken das Vertrauen in den Veränderungsprozess.
7. *Veränderung konsolidieren*: Erste Erfolge stellen keine Gewähr für einen nachhaltigen Wandel dar. Es ist von entscheidender Bedeutung, dass die am Veränderungsprozess Beteiligten „dranbleiben", um Rückfälle in alte Verhaltensmuster zu vermeiden und die neu etablierten Strukturen, Prozesse und Verhaltensweisen nachhaltig zu verankern. Führungskräfte sind in dieser Phase dazu angehalten, weiterhin mit Nachdruck und Konsequenz zu agieren, auch wenn der erste Veränderungsschub nachlässt.
8. *Neues in der Kultur verankern*: Eine Veränderung ist erst dann als abgeschlossen zu betrachten, wenn sie sich als elementarer Bestandteil der Organisation etabliert hat. Die Integration neuer Werte, Einstellungen und Verhaltensweisen in den Alltag, die entsprechende Kommunikation dazu sowie die Unterstützung durch beispielsweise Belohnungssysteme unterstützen diesen Prozess. Führungskräfte nehmen dabei eine Schlüsselrolle ein, indem sie die neuen Verhaltensweisen vorleben und in bestehende Strukturen integrieren.

Ein wirkungsvolles Instrument kann in diesem Zusammenhang das *Storytelling* sein, da Veränderungen als nachvollziehbarer und akzeptierter empfunden werden, wenn sie in eine emotional berührende Geschichte eingebettet sind (vgl. Denning, 2005). Unter Storytelling wird dabei die Methode der Kommunikation durch Geschichten verstanden. Führungskräfte können sie nutzen, um komplexe oder abstrakte Veränderungsprozesse für Mitarbeitende verständlich und emotional zugänglich(er) zu machen.

Dahinter steht die Erkenntnis, dass eine gute Geschichte Bilder im Kopf erzeugt, Emotionen weckt und dabei helfen kann, neue Situationen in einen anderen Bezugsrahmen zu setzen. In Phasen der Veränderung kann Storytelling daher dazu beitragen, die Bedeutung und den „Sinn" hinter dem Wandel zu vermitteln, Unsicherheiten zu reduzieren und die Identifikation mit der Zielsetzung und der Vision zu fördern. Führungskräfte können Storytelling also einsetzen, um den Ausgangszustand, die Notwendigkeit des Wandels und die angestrebte Zukunft als nachvollziehbare „Veränderungsreise" zu schildern.

Praxisbeispiel

Lea nutzt Shackletons Geschichte (vgl. Morrell & Capparell, 2001*) zur Sinnvermittlung im Change*

Lea steht vor einem kritischen Wendepunkt im Projekt: Die strategische Ausrichtung des Unternehmens hat sich kurzfristig geändert, das ursprüngliche Entwicklungsziel ihres Teams wurde gestrichen. Statt wie geplant ein neues Antriebssystem zu entwickeln, soll das Team nun an einer modularen Schnittstellenlösung für verschiedene bestehende Plattformen arbeiten – ein Thema mit völlig anderer technischer Tiefe und deutlich weniger Innovationscharakter. Im Team macht sich Frustration breit: „Wofür machen wir das überhaupt noch?“ – „Das ist doch nicht das, wofür wir hier angetreten sind.“

Lea spürt, dass sie ihrem Team mehr als neue Aufgaben geben muss: Sie muss einen neuen Sinn stiften. In einem bewusst gesetzten Teammeeting eröffnet sie mit einer Geschichte:

„1914 wollte der Forscher Ernest Shackleton als erster Mensch die Antarktis durchqueren. Doch bevor er starten konnte, wurde sein Schiff – die *Endurance* – vom Eis eingeschlossen und zerstört. Statt Forscher zu sein, wurde er zum Überlebensführer. Sein Ziel konnte er nicht mehr erreichen – aber er hat es geschafft, seine gesamte Mannschaft durch zwei eisige Jahre zu bringen. Kein einziger Mann ist verloren gegangen. Warum? Weil er Verantwortung übernommen hat. Weil er das Ziel angepasst hat und nicht den Anspruch an das Team.“

Dann schlägt Lea die Brücke zur eigenen Situation:

„Unser Kurs hat sich ebenfalls geändert. Das Ziel, für das wir gestartet sind, steht so nicht mehr auf dem Plan. Aber unsere Fähigkeiten, unser Zusammenhalt und unser Anspruch an gute Arbeit sind geblieben. Jetzt geht es nicht mehr um das *was,* sondern um das *wie.* Wir gestalten den neuen Weg – gemeinsam. Und genau wie bei Shackleton zählt nicht, ob der Plan unverändert bleibt, sondern dass wir als Team mit Sinn und Verantwortung durch diese Phase gehen.“

Das Team reagiert spürbar anders als in bisherigen Meetings: Die Geschichte wirkt emotional anschlussfähig. Statt sich nur rational mit der Veränderung auseinanderzusetzen, entsteht Raum für Identifikation. In der anschließenden Diskussion werden erste Ideen entwickelt, wie die neue Aufgabe technisch spannend gestaltet werden kann und Lea schlägt vor, gemeinsam eine neue Vision für das Teilprojekt zu formulieren.

Reflexion:

Lea nutzt Shackletons Geschichte nicht als Heldenepos, sondern als Brücke zur emotionalen Verarbeitung eines Umbruchs. Sie zeigt: Sinn entsteht durch gemeinsame Bewältigung. Damit schafft sie genau das, was Veränderung braucht: Orientierung, Zugehörigkeit und neue Handlungsperspektiven. ◄

In Krisensituationen sowie bei Veränderungen wird die Führungskraft zum entscheidenden Faktor für Stabilität, Singgebung und Entwicklung. Darüber hinaus ist die

Fähigkeit, Unsicherheit zu kommunizieren, ohne dabei Sicherheit zu verlieren, von Bedeutung. Führungskräfte, die den Mut aufbringen, Verletzlichkeit zu zeigen, Zweifel anzusprechen und Orientierung zu geben, werden nicht nur Vertrauen gewinnen, sondern auch die Grundlage dafür schaffen, dass Teams gestärkt aus Veränderungen hervorgehen. Führung in besonderen Situationen bedeutet also vor allem die angemessene Begleitung der Menschen durch den Wandel mit (nicht nur, aber auch) Haltung, Herz und Empathie.

5.8 Zusammenfassung

Führung ist ein zentraler psychologischer Wirkmechanismus in Organisationen. Kap. 5 beleuchtet Führung als sozialen Prozess, in dem Menschen andere Menschen dabei unterstützen, gemeinsame Ziele zu erreichen. Dabei wird deutlich: Gute Führung orientiert sich nicht nur an Methoden und Modellen, sondern entsteht vor allem durch die Persönlichkeit, die Haltung und die Kompetenzen der Führungskraft.

Zunächst werden verschiedene Führungsmodelle vorgestellt – darunter transformationale und transaktionale Führung oder Konzepte wie die dienende Führung. Diese Modelle liefern unterschiedliche Antworten auf die Frage, wie Führung gestaltet werden kann – ob durch Belohnung, Inspiration oder Beteiligung. Die Erkenntnis: Es gibt nicht *den einen* Führungsstil, sondern eine Vielfalt an Ansätzen, deren Wirksamkeit von unter anderem Kontext, Aufgaben und Teamstruktur abhängt.

Eine gute Führungskraft erkennt situative Anforderungen, passt sich entsprechend flexibel an und wahrt dabei Authentizität. Besonders im Spannungsfeld zwischen Orientierung geben und Beteiligung ermöglichen, braucht es psychologische Sensibilität, Empathie und die Fähigkeit zur Selbstreflexion.

Die Anforderungen an Führungskräfte verändern sich rasant. Technologische Entwicklungen, hybride Arbeitsmodelle und wachsender Innovationsdruck fordern nicht nur strategisches Denken, sondern auch emotionale Intelligenz, Resilienz und digitale Kompetenz. Das Kapitel beschreibt zentrale *Herausforderungen moderner Führung* – etwa das Managen virtueller Teams, das Schaffen psychologischer Sicherheit oder das Fördern von Work-Life-Balance.

Ein Abschnitt widmet sich der *Rolle der Führungskraft* – verstanden als mehrdimensionales Konstrukt. Führungskräfte sind nicht nur Fachvorgesetzte, sondern auch Coach, Moderator, KonfliktmanagerIn und Vorbild. Diese Rollenvielfalt erfordert nicht nur Fachwissen, sondern eine ausgeprägte psychologische Handlungskompetenz.

Ein besonderer Fokus liegt auf der Fähigkeit zur Selbstführung, die bereits in Kap. 3 eingeführt wurde. Wer andere führen will, muss sich selbst gut führen können. Das heißt beispielsweise, eigene Stärken und Grenzen zu kennen, sich klar zum Ausdruck zu bringen und sich kontinuierlich weiterzuentwickeln.

Führung ist ohne *Kommunikation* nicht denkbar. Ob Feedbackgespräch, Konfliktklärung oder Zielvereinbarung – die Qualität der Kommunikation prägt maßgeblich das

Erleben von Führung. Das Kapitel gibt entsprechend Einblick in Prinzipien wertschätzender Kommunikation und Methoden zur Deeskalation in schwierigen Situationen.

Besonders betont wird, dass Führungskommunikation nicht nur „informieren", sondern auch „verbinden" soll: Sie schafft Beziehung, vermittelt Sinn und macht Erwartungen transparent. Dabei spielt die Fähigkeit zum aktiven Zuhören, zum Perspektivwechsel und zur empathischen Reaktion eine zentrale Rolle.

Anschließend werden konkrete kommunikationsbezogene Führungsinstrumente vorgestellt – von Zielvereinbarungen über Mitarbeitergespräche bis hin zu Möglichkeiten des Feedbacks. Diese Werkzeuge entfalten ihre Wirkung jedoch nur, wenn sie bewusst und auf Augenhöhe eingesetzt werden. Gelingende Führung erfordert daher neben Wissen vor allem Haltung: Vertrauen schenken, Verantwortung teilen und Entwicklung ermöglichen.

Das Kapitel schließt mit einem Ausblick auf Führung in besonderen Situationen, etwa in Krisen oder Veränderungsprozessen. Hier zeigt sich, dass psychologische Sicherheit, Klarheit, Authentizität oder die Vermittlung von Sinnhaftigkeit entscheidende Ressourcen sind, um Stabilität und Orientierung zu geben – selbst wenn keine einfachen Lösungen in Sicht sind.

Führung ist eingebettet in Strukturen, Prozesse, Kulturen – kurz: in die Organisation. Wie wirken sich Organisationsformen, Personalentwicklungsprozesse und Unternehmenskultur auf den Menschen am Arbeitsplatz aus? Welche Rolle spielt psychologisches Wissen bei der Gestaltung von Onboarding, Change-Management oder gelebter Fehlerkultur? Kap. 6 erweitert die Perspektive vom einzelnen Mitarbeitenden und der Führungskraft hin zum systemischen Blick auf Organisationen und zeigt Möglichkeiten auf, wie der Mensch in diesem Gefüge wachsen und sich entfalten kann.

Literatur

Allen, T. D., Golden, T. D., & Shockley, K. M. (2015). How effective is telecommuting? Assessing the status of our scientific findings. *Psychological Science in the Public Interest, 16*(2), 40–68. https://doi.org/10.1177/1529100615593273

Armenakis, A. A., & Bedeian, A. G. (1999). Organizational change: A review of theory and research in the 1990s. *Journal of Management, 25*(3), 293–315. https://doi.org/10.1177/014920639902500303

Avolio B. J. & Bass B. M. (1991). The full range leadership development programs: Basic and advanced manuals. Binghamton, New York: Bass, Avolio Associates.

Avolio, B. J., & Gardner, W. L. (2005). Authentic leadership development: Getting to the root of positive forms of leadership. *The Leadership Quarterly, 16*(3), 315–338. https://doi.org/10.1016/j.leaqua.2005.03.001

Bandura, A. (1997). *Self-efficacy: The exercise of control*. Freeman.

Bass, B. M. (1985). *Leadership and performance beyond expectations*. Free Press.

Bass, B. M. (1990). From transactional to transformational leadership: Learning to share the vision. *Organizational Dynamics, 18*(3), 19–31. https://doi.org/10.1016/0090-2616(90)90061-S

Bass, B. M., & Avolio, B. J. (1994). Improving organizational effectiveness through transformational leadership. Thousand Oaks, CA: Sage.

Bass, B. M., & Avolio, B. J. (1995). MLQ multifactor leadership questionnaire, leader form, rater form, and scoring. Palo Alto, CA: Mind Garden.

Bennis, W. (2009). *On becoming a leader*. Basic Books.

Burns, J. M. (1978). *Leadership*. Harper & Row.

Coutu, D. L. (2002). How resilience works. *Harvard Business Review, 80*(5), 46–55.

Deci, E. L., & Ryan, R. M. (1985). *Intrinsic motivation and self-determination in human behavior*. Plenum.

Deci, E. L., & Ryan, R. M. (2000). The „what" and „why" of goal pursuits: Human needs and the self-determination of behavior. *Psychological Inquiry, 11*(4), 227–268. https://doi.org/10.1207/S15327965PLI1104_01

Denning, S. (2005). *The leader's guide to storytelling: Mastering the art and discipline of business narrative*. Jossey-Bass.

Dent, E. B., & Goldberg, S. G. (1999). Challenging „resistance to change.". *Journal of Applied Behavioral Science, 35*(1), 25–41. https://doi.org/10.1177/0021886399351003

Doran, G. T. (1981). There's a S.M.a.R.T. Way to write management's goals and objectives. Management Review, 70(11), 35–36.

Drucker, P. (1954). *The practice of management*. Harper & Row.

Dweck, C. S. (2006). *Mindset: The new psychology of success*. Random House.

Edmondson, A. C. (1999). Psychological safety and learning behavior in work teams. *Administrative Science Quarterly, 44*(2), 350–383. https://doi.org/10.2307/2666999

Fisher, R., Ury, W., & Patton, B. (2012). *Getting to yes: Negotiating agreement without giving in*. Random House.

Goleman, D. (2013). *Focus: The hidden driver of excellence*. HarperCollins.

Goleman, D. (1998). *Working with emotional intelligence*. Bantam.

Greenleaf, R. K. (1977). *Servant Leadership: A Journey into the Nature of Legitimate Power and Greatness*. Paulist Press.

Heifetz, R., Grashow, A., & Linsky, M. (2009). *The practice of adaptive leadership: Tools and tactics for changing your organization and the world*. Harvard Business Press.

Hersey, P., & Blanchard, K. H. (1969). Life cycle theory of leadership. *Training & Development Journal, 23*(5), 26–34.

Hill, E. J., Ferris, M., & Märtinson, V. (2003). Does it matter where you work? A comparison of how three work venues (traditional office, virtual office, and home office) influence aspects of work and personal/family life. *Journal of Vocational Behavior, 63*(2), 220–241. https://doi.org/10.1016/S0001-8791(03)00042-3

Kane, G. C., Palmer, D., Phillips, A. N., & Kiron, D. (2017). Winning the digital war for talent. *MIT Sloan Management Review, 58*(2), 17–19.

Kluger, A. N., & DeNisi, A. (1996). The effects of feedback interventions on performance: A historical review, a meta-analysis, and a preliminary feedback intervention theory. *Psychological Bulletin, 119*(2), 254–284.

Kossek, E. E., & Lautsch, B. A. (2018). Work–life flexibility for whom? Occupational status and work–life inequality in upper, middle, and lower level jobs. *The Academy of Management Annals, 12*(1), 5–36. https://doi.org/10.5465/annals.2016.0059

Kotter, J. P. (1996). *Leading change*. Harvard Business School Press.

Locke, E. A., & Latham, G. P. (2002). Building a practically useful theory of goal setting and task motivation: A 35-year odyssey. *American Psychologist, 57*(9), 705–717. https://doi.org/10.1037/0003-066X.57.9.705

London, M. (2003). *Job feedback: Giving, seeking, and using feedback for performance improvement*. Psychology Press.

Mitroff, I. I. (2005). *Why some companies emerge stronger and better from a crisis: 7 essential lessons for surviving disaster*. Amacom.

Morrell, K., & Capparell, S. (2001). Shackleton's way: Leadership lessons from the great Antarctic explorer. Viking.

Northouse, P. G. (2021). *Leadership: Theory and practice* (9. Aufl. Aufl.). Sage Publications.

Ryan, R. M., & Vansteenkiste, M. (2023). Self-determination theory: Metatheory, methods, and meaning. In R. M. Ryan (Hrsg.), *The Oxford handbook of self-determination theory* (S. 3–30). Oxford University Press. https://doi.org/10.1093/oxfordhb/9780197600047.013.2

Schein, E. H. (2010). *Organizational Culture and Leadership* (4. Aufl. Aufl.). Jossey-Bass.

Steiger, T., & Lippmann, E. (Hrsg.). (2013). *Handbuch Angewandte Psychologie für Führungskräfte: Führungskompetenz und Führungswissen* (4. Aufl. Aufl.). Springer.

Wang, B., Liu, Y., Qian, J., & Parker, S. K. (2021). Achieving effective remote working during the COVID-19 pandemic: A work design perspective. *Applied Psychology, 70*(1), 16–59. https://doi.org/10.1111/apps.12290

Wang, G., Oh, I.-S., Courtright, S. H., & Colbert, A. E. (2011). Transformational leadership and performance across criteria and levels: A meta-analytic review of 25 years of research. *Group & Organization Management, 36*(2), 223–270. https://doi.org/10.1177/1059601111401017

Watkins, M. (2013). *The first 90 days: Proven strategies for getting up to speed faster and smarter.* Harvard Business Review Press.

Weick, K. E. (1995). Sensemaking in organizations. London: Sage.

Weick, K. E., & Sutcliffe, K. M. (2015). Managing the unexpected: Sustained performance in a complex world. Wiley.

Whitmore, J. (2017). *Coaching for performance: The principles and practice of coaching and leadership* (5. Aufl. Aufl.). John Murray.

Yukl, G. (2013). Leadership in organizations (8. Aufl.). Boston: Pearson.

Mensch in der Organisation 6

6.1 Ziele des Kapitels

In diesem Kapitel wird der Blick auf das umfassende Zusammenspiel zwischen Individuum und Organisation gerichtet. Es geht dabei um die Frage, wie Organisationen auf das Erleben, Verhalten und die Entwicklung von Menschen wirken und umgekehrt – also welchen Einfluss Mitarbeitende auf Kultur, Struktur und Dynamik ihrer Organisation ausüben.

Ziel ist es, zentrale Einflussfaktoren zu verstehen, die das Erleben, Verhalten und die Entwicklung von Mitarbeitenden im organisationalen Kontext prägen – von der Personalauswahl, dem Onboarding, der gesundheitsförderlichen Gestaltung des Arbeitsplatzes über die systematische Personalentwicklung bis hin zur Gestaltung von Veränderungsprozessen und der Kultur in Organisationen.

Im Kapitel werden unter anderem folgende Fragen beantwortet:

- Welche strukturellen, sozialen und kulturellen Bedingungen beeinflussen die psychische Gesundheit und Motivation von Mitarbeitenden?
- Wie gelingt die Passung zwischen Person und Organisation und warum ist sie für Zufriedenheit, Bindung und Leistung entscheidend?
- Welche psychologischen Prinzipien sollten bei der Auswahl, Integration und Entwicklung von Mitarbeitenden berücksichtigt werden?
- Welche Bedeutung hat systematische Personalentwicklung und wie kann sie konkret aussehen?
- Welche Zusammenhänge gibt es zwischen Organisationsentwicklung und Change Management?

B. Schleidt, *Angewandte Psychologie am Arbeitsplatz*,
https://doi.org/10.1007/978-3-662-72703-4_6

- Warum scheitern organisationale Veränderungsprojekte und wie kann das verhindert werden?
- Wie lässt sich eine lernförderliche, resiliente und innovative Organisationskultur gestalten?

Dieses Kapitel sensibilisiert für die psychologischen Dynamiken, die sich vielerorst in organisationalen Systemen entfalten. Es stellt praxisrelevante Konzepte wie den Person-Organisation-Fit oder das Drei-Phasen-Modell des Wandels vor. Darüber hinaus zeigt es konkrete Möglichkeiten auf, wie Organisationen gesünder, menschlicher und gleichzeitig leistungsfähiger gestaltet werden können – wiederum mit Praxisbeispielen und Reflexionsimpulsen aus Leas Arbeitswelt.

Denn letztlich gilt: Wer Organisationen verändern will und sie damit anpassungsfähig und lebendig halten will, sollte verstehen, was in den in ihr wirkenden Menschen vorgeht und dieses Wissen – nicht zuletzt bei Veränderungsvorhaben – angemessen berücksichtigen.

6.2 Einleitung

6.2.1 Mensch als Teil einer Organisation

Jede berufliche Tätigkeit findet in einem bestimmten organisationalen Kontext statt – sei es in einem internationalen Großkonzern, einem regionalen Familienbetrieb oder einer Non-Profit-Organisation. Diese Einbettung beeinflusst nicht nur Aufgaben und Abläufe, sondern wirkt tief in das Erleben, Verhalten und die Entwicklungsmöglichkeiten der einzelnen Person hinein (vgl. Mintzberg, 1979).

Organisationen können als vielschichtige soziale Systeme mit spezifischen Strukturen, Entscheidungswegen oder unterschiedlichen kulturellen Charakteristika verstanden werden. In ihnen wirken drei zentrale Einflussbereiche auf den Menschen: die organisatorischen Strukturen und Prozesse, die kulturellen und sozialen Rahmenbedingungen sowie die zur Verfügung stehende Technologie. Modelle der Arbeitspsychologie wie das *MTO-Modell* (Mensch-Technik-Organisation) nach Ulich (1997, 2011) veranschaulichen die Wechselwirkungen zwischen diesen Einflussbereichen. Der Mensch bewegt sich in diesem System in einem möglichst ausbalancierten Zustand zwischen persönlichen Bedürfnissen, aufgabenbezogenen und technischen Anforderungen und sozialer Realität.

In Abb. 6.1 werden verschiedene Aspekte der Passung zwischen Person und Organisation veranschaulicht, in dem Arbeitsplatzgestaltung, Arbeitsorganisation, (Psycho-)Soziale Unterstützung und Individuelle Entwicklung zueinander in einen Bezug gesetzt werden

Ein weiterer bedeutsamer Ansatz zur Beschreibung der Wechselwirkung zwischen Mensch und Organisation ist das *Person-Environment-Fit-Modell* (Kristof-Brown et al.,

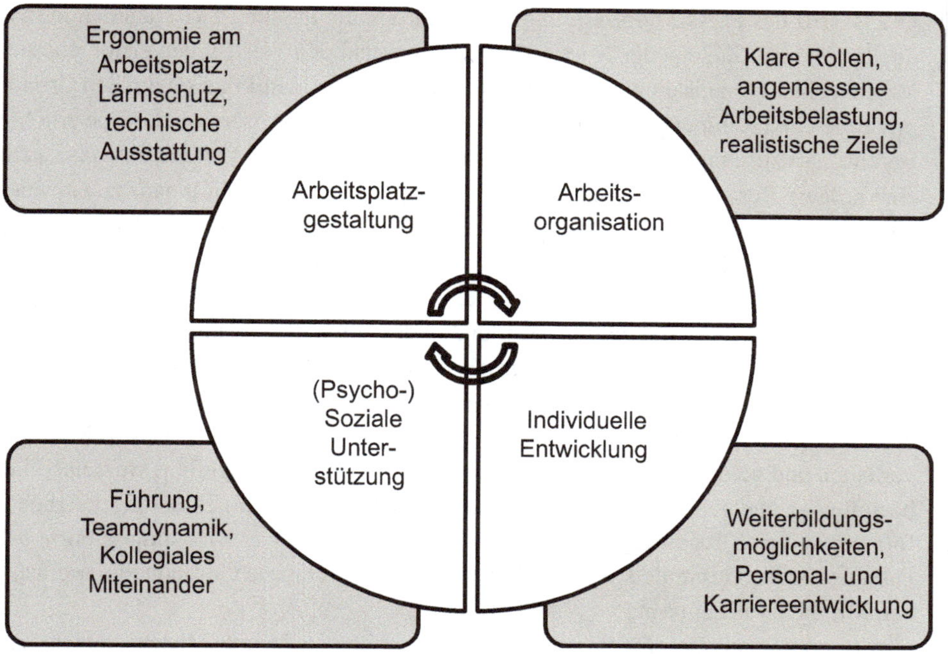

Abb. 6.1 Faktoren der Passung von Person und Organisation

2005). Es geht davon aus, dass eine gute Passung zwischen individuellen Merkmalen und den Gegebenheiten des beruflichen Umfelds einen zentralen Einfluss auf das Erleben und Verhalten am Arbeitsplatz hat – etwa in Bezug auf Arbeitszufriedenheit, psychische Gesundheit oder Leistungsfähigkeit. Der Begriff „Environment" bzw. Umfeld umfasst dabei nicht nur die Organisation als Ganzes, sondern verschiedene Ebenen wie Team, Aufgabenprofil, Führung oder Unternehmenskultur, auf denen jeweils unterschiedliche Formen der Passung relevant werden können.

Nachfolgend werden ausgewählte Formen der Passung vorgestellt:

1. Der Begriff des *Person-Job Fit* bezeichnet die Übereinstimmung zwischen den Fähigkeiten, Interessen und Bedürfnissen einer Person und den Anforderungen sowie Merkmalen, die mit einer konkreten Tätigkeit verbunden sind. Eine hohe Passung in diesem Bereich hat in der Regel positive Auswirkungen auf die Motivation und die Leistung und verringert die Neigung, die Organisation zu verlassen. Umgekehrt kann ein dauerhaftes Missverhältnis zwischen dem, was eine Person in eine Tätigkeit einbringt und den Anforderungen, die sich aus den Aufgaben ergeben – etwa bei Über- oder Unterforderung – zu chronischem Stress oder zunehmender Demotivation führen.

2. Der Begriff des *Person-Organization Fit* beschreibt die Passung zwischen den individuellen Werten, Zielen oder Normen einer Person und den Werten, der Vision und der Mission einer Organisation. Mitarbeitende, die eine hohe Identifikation mit den Grundprinzipien und Rahmenbedingungen ihrer Organisation aufweisen, zeigen eine erhöhte Bereitschaft zur langfristigen Bindung an das Unternehmen und möglicherweise auch eine größere Bereitschaft, sich auch über ihre eigentliche Tätigkeit hinaus zu engagieren (–> Organizational Citizenship Behavior). Umgekehrt kann ein Mismatch beispielsweise zwischen einer innovationsfreudigen Organisation und einem sicherheitsorientierten Mitarbeitenden dazu führen, dass der Mitarbeitende irgendwann innerlich kündigt oder einen Wertekonflikt erlebt und in der Folge die Organisation verlässt.
3. *Person-Group Fit* bezeichnet die Kongruenz zwischen dem Individuum und dem jeweiligen Team bzw. der Arbeitsgruppe. Neben dem fachlichen Fit ist insbesondere die soziale Passung von Bedeutung. Aspekte wie Vertrauen, Kommunikationsstil, Konfliktverhalten und geteilte Vorstellungen davon, wie die Arbeit durchgeführt werden sollte, beeinflussen maßgeblich das Arbeitsklima. Beispielsweise bei projektbasierten Arbeitsformen, in denen Teams regelmäßig neu zusammengestellt werden, ist diese Form der Passung für die Gesamtleistung des Teams und die psychische Gesundheit der einzelnen Mitglieder bedeutsam.
4. Der *Person-Supervisor Fit* beschreibt die Beziehung zwischen Mitarbeitenden und ihrer Führungskraft. Eine hohe Übereinstimmung in Bezug auf Kommunikationsstil, Führungsverständnis oder gegenseitige Erwartungen kann einen maßgeblichen Beitrag zur Arbeitszufriedenheit des Mitarbeitenden leisten. Demgegenüber kann beispielsweise eine als kontrollierend oder unberechenbar wahrgenommene Führungskraft einen erheblichen Stressfaktor bilden, insbesondere dann, wenn Feedback- und Leistungsbeurteilungsprozesse nicht konstruktiv, wertschätzend und transparent gestaltet werden.

Diese Passungsdimensionen stehen oftmals in einer Wechselbeziehung zueinander. Eine hohe Person-Job-Passung kann beispielsweise durch einen schlechten Person-Supervisor-Fit relativiert oder bis zu einem gewissen Grad ausgeglichen werden. Gleichzeitig kann ein starker Person-Organization-Fit individuellen Motivationsdefiziten entgegenwirken – beispielsweise durch das Erleben von Sinnhaftigkeit bei dem, was man tut.

In diesem Zusammenhang kann *psychologische Sicherheit* (vgl. Edmondson, 1999) als übergreifender, moderierender Faktor wirksam werden. In einem Umfeld, in dem Fehler kommuniziert werden dürfen, in dem mit Konflikten konstruktiv umgegangen wird und in dem Vielfalt und Diversität als kulturelle Werte anerkannt werden, können moderate Passungsprobleme durchaus kompensiert werden. In einem von Angst geprägten Umfeld hingegen können bereits geringfügige Abweichungen von den persönlichen Erwartungen schnell demotivierend wirken oder die Wahrscheinlichkeit für das Auftreten von psychischen Erkrankungen erhöhen.

Gesundheit, Wohlbefinden, Arbeitszufriedenheit und Leistungsfähigkeit können also als das Ergebnis eines komplexen Zusammenspiels von beispielsweise individueller Haltung und persönlichen Bedürfnissen, der Qualität der sozialen Beziehungen am Arbeitsplatz und organisationalen Rahmenbedingungen gelten.

Obgleich Mitarbeitende zweifellos Eigenverantwortung für ihr Verhalten am Arbeitsplatz, ihr Zeitmanagement oder ihre persönliche Weiterentwicklung tragen, ist nicht von der Hand zu weisen, dass selbst hochmotivierte Menschen ohne ein unterstützendes Umfeld auf lange Sicht an gewisse Grenzen stoßen können. Denn nicht zuletzt Themen wie Arbeitsbedingungen, Führungskultur oder strukturelle Gestaltungsmöglichkeiten beeinflussen maßgeblich, ob sie ihr Potenzial entfalten können.

Bereits im Bewerbungsprozess werden die Grundlagen für eine gute Passung gelegt: Wie gut ist die Qualität des Anforderungsprofils für die zu besetzende Stelle? Wie transparent sind die Anforderungen, die an den Mitarbeitenden am Arbeitsplatz gestellt werden? Wie realistisch sind beispielsweise die Erwartungen an Belastbarkeit oder Flexibilität des potenziellen Mitarbeitenden? Organisationen, die ihre Auswahlprozesse entsprechend professionell gestalten, senden implizit ein erstes psychologisches Signal – nämlich ob sie ihren Mitarbeitenden primär Wertschätzung und ein aufrichtiges Interesse entgegenbringen oder sie vielmehr als (Human) Ressourcen betrachten, die „einen Job zu erledigen haben".

Im Arbeitsalltag setzen sich diese Haltung einer Organisation fort: Haben Mitarbeitende angemessene Gestaltungsspielräume? Werden ihre Bedürfnisse nach beispielsweise Klarheit, Autonomie und Zugehörigkeit ernst genommen? Wie wird mit Fehlern, Kritik oder Überlastung umgegangen? Ein ganzheitliches Verständnis organisationaler Verantwortung bedeutet daher, Arbeit und Arbeitsbedingungen so zu gestalten, dass sie als sinnhaft, entwicklungsfördernd und gesundheitsverträglich von den Mitarbeitenden wahrgenommen werden.

Im nächsten Abschnitt wird beleuchtet, welche psychologischen Herausforderungen sich aus verschiedenen Organisationstypen und -strukturen in Hinblick auf Regeln, Bedürfnisse oder Dynamik ergeben können. Ein genauerer Blick auf diese Unterschiede kann hilfreich sein, um daraus Gestaltungsprinzipien für beispielsweise Personalauswahl oder Personalentwicklung ableiten zu können.

6.2.2 Organisationstypen und ihre Herausforderungen

Organisationen unterscheiden sich nicht nur in Bezug auf Größe oder Zielsetzung, sondern auch in Bezug auf die psychologischen Anforderungen, die sie an ihre Mitarbeitenden stellen. In Abhängigkeit von der jeweiligen Ausrichtung und Struktur ergeben sich spezifische Belastungen, jedoch auch Möglichkeiten zur Förderung von Motivation, Identifikation und Entwicklung.

Wirtschaftsunternehmen sind in der Regel durch eine hohe Ergebnisorientierung und standardisierte Prozesse geprägt. In größeren Unternehmen wie Konzernen bieten klare Hierarchien Stabilität und vielfältige Entwicklungsperspektiven, während bürokratische Hürden oder eine möglicherweise fehlende Nähe zur Führung demotivierend wirken können.

Ein wesentliches Merkmal von *Start-ups* ist der ausgeprägte Innovationsgeist. Zudem sind die Organisationsstrukturen in der Regel flach. Dadurch ergeben sich für die Mitarbeitenden spezifische Anforderungen beispielsweise in Bezug auf Flexibilität, Eigenverantwortung und Kreativität.

Kleine und mittlere Unternehmen (KMU) zeichnen sich meist durch persönliche Nähe und Pragmatismus beispielsweise die Entscheidungswege betreffend aus. Gleichzeitig fehlt es häufig an systematischer Personalentwicklung oder Perspektiven zur beruflichen Weiterentwicklung. In einem solchen Kontext können Faktoren wie Klarheit in Bezug auf Rolle(n) und Aufgaben oder eine transparente Kommunikation zu Erwartungen von Bedeutung sein.

In *Non-Profit-Organisationen (NPO)* steht zumeist die als sinnstiftend erachtete Arbeit im Vordergrund, was vor allem die intrinsische Motivation der Mitarbeitenden fördern kann. Die oftmals limitierte Bereitstellung von Ressourcen bedingt jedoch ein hohes Maß an Engagement, das in vielen Fällen – in welcher Form auch immer – nicht adäquat kompensiert wird. Dies kann beispielsweise zur emotionalen Erschöpfung oder auch zum Burnout führen, insbesondere, wenn die Grenzen zwischen Beruf und Berufung langfristig verschwimmen.

Projektbasierte Netzwerke bringen flexible Arbeitsformen und -zeiten mit sich. Die Zusammenarbeit erfolgt häufig von unterschiedlichen Standorten aus und über digitale Kommunikationsmedien, was hohe Anforderungen an Selbstorganisation, digitale Kompetenz und Kommunikationsfähigkeit an die Beteiligten stellt. Der Mangel an langfristiger Stabilität und Planbarkeit in Kombination mit einem hohen Maß an persönlicher Flexibilität kann beispielsweise Unsicherheit oder Entfremdung erzeugen und eine als unzureichend wahrgenommene persönliche Bindung kann dies zusätzlich fördern.

Matrixorganisationen, in denen Mitarbeitende zwei oder mehreren Vorgesetzten gleichzeitig unterstellt sind, fördern die interdisziplinäre Zusammenarbeit und Vernetzung, können jedoch auch erhebliche Konflikte mit sich bringen. Die doppelte Weisungsbefugnis – beispielsweise durch einen Linienvorgesetzten und eine Projektleitung – kann zu sich

Tab. 6.1 Übersicht verschiedener Organisationsformen, typischer Merkmale und ausgewählten psychologischen Herausforderungen

Organisationsform	Typische Merkmale	Mögliche psychologische Herausforderungen
Wirtschafts--unternehmen/ Konzern	Klare Hierarchien und Zuständigkeiten, standardisierte Strukturen und Prozesse, Berichtswesen, ausgeprägte Ergebnisorientierung, funktionale Arbeitsteilung, strategische Planung, regelbasiert	Ggf. fehlende Nähe zur Führung, Demotivation durch bürokratische Strukturen, eingeschränkte Selbstwirksamkeit durch geringe Handlungsspielräume, geringe Beteiligung der Mitarbeitenden an Entscheidungen
Start-up	Flache Hierarchie, agile Strukturen, hohe Innovationsorientierung und Dynamik, kurze Entscheidungswege, häufig junge und divers zusammengesetzte Teams	Hohe Anforderungen an Eigenverantwortung und Flexibilität, psychische Belastung durch Unsicherheit und häufige Veränderungen

Tab. 6.1 (Fortsetzung)

Organisationsform	Typische Merkmale	Mögliche psychologische Herausforderungen
KMU (kleine und mittelständische unternehmen)	Flachere Hierarchien, direkte Kommunikation, oft inhabergeführt	Unklare Erwartungen bzgl. Rolle(n) und Aufgaben, hohe soziale Nähe, eingeschränkte Ressourcen
Non-Profit--Organisationen (NPOs)	Gemeinwohlorientiert, oft finanzielle Abhängigkeit von Spenden oder Fördergeldern	Überengagement durch Sinnfokussierung, emotionale Erschöpfung, unscharfe Grenzen zwischen Beruf und Berufung
Projektbasierte Netzwerke	Temporäre Zusammenschlüsse, oft virtuelle Zusammenarbeit	Unsicherheit durch fehlende Stabilität, geringe persönliche Bindung, Belastungen durch hohen Grad der Selbstorganisation
Matrixorganisation	Funktionale und projektorientierte Struktur, Mitarbeitende berichten an mehrere Vorgesetzte	Rollenkonflikte, widersprüchliche Erwartungen, Unsicherheiten durch diffuse Verantwortlichkeiten

widersprechenden Erwartungen und Anforderungen führen und erfordert ein hohes Maß an Abstimmung, Selbstführung und Rollenklarheit bei allen Beteiligten.

In Tab. 6.1 sind typische Merkmale der verschiedenen Organisationsformen und mögliche damit verbundene psychologische Herausforderungen überblicksartig zusammengefasst.

Es wird deutlich, dass die verschiedenen Organisationstypen sich nicht nur in Aufbau und Zielsetzung unterscheiden, sondern auch in den psychologischen Anforderungen, die sie an ihre Mitarbeitenden stellen. Je nach Typ variieren Gestaltungsspielräume oder auch die Art, wie miteinander umgegangen und kommuniziert wird oder welche Belastungen damit einher gehen können.

Unabhängig vom jeweiligen Organisationstyp durchlaufen Mitarbeitende innerhalb jeder Organisation bestimmte Phasen, vom Einstieg über die Phase der beruflichen Tätigkeit bis zum Austritt. Welche psychologischen Prinzipien entlang dieses Weges wirken und wie sie gestaltet werden können, ist Thema des nächsten Abschnitts.

6.2.3 Der Mitarbeiterlebenszyklus

Die Beziehung zwischen dem Menschen und der Organisation, in der er arbeitet, ist verschiedenen Dynamiken und Veränderungen unterworfen. In Analogie zum Lebenszyklus von Produkten kann dabei vom sogenannten *Mitarbeiterlebenszyklus* gesprochen werden. Er umfasst folgende Phasen: den Einstieg in die Organisation und damit verbunden die Aufnahme der Arbeit, die Phase der beruflichen Tätigkeit, ggf. den Übergang in den Ruhestand und schließlich den Ausstieg aus der Organisation. Jede Phase bringt spezifische psychologische Herausforderungen und Entwicklungschancen mit sich – sowohl auf individueller Ebene als auch im organisationalen Kontext.

Die *Einstiegsphase* beginnt bereits mit dem Auswahlprozess und reicht über das Onboarding bis hin zur vollständigen sozialen Integration. Psychologisch entscheidend ist hier, ob neue Mitarbeitende das Gefühl entwickeln, willkommen zu sein, Orientierung zu finden und die erwartete Rolle im Team einnehmen zu können. Strukturierte Einarbeitungspläne, die Begleitung durch eine/n MentorIn oder eine von Offenheit geprägte Teamkultur wirken sich dabei direkt auf das Engagement, die Motivation und Bindung aus.

Die *Phase der aktiven Berufstätigkeit* ist in diesem Zyklus in der Regel die längste und zugleich die facettenreichste. Sie ist zumeist durch kontinuierliches Lernen, zunehmende Verantwortung und sich wandelnde Anforderungen gekennzeichnet. In dieser Phase wirken sich eine kontinuierliche berufliche Weiterentwicklung, ein angemessenes Maß an Autonomie sowie ein unterstützendes Führungsverhalten stabilisierend aus. Die Fragen, die sich aus psychologischer Perspektive ergeben können, fokussieren auf Aspekte wie Selbstverwirklichung, Erhalt und Ausbau von Leistungsfähigkeit und Wohlbefinden oder auch Themen wie die Work-Life-Balance.

Die *Ausstiegsphase* – und damit verbunden möglicherweise der Übergang in den Ruhestand – ist ein sensibler Prozess, dessen Bedeutung oft unterschätzt wird. Für eine Vielzahl der Mitarbeitenden ergibt sich in diesem Zusammenhang die Frage nach dem Finden eines neuen Lebenssinns und dem Gefühl, weiterhin gebraucht zu werden. Organisationen haben die Möglichkeit, diese Phase aktiv zu gestalten, indem sie gezielte Programme anbieten, die auf diese Phase vorbereiten oder indem sie Möglichkeiten zur Weitergabe von Erfahrungswissen bereitstellen. Mentoring-Programme oder der Einsatz als „Senior Advisor" ermöglichen es Mitarbeitenden, auch im Übergang weiterhin zur Organisation beizutragen, was sich auf die persönliche Zufriedenheit oder das Wohlbefinden positiv auswirken kann.

Betriebliche Personalentwicklung sollte alle Phasen des Mitarbeiterlebenszyklus kontinuierlich und systematisch mit entsprechenden Angeboten begleiten, auch wenn der Fokus zumeist auf der Phase der aktiven Berufstätigkeit liegen dürfte.

Ein zentraler Wirkfaktor über alle Phasen des Mitarbeiterlebenszyklus hinweg ist zudem die körperliche und die psychische Gesundheit. Welche Möglichkeiten Organisationen haben, diese bewusst und nachhaltig zu fördern, wird im nächsten Abschnitt aufgezeigt.

6.2.4 Gesundheit gestalten

Gesundheit am Arbeitsplatz kann als das Ergebnis bewusster, systematisch geplanter Entscheidungen sowohl auf Seiten der Organisation als auch auf Seiten der Mitarbeitenden gelten. Ein *ganzheitlicher Ansatz* zur Förderung von Gesundheit sollte dabei zwei zentrale

Perspektiven berücksichtigen. Die *verhaltensbezogene Perspektive* umfasst Maßnahmen, die auf die Veränderung individuellen gesundheitsförderlichen Verhaltens ausgerichtet sind. Hierzu zählen beispielsweise Schulungen zum Stressmanagement, Resilienztrainings oder achtsamkeitsbasierte Interventionen. *Verhältnisbezogene* Maßnahmen hingegen setzen bei den strukturellen Bedingungen an, etwa durch die ergonomische Gestaltung von Arbeitsplätzen oder die Einführung gesundheitsförderlicher Führungskonzepte (vgl. World Health Organization, 2010).

Das maßgebliche Prinzip dahinter ist die *Prävention*. Anstatt nur auf bereits eingetretene Belastungen oder Erkrankungen zu reagieren, geht es darum, psychischen und physischen Belastungen frühzeitig vorzubeugen. Prävention fokussiert entsprechend auf eine Stabilisierung und den Ausbau individueller Ressourcen und das Reduzieren potenzieller Risikofaktoren.

Sie lässt sich auf drei Ebenen einordnen (vgl. Hurrelmann et al., 2018; Brinkmann, 2014)

- *Primärprävention* umfasst alle Maßnahmen, die das Auftreten von gesundheitlichen Beeinträchtigungen grundsätzlich verhindern sollen. Dazu gehören z. B. Trainings zur Förderung psychischer Widerstandskraft bzw. von Resilienz, Aufklärungsangebote zu gesundem Arbeiten oder Maßnahmen zur Förderung eines gesundheitsförderlichen Betriebsklimas. Adressaten der Primärprävention sind gesunde Mitarbeitende, die im Sinne eines *Empowerments* befähigt werden sollen, die eigenen gesundheitlichen Arbeits- und Lebensbedingungen zu verändern.
- *Sekundärprävention* umfasst Maßnahmen, die frühzeitig Erkrankungen oder Gesundheitsrisiken aufdecken und behandeln, um damit deren Verschlimmerung zu verhindern oder eine schnelle Rückkehr zur Arbeitsfähigkeit zu ermöglichen. Beispielsweise könnte ein Mitarbeitender mit Rückenschmerzen an einer Rückenschulung teilnehmen, um weiteren Schädigungen vorzubeugen.
- In der *Tertiärprävention* stehen bereits erkrankte Personen im Fokus. Maßnahmen, die in diesem Bereich angeboten werden, zielen darauf ab, zu verhindern, dass sich eine Erkrankung verschlimmert, ggf. zu Folgeerkrankungen führt oder chronisch wird. Beispielsweise könnte eine betroffene Person an einem Wiedereingliederungsprogramm oder an einer arbeitspsychologischen Beratung teilnehmen.

Gesundheitsförderliche Maßnahmen entfalten ihre volle Wirksamkeit nur dann, wenn sie auf organisationaler Ebene strategisch integriert sind – beispielsweise im Rahmen eines *betrieblichen Gesundheitsmanagements (BGM)* mit klaren Zielen, umfangreicher Evaluation und einer angemessenen Verankerung in der Unternehmenskultur. Ein systematisch implementiertes betriebliches Gesundheitsmanagement, das sowohl das Verhalten als auch die Verhältnisse adressiert, erweist sich nicht nur als gesundheitsförderlich, sondern auch als ökonomisch sinnvoll. Langfristig dürften Organisationen von geringeren krankheitsbedingten Fehlzeiten, einer höheren Zufriedenheit und einer stärkeren Bindung ihrer Mitarbeitenden profitieren.

Ergonomische Arbeitsplatzgestaltung

Ergonomisch optimierter Arbeitsplatz, korrekte Sitzhaltung, Bildschirmhöhe, passende Lichtverhältnisse und Lärmreduktion, Raumklima, z.B. Pflanzen

Psychosoziale Faktoren

Wertschätzende Führung, ein respektvolles Miteinander und kollegiale Unterstützung, Qualität der sozialen Beziehungen am Arbeitsplatz

Arbeitsorganisation

Realistische Zielvorgaben, transparente Rollenklarheit, eine gute Aufgabenstrukturierung sowie die aktive Gestaltung von Pausenkultur und Erholungszeiten

Fördern von individuellen Ressourcen

Maßnahmen zur Stärkung von Resilienz, Emotionsregulation, Achtsamkeit und Selbstführung – beispielsweise mit Angeboten wie Stressbewältigungstrainings, Bewegung, Ernährung oder Mental Health-Coaching

Abb. 6.2 Handlungsfelder in der betrieblichen Gesundheitsförderung

Für Mitarbeitende bedeutet Prävention auch, Verantwortung für die eigene Gesundheit zu übernehmen: beispielsweise durch Reflexion des eigenen Arbeitsverhaltens, das bewusste Setzen von Grenzen, die Pflege sozialer Beziehungen oder die Entwicklung individueller Bewältigungsstrategien im Umgang mit Stress. Die Organisation wiederum sollte über eine betriebliches Gesundheitsmanagement hinaus strukturelle Rahmenbedingungen schaffen, die gesundes Verhalten ermöglichen, wertschätzen und systematisch fördern – etwa durch gesunde Führung, realistische Zielvereinbarungen oder flexible Arbeitszeitmodelle (siehe Kossek et al., 2014). In Abb. 6.2 sind verschiedene Handlungsfelder und mögliche Maßnahmen skizziert, in denen betriebliche Gesundheitsförderung erfolgen kann.

Die enge Verbindung zwischen Mensch und Organisation beginnt jedoch nicht erst mit dem ersten Arbeitstag, sondern bereits einen Schritt früher bei der Auswahl geeigneter Personen auf die jeweils zu besetzende Stelle. Im nächsten Kapitel wird aufgezeigt, wie eine systematische, psychologisch fundierte Personalauswahl gestaltet werden kann – mit dem Ziel, die bestmögliche Passung zwischen Bewerbendem und Organisation sicherzustellen und Fehlbesetzungen zu vermeiden. Dabei steht die systematische Entwicklung eines Kompetenz- und Anforderungsprofils im Mittelpunkt.

6.3 Personalauswahl

Die Qualität der Personalauswahl stellt einen entscheidenden Faktor für den langfristigen Erfolg einer Organisation dar. Sie beeinflusst nicht nur die Leistungsfähigkeit und Innovationskraft eines Unternehmens, sondern wirkt sich auch direkt auf die Zufriedenheit und Gesundheit der Mitarbeitenden aus. Eine fundierte Auswahlentscheidung sollte daher nicht allein auf fachlichen Kriterien basieren, sondern auch psychologische Passungsmerkmale berücksichtigen (vgl. Kristof-Brown et al., 2005). Mitarbeitende, die sich mit ihrer Rolle identifizieren und sowohl persönlich, inhaltlich als auch kulturell zur Organisation passen, zeigen in der Regel ein höheres Engagement, eine stärkere Bindung und eine größere Bereitschaft zur persönlichen Weiterentwicklung.

Eine gelungene Personalauswahl wirkt sich zudem auf die Teamdynamik aus: Neue Mitarbeitende, die sich zügig in bestehende Strukturen integrieren können, tragen maßgeblich zu einer produktiven und harmonischen Zusammenarbeit bei. Gleichzeitig sinkt durch eine gute Passung die Fluktuation, was nicht zuletzt aus ökonomischen Gründen als ein bedeutsamer Faktor in Zeiten des Fachkräftemangels gelten darf. Last but not least: Die Auswahl passender Mitarbeitender stärkt auch die Zukunftsfähigkeit einer Organisation - Stichwort *future skills*.

Eine zentrale Handlungsempfehlung lautet daher: Neben Qualifikationen und Kompetenzen sollten insbesondere Persönlichkeit, Werte, Motivation und Entwicklungspotenzial systematisch im Auswahlprozess berücksichtigt werden. Um dies nicht „ins Blaue hinein" zu tun, sollte vor der Suche nach geeigneten KandidatInnen für eine Tätigkeit zunächst ermittelt werden, welche Anforderungen die auszuschreibende Stelle an den potenziellen Mitarbeitenden stellt.

6.3.1 Anforderungsanalyse

Bevor eine Stelle besetzt werden soll, muss zunächst geklärt werden, welche Anforderungen sie an den zukünftigen Stelleninhaber stellt. Eine *Anforderungsanalyse* bildet entsprechend das Fundament der Personalauswahl und hat das Ziel, jene Merkmale zu identifizieren, die eine Person mitbringen sollte, um die jeweilige Tätigkeit erfolgreich, zufriedenstellend und gesundheitsförderlich ausüben zu können (vgl. Schuler, 2006).

Eine Anforderungsanalyse kann auf verschiedenen Wegen erfolgen:

1. In *Arbeitsplatzanalytischen Verfahren* (z. B. Tätigkeitsanalysen oder Arbeitsanalysen) werden konkrete Aufgaben, Arbeitsmittel, Interaktionen sowie physische und psychische Anforderungen des Arbeitsplatzes ermittelt.

2. In *Personenorientierten Verfahren*, in der Verfahren wie die Critical Incident Technique (Flanagan, 1954) eingesetzt werden können, werden erfolgskritische Verhaltensweisen erhoben, die mit hoher Leistung und typischen Herausforderungen am Arbeitsplatz verbunden sind.
3. Beim *erfahrungsgeleiteten-intuitiven Vorgehen* werden die Anforderungen an einem Arbeitsplatz durch Urteile von beruflichen Experten oder erfahrenen Mitarbeitenden nach deren intuitiver Einschätzung und auf Basis ihrer Kenntnis der Tätigkeitsmerkmale bestimmt. (vgl. ausführlich Schuler, 2006; Wilson, 2007)

Ergänzend können standardisierte Instrumente wie das Bochumer Inventar zur berufsbezogenen Persönlichkeitsbeschreibung“ (BIP) (Hossiep & Paschen, 2003) oder der Fleishman Job Analysis Survey (F-JAS) (Fleishman & Reilly, 1992) genutzt werden, um für eine Tätigkeit relevante Anforderungsdimensionen zu ermitteln.

Ein *Anforderungsprofil* umfasst neben den fachlichen auch über-fachlich bzw. persönliche Voraussetzungen, die eine Person erfüllen muss, um in der jeweils beschriebenen Position erfolgreich tätig sein zu können. Diese Voraussetzungen werden vielfach in Form von gewichteten Kompetenzen und entsprechenden Verhaltensankern formuliert (siehe Abschn. 6.5.2). Ziel der Anforderungsanalyse ist somit nicht nur die Beschreibung der Aufgabeninhalte, sondern vielmehr die Entwicklung eines umfassenden *Kompetenzprofils*, das als Grundlage für die weitere Personalauswahl dient.

6.3.2 Kompetenzprofil als Fundament

In einem *Stellenprofil* werden die formalen Rahmenbedingungen und Aufgabenbereiche einer Position beschrieben. Das *Kompetenzprofil* hingegen fokussiert auf die individuellen Voraussetzungen, die eine Person mitbringen sollte, um an einer Arbeitsstelle erfolgreich tätig zu sein.

Eine praxisorientierte Methode zur Entwicklung von Kompetenzprofilen besteht darin, die konkreten Arbeitsanforderungen eines bestimmten Arbeitsplatzes systematisch mit den dafür erforderlichen Kompetenzen zu verknüpfen. Schleidt (2009) greift dabei auf ein Verfahren aus dem Qualitätsmanagement zurück, das sogenannte *Quality Function Deployment* (QFD). Ursprünglich für die Entwicklung von Produkten konzipiert, lässt sich die Systematik dieses Ansatzes auch auf Personalauswahl und -entwicklung übertragen: In einer Matrix werden die Anforderungen bzw. die Arbeitsbedingungen an einem Arbeitsplatz mit den jeweils benötigten Kompetenzen abgeglichen. Das Vorgehen umfasst dabei in den meisten Fällen zwei Schritte:

Zunächst werden am jeweiligen Arbeitsplatz die relevanten Arbeitsbedingungen und Anforderungen zusammengestellt. Danach wird daraus ein Kompetenzprofil abgeleitet, Basis ist hierfür meist – sofern vorhanden – ein unternehmensweites Kompetenzmodell. Im Auswahlverfahren findet dann ein Abgleich zwischen dem so ermittelten Soll-Profil und dem aktuellen Ist-Profil des Bewerbers statt.

Ein vollständiges Kompetenzprofil sollte, wie in Abschn. 2.6 beschrieben, typischerweise vier Dimensionen umfassen (vgl. Erpenbeck & Rosenstiel, 2007):

- *Fachliche Kompetenzen* wie Ausbildung, spezifisches Wissen oder berufliche Erfahrung.
- *Methodische Kompetenzen* wie analytisches Denken, Problemlösungsfähigkeit oder Projektmanagement.
- *Soziale Kompetenzen* wie Teamfähigkeit, Kommunikationsstärke oder Umgang mit Konflikten.
- *Persönliche Kompetenzen* wie Eigenverantwortliches Handeln, Belastbarkeit oder Selbstmanagement.

Um die Passung zwischen Kompetenzprofil und KandidatIn möglichst valide zu überprüfen, braucht es geeignete diagnostische Verfahren. Im nächsten Schritt geht es daher um bewährte Methoden der Personalauswahl, mit denen sowohl fachliche, methodische als auch soziale und persönliche Kompetenzen differenziert erfassen werden können.

6.3.3 Methoden zur Auswahl geeigneter Bewerber

Die Auswahl geeigneter BewerberInnen sollte methodisch fundiert und mehrdimensional bzw. multimodal erfolgen, um eine möglichst valide Einschätzung sowohl der fachlichen als auch der psychosozialen Eignung zu ermöglichen (vgl. Sackett et al., 2021).

Ein strukturierter Auswahlprozess sollte daher folgende Bausteine umfassen:

1. *Analyse der Bewerbungsunterlagen*

   Sie ermöglicht eine erste Einschätzung zu Qualifikation, Erfahrung und Plausibilität des beruflichen Werdegangs. Unstimmigkeiten oder Brüche im Lebenslauf sollten in einem sich ggf. nach der Vorauswahl anschließenden Interview thematisiert werden.
2. *Interviews und strukturierte Gespräche*

   Halbstandardisierte Interviews mit situativen und verhaltensorientierten Fragen (siehe Tab. 6.2 mit dem STAR-Ablauf nach Jordan et al., (2012)) erlauben eine relativ realistische Beurteilung von Kompetenzen und damit verbundenen Verhaltensweisen. Neben der fachlichen Passung können dabei beispielsweise auch Werteorientierung oder die persönliche Motivation exploriert werden.
3. *Testverfahren und Assessments*

   Objektive Testverfahren wie kognitive Fähigkeitstests oder validierte Persönlichkeitstests wie z. B. der NEO-FFI (Costa & McCrae, 2008) bieten wertvolle Informationen über Leistungspotenziale, Belastbarkeit oder Arbeitsstile. Ergänzend sind praxisnahe Simulationen wie Rollenspiele oder Fallstudien hilfreich, um unter realitätsnahen Bedingungen Verhalten zu beobachten.

Tab. 6.2 STAR Methode im Einstellungsinterview (vgl. Jordan et al., 2012)

Thema	Inhalt	Beispielfragen
Situation (S)	Schilderung einer konkreten beruflichen Herausforderung oder Aufgabe.	„Können Sie mir von einer Situation berichten, in der Sie unter starkem Zeitdruck eine Aufgabe bewältigen mussten?“ „Erzählen Sie von einem Projekt, bei dem die Rahmenbedingungen zu Beginn unklar waren – wie sind Sie damit umgegangen?“
Task (T)	Darstellung der spezifischen Aufgabe oder Zielsetzung innerhalb dieser Situation.	„Was war konkret Ihre Aufgabe in dieser Situation?“ „Welche Ziele oder Erwartungen wurden damals an Sie gestellt – und von wem?“
Action (A)	Beschreibung der eigenen Handlungen zur Bewältigung der Aufgabe.	„Welche konkreten Schritte haben Sie unternommen, um die Aufgabe zu bewältigen?“ „Wie haben Sie mit anderen zusammengearbeitet, um zu einer Lösung zu kommen?“
Result (R)	Erläuterung der Ergebnisse und Lernerfahrungen aus dem Handeln.	„Was war das Ergebnis Ihrer Handlung – und wie wurde es bewertet?“ „Was haben Sie aus der Situation für zukünftige Aufgaben mitgenommen?“

4. *Arbeitsproben und Probearbeiten*
   Mittels praktischer Aufgaben können sowohl fachliche Fähigkeiten als auch die persönliche Arbeitsweise und die Zusammenarbeit mit dem Team realitätsnah überprüft werden, was einen besonders validen Prädiktor für die spätere Leistung am Arbeitsplatz und die Integration ins Team darstellt (vgl. Robertson & Smith, 2001).

Die Auswahlmethoden sollten dabei so kombiniert werden, dass auf Basis des jeweiligen Anforderungsprofils möglichst viele Facetten der Passung zwischen Person und Position abgebildet werden: die fachliche Eignung, die soziale Integration ins Team und die kulturelle Übereinstimmung mit der Organisation (vgl. u. a. Kanning, 2019).

Als zentral für eine erfolgreiche Personalauswahl kann die Person-Job-Passung gelten, die bereits in Abschn. 6.2.1 beschrieben wurde und die in zwei zusätzliche Dimensionen unterschieden werden kann (vgl. Edwards, 1991; Schleidt, 2009):

1. *Demand-Abilities-Fit*
   Diese Dimension beschreibt die Passung zwischen den Anforderungen der Stelle und den Fähigkeiten, Kompetenzen und Erfahrungen der Bewerberin bzw. des Bewerbers. Neben fachlichen Qualifikationen sind hier auch methodische und persönliche Kompetenzen entscheidend, etwa Problemlösefähigkeit, Belastbarkeit oder Lernbereitschaft. Ein hoher Demand-Abilities-Fit liegt vor, wenn die Person in der Lage ist, die Aufgaben effektiv, effizient und gesundheitsförderlich zu bewältigen. Eine möglicherweise

vorhandene *Überqualifikation* ist als kritisch zu betrachten, da sie langfristig zu Unterforderung und damit verbunden Unzufriedenheit führen kann.

Beispielhafte Fragen zur Erfassung im Interview:

„Welche Ihrer bisherigen beruflichen Erfahrungen haben Sie besonders gut auf die Aufgaben dieser Position vorbereitet?"

„Gab es in der Vergangenheit Situationen, in denen Sie sich über- oder unterfordert gefühlt haben? Wie sind Sie damit umgegangen?"

2. *Needs-Supplies-Fit*

   Hier geht es darum, inwiefern die Organisation bzw. die Arbeitsstelle den individuellen Erwartungen, Bedürfnissen und Motiven einer Person gerecht werden kann. Das kann Entwicklungsmöglichkeiten, Sicherheit und Work-Life-Balance, eine Ausrichtung an bestimmten Werten oder auch den Führungsstil umfassen. Die Erfüllung dieser Bedürfnisse geht in der Regel mit einem Anstieg des Commitments einher, während eine dauerhafte Nicht-Erfüllung zu Demotivation oder auch einem Stellenwechsel oder zum Verlassen des Unternehmens führen kann.

   Beispielhafte Fragen zur Erfassung im Interview können wie folgt lauten::

   „Was ist Ihnen in Ihrem beruflichen Umfeld besonders wichtig, damit Sie sich wohl und motiviert fühlen?"

   „Welche Art von Führung oder Unternehmenskultur hilft Ihnen, sich zu entfalten und sich weiterzuentwickeln? Was würden Sie vermeiden wollen?"

Aus diesen Ausführungen wird deutlich, dass die Qualität der Personalauswahl maßgeblich von einer gründliche Anforderungsanalyse, einem daraus abgeleiteten Kompetenzprofil und einem entsprechend passenden mehrdimensionalen Auswahlverfahren anhängt. Das Risiko teurer Fehlentscheidungen sollte sich dadurch deutlich verringern. Gleichzeitig wird die Basis für eine langfristige, gesunde und entwicklungsförderliche Zusammenarbeit gelegt.

Praxisbeispiel

Lea wird erstmals aktiv in ein Auswahlverfahren eingebunden. Gesucht wird eine neue Kollegin für ihr Projektteam, das aktuell stark wächst. Gemeinsam mit der Personalabteilung (HR) nimmt sie an zwei Interviews teil. Schon bei der Vorbereitung wird ihr bewusst, wie entscheidend nicht nur die fachliche sondern vielmehr auch die persönliche Passung in das Team ist.

Im Gespräch achtet Lea besonders auf kommunikative Fähigkeiten, Selbstreflexion und wie die beiden Bewerberinnen auf Fragen zur Zusammenarbeit in interdisziplinären Teams reagiert. Sie stellt offene Fragen wie: *„Was war in Ihrem letzten Team besonders hilfreich für ein gutes Miteinander – und warum?"* oder *„Wie gehen Sie damit um, wenn Entscheidungen nicht in Ihrem Sinn getroffen werden?"*

Nach den Gesprächen tauscht sie sich mit HR über ihre Eindrücke aus. Wichtig ist ihr, nicht nur auf Lebenslauf und Rhetorik der Bewerberinnen zu schauen, sondern auf ihr Mindset, ihre Lernbereitschaft und ob sie gut ins Team passen könnten. Am Ende entscheidet sich das Unternehmen für eine Kandidatin, die zwar nicht das fachlich stärkste Profil hatte, dafür aber mit ihrer kooperativen, offenen Art überzeugt und gut zu Leas Team passt. ◄

Die professionelle und sorgfältige Auswahl passender Mitarbeitender ist allerdings nur der erste Schritt – entscheidend für einen guten Start am neuen Arbeitsplatz und eine erfolgreiche Integration ist darüber hinaus ein möglichst systematisches und gut vorbereitetes Onboarding.

6.4 Onboarding

Onboarding bezeichnet den strukturierten Prozess der Integration neuer Mitarbeitender in eine Organisation. Ziel ist es, bei der Aufnahme einer Tätigkeit fachliche, soziale und kulturelle Orientierung zu ermöglichen und damit den Einstieg so zu gestalten, dass neue Mitarbeitende möglichst rasch arbeitsfähig werden und sich eingebunden und motiviert fühlen. Ein gelungenes Onboarding schafft nicht nur Klarheit über Aufgaben, Rollen und Erwartungen, sondern fördert auch frühzeitig das Zugehörigkeitsgefühl und die Identifikation mit dem jeweiligen Team und der Organisation.

6.4.1 Psychologische Bedeutung von Onboarding

Der Einstieg neuer Mitarbeitender markiert eine sensible Phase in der Beziehung zwischen Individuum und Organisation. Trotzdem wird dieser Phase im betrieblichen Alltag oft (zu) wenig Beachtung geschenkt. Die Frage, ob eine gute Auswahl zu einem langfristig erfolgreichen Arbeitsverhältnis führt, hängt maßgeblich davon ab, inwiefern es der Organisation gelingt, neue Teammitglieder adäquat zu integrieren. Ein strukturierter Onboarding-Prozess kann maßgeblich dazu beitragen, dass neue Mitarbeitende möglichst zügig ein Gefühl des „Willkommenseins" und der Zugehörigkeit entwickeln können.

So führen strukturierte Onboarding-Prozesse nicht nur zu einer schnelleren Produktivität der neuen MitarbeiterInnen, sondern auch zu einer höheren emotionalen Bindung (vgl. Bauer & Erdogan, 2011; Klein & Polin, 2012). Dabei geht es neben dem Vermitteln von Informationen vor allem um die gezielte Gestaltung eines gelungenen ersten Eindrucks.

Die Zielsetzung eines wirksamen Onboarding-Prozesses besteht in der strukturierten und motivierenden Einführung neuer Mitarbeitender in ihre Rolle. Im Fokus steht die rasche Vermittlung zentraler Arbeitsprozesse und Systeme sowie die Kommunikation klarer Erwartungen, um damit die Grundlage für eigenständiges Arbeiten zu schaffen.

Die psychologischen Mechanismen, die dem Onboarding zugrunde liegen, basieren auf dem Konzept der organisationalen Sozialisation (vgl. Nijstad & Van Knippenberg, 2014;

Van Maanen & Schein, 1979). Sozialisation kann dabei als ein Prozess beidseitiger Annäherung verstanden werden, in dem neue Mitarbeitende lernen, wie sie sich in der Organisation verhalten sollen, und gleichzeitig aktiv mitgestalten, wie sie ihre neue Rolle ausfüllen.

Der Prozess der sozialen Integration neuer Mitarbeitender lässt sich in drei Phasen gliedern: In der ersten Phase vor der Aufnahme der Arbeitstätigkeit entwickeln neue Mitarbeitende Erwartungen an ihre zukünftige Rolle, an die Kultur sowie an das Verhalten im Unternehmen – geprägt durch Stellenanzeigen, Informationen aus dem Auswahlprozess oder durch eigene Recherchen. Die zweite Phase, die eigentliche *organisationale Sozialisation*, umfasst die ersten Wochen im Unternehmen. Hier geht es darum, explizite Regeln und Verhaltensrichtlinien kennenzulernen – aber ebenso implizite Signale und Normen wahrzunehmen, etwa wie mit Fehlern oder Kritik umgegangen wird.

In der dritten Phase, der *individuellen Anpassung*, beginnt die aktive Integration in das soziale Gefüge der Organisation. Neue Mitarbeitende beobachten ihr soziales Umfeld, stellen Fragen und bringen sich in den Arbeitsprozess ein, um so allmählich ihren Platz im Team und der Unternehmenskultur zu finden und zu festigen.

Bis sich die volle Wirkung des Prozesses entfaltet hat, kann es bis zu einem halben Jahr dauern. In diesem Zeitraum sollte eine Kombination aus formellen, strukturierten Maßnahmen und informellen sozialen Begegnungen stattfinden (vgl. Korte & Lin, 2013).

6.4.2 Methoden für eine smarte Integration

Ein wirkungsvolles Onboarding stützt sich auf verschiedene gezielte Maßnahmen, die sorgfältig geplant und aufeinander abgestimmt sein sollten, um wie bereits erwähnt sowohl die fachliche Einarbeitung als auch die soziale Eingliederung zu fördern. Im Idealfall vereint ein Onboarding-Prozess die folgenden Bestandteile:

1. *Strukturierter Onboarding-Plan*
   Am Beginn sollte ein strukturierter Plan für das Onboarding stehen. Er sollte sowohl administrative Punkte (z. B. Systemzugänge, Sicherheitseinweisungen) als auch inhaltliche Themen (z. B. Einführung in Prozesse, Ziele, Rollenverteilung) umfassen. Ergänzt werden könnte dieser Plan um Zielvereinbarungen für beispielsweise die ersten 30, 60 und 90 Tage, die dann in regelmäßigen Check-Ins überprüft werden könnten. Dadurch wird Transparenz in Bezug auf die gegenseitigen Erwartungen geschaffen und es werden regelmäßige Standortbestimmungen ermöglicht.
2. *Soziale Integration fördern*
   Soziale Beziehungen stellen einen wichtigen Einflussfaktor für das berufliche Wohlbefinden und die langfristige Bindung an ein Unternehmen dar. Aus diesem Grund sollte neben der fachlich-inhaltlichen die soziale Integration gezielt gestaltet werden. Durch

die Organisation von Begrüßungsveranstaltungen, Team-Lunches oder andere gemeinsame Aktivitäten kann ein Raum für persönliche Begegnungen geschaffen werden. Darüber hinaus ist die Vorstellung von relevanten AnsprechpartnerInnen und Schnittstellen wichtig, um neuen Mitarbeitenden die Orientierung zu erleichtern und sie wissen zu lassen, an wen sie sich mit ihren Anliegen wenden können. Nicht zuletzt das Risiko einer frühzeitigen Kündigung dürfte durch eine aktive soziale Integration deutlich reduziert werden (vgl. Kammeyer-Mueller et al., 2013).

3. *Mentoring-Programm als Unterstützung*
   Ein erfahrener Mitarbeitender kann im Zuge des Onboardings als Mentor fungieren. Er begleitet den Einstieg des Mitarbeitenden, beantwortet Fragen und führt in die Organisation ein, beispielsweise was kulturelle Fragestellungen angeht („Wie wird hier was gemacht..“). Dieses informelle Verhältnis erleichtert nicht nur den Transfer von wichtigen Informationen, sondern fördert außerdem Vertrauen und das Gefühl der Zugehörigkeit (vgl. Allen et al., 2004).

   Eine wichtige Rolle können zudem regelmäßige Reflexionsgespräche mit der jeweiligen Führungskraft spielen. Sie können dabei helfen, unausgesprochene Erwartungen zu klären, Anpassungsschwierigkeiten frühzeitig zu erkennen und – falls erforderlich – gezielte Unterstützung anzubieten (vgl. Ashforth et al., 2007).

Praxisbeispiel

Lea erinnert sich zurück an ihren Einstieg ins Unternehmen: Schon im Vorstellungsgespräch hatte sie einen positiven Eindruck von der wertschätzenden, kollegialen und innovativen Unternehmenskultur. Am ersten Arbeitstag wird sie freundlich empfangen und erhält eine strukturierte Willkommensmappe mit einem Zeitplan, Ansprechpartnern und einem ersten Überblick über laufende Projekte. Die erste Woche ist klar gegliedert: vormittags Schulungen zu internen Tools, nachmittags Projektbesprechungen mit einer Kollegin. Besonders hilfreich sind die wöchentlichen Gespräche mit ihrer Führungskraft, in denen sie Fragen stellen kann, erste Rückmeldungen erhält oder über Unsicherheiten sprechen kann.

Eine besondere Stütze ist ihre Mentorin Anna. Sie begleitet sie nicht nur fachlich im Projekt, sondern gibt auch Einblicke in Teamregeln die Kommunikation untereinander und den Umgang mit Kunden. Auch beim informellen Lunch oder der Nutzung des Wissensportals steht sie ihr zur Seite. Nach vier Wochen fühlt sich Lea sicher in ihrer Rolle und „gut gelandet“ bei AeroSpace Dynamics. ◄

Im nächsten Kapitel geht es nun darum, wie nach einem erfolgreichen Onboarding im Rahmen von systematischer Personalentwicklung individuelle Kompetenzen gefördert und ggf. immer wieder auf Neue mit den strategischen Zielen der Organisation verknüpft werden können.

6.5 Personalentwicklung

6.5.1 Begriff und Ziele

Personalentwicklung (PE) umfasst sämtliche systematisch geplanten Maßnahmen der Aus-, Fort- und Weiterbildung sowie der individuellen Förderung, die darauf abzielen, Mitarbeitende, Teams und Organisationen in ihrer Kompetenzentwicklung zu unterstützen. Diese Maßnahmen sind in aller Regel eng an den strategischen Zielen des Unternehmens ausgerichtet und dienen der langfristigen Sicherung von Wettbewerbsfähigkeit und Innovationskraft (vgl. Schleidt, 2018a).

Dabei darf Personalentwicklung als kontinuierlicher Prozess über den gesamten Mitarbeiterlebenszyklus hinweg verstanden werden. Strategisch konzipierte Personalentwicklung trägt nicht nur zur Erreichung unternehmerischer Ziele bei, sondern fördert gleichzeitig die individuelle Entwicklung und Zufriedenheit der Mitarbeitenden. Dabei geht es zum einen um den Erwerb neuer fachlicher und überfachlicher Kompetenzen. Er ermöglicht es Mitarbeitenden, den wachsenden und sich verändernden Anforderungen ihres Arbeitsumfelds souverän zu begegnen. Darüber hinaus dient Personalentwicklung der persönlichen Weiterentwicklung, indem sie Angebote zu Themen wie Selbstreflexion, Selbstwirksamkeit oder Stärkung der Selbstführung macht. Auch die Karriereförderung spielt eine wichtige Rolle: Mitarbeitende erhalten durch gezielte Maßnahmen bessere Aufstiegschancen und Entwicklungsperspektiven innerhalb der Organisation. Gleichzeitig trägt Personalentwicklung zur Steigerung der Arbeitszufriedenheit und Motivation bei, indem sie Wertschätzung und individuelle Förderung für die Mitarbeitenden erlebbar macht. Zudem erhöht sie die persönliche Beschäftigungsfähigkeit („Employability"), was insbesondere in einem dynamischen Arbeitsmarkt von hoher Relevanz ist.

Damit Personalentwicklung wirksam gestaltet werden kann, braucht sie ebenso wie die Personalauswahl eine solide Grundlage: das Verständnis darüber, welche Kompetenzen im jeweiligen (Arbeits-)Kontext relevant sind oder - Stichwort *future skills* - möglicherweise werden. Die systematische (Weiter-) Entwicklung dieser Kompetenzen bildet daher den Dreh- und Angelpunkt jeder zielgerichteten PE-Maßnahme – auf individueller genauso wie auf organisationaler Ebene.

6.5.2 Kompetenzentwicklung und Kompetenzmanagement

Nachdem Kompetenzen und Kompetenzmodelle im Abschn. 2.6 ausführlich eingeführt wurden, geht es im Folgenden vor allem um das Management von Kompetenzen auf organisationaler Ebene. Voraussetzung dafür ist ein systematisches Kompetenzmanagement, das auf einem umfassenden Kompetenzmodell basieren sollte.

Tab. 6.3 Beispielhafter kompetenzbeurteilungsbogen

kompetenz--bereich	Verhaltensanker	1 – trifft nicht zu	2 – trifft eher nicht zu	3 – eher zutref--fend	4 – trifft voll zu
Fachliche kompetenz	Setzt aktuelles Fachwissen sicher im Arbeitsalltag ein	☐	☐	☐	☐
	Erkennt fachliche Lücken und initiiert eigenständig Weiterbildung	☐	☐	☐	☐
Methoden--kompetenz	Plant Aufgaben systematisch und arbeitet strukturiert	☐	☐	☐	☐
	Nutzt geeignete Tools und Methoden zur Problemlösung	☐	☐	☐	☐
Soziale kompetenz	Hört aktiv zu und geht auf andere ein	☐	☐	☐	☐
	Trägt zur kooperativen Konfliktlösung bei und gibt respektvolles Feedback	☐	☐	☐	☐
Persönliche kompetenz	Zeigt Eigeninitiative und übernimmt Verantwortung	☐	☐	☐	☐
	Bleibt auch in schwierigen Situationen handlungsfähig und reflektiert sich selbst	☐	☐	☐	☐

In einem Kompetenzmodell wird idealerweise unternehmensübergreifend definiert, welche Kompetenzen in welchen Jobrollen erforderlich sind. Diese Jobrollen werden mit Soll-Kompetenzprofilen verknüpft und bilden die Basis für Rekrutierung, Entwicklungsgespräche und Karriereplanung. Wesentlich für die Praxistauglichkeit und Anwendbarkeit solcher Kompetenzmodelle ist die Ergänzung durch sogenannte Verhaltensanker, das heißt konkrete Verhaltensbeispiele, die eine beobachtbare Einschätzung von Kompetenzen für die jeweiligen Anlässe ermöglichen.

Beispielhafte Verhaltensanker für Kommunikationskompetenz könnten wie folgt lauten:

- *„Drückt sich in Meetings klar und verständlich aus."*
- *„Geht aktiv auf Rückfragen ein und stellt sicher, dass Informationen verstanden wurden."*
- *„Hört aufmerksam zu und geht auf Argumente anderer konstruktiv ein."*

Verhaltensanker machen Kompetenzen beobachtbar und unterstützen Führungskräfte sowie Mitarbeitende bei der Einschätzung, wie ausgeprägt sie vorhanden sind.

In Tab. 6.3 ist ein Beispiel für einen Beurteilungsbogen für Kompetenzen dargestellt, der beispielsweise in Entwicklungsgesprächen zum Einsatz kommen kann und bei Bedarf um einen Bereich für Anmerkungen und Beobachtungen ergänzt werden könnte.

Ein klar strukturiertes Kompetenzmodell legt somit die Grundlage dafür, Entwicklungsbedarfe gezielt zu identifizieren und passgenaue Fördermaßnahmen abzuleiten. Wie sich diese Bedarfe konkret erheben lassen und welche Entwicklungsmaßnahmen und Formen der PE es gibt, ist Thema der nächsten Abschnitte.

6.5.3 Bedarfserhebung und Impulse zur Entwicklung

Eine erfolgreiche Personalentwicklung orientiert sich am konkreten Bedarf bezüglich der Entwicklung von Kompetenzen und das sowohl auf individueller als auch auf organisationaler Ebene. Dabei spielen mehrere Fragen eine zentrale Rolle:

- *Welche Kompetenzen sind zur Bewältigung aktueller und zukünftiger Anforderungen notwendig?*
- *Welche individuellen Stärken und Entwicklungsfelder gibt es bei den Mitarbeitenden?*
- *Wie lassen sich neue Kompetenzen nachhaltig in den Arbeitsalltag integrieren?*

Die *systematische Erhebung des Entwicklungsbedarfs* - abgeleitet aus den strategischen Zielen einer Organisation - ist eine grundlegende Voraussetzung für die Konzeption effektiver Personalentwicklungsmaßnahmen. Ziel ist es dabei, individuelle Kompetenzlücken, Potenziale und Lernfelder zu identifizieren, um daraus konkrete Entwicklungsziele und Interventionen abzuleiten. In der Praxis haben sich hierfür verschiedene Instrumente etabliert, die eine mehrdimensionale Betrachtung von Stärken und Entwicklungsfeldern ermöglichen.

- *Potenzialanalyse*
  Eine Potenzialanalyse ist ein strukturiertes Verfahren zur Einschätzung individueller Fähigkeiten, Kompetenzen und Entwicklungsmöglichkeiten. Sie zielt darauf ab, nicht nur bestehende Leistungen, sondern auch zukünftige Entwicklungspotenziale zu erkennen. In Potenzialanalysen werden häufig verschiedene diagnostische Elemente wie Interviews, psychometrische Tests, Selbst- und Fremdeinschätzungen sowie Beobachtungen in simulierten alltagsnahen Situationen beispielsweise in Assessment-Center kombiniert (vgl. Kanning, 2019).
- *360-Grad-Feedback*
  Das 360-Grad-Feedback ist ein Verfahren, bei dem eine Person von unterschiedlichen Seiten systematisch eingeschätzt wird – typischerweise durch Vorgesetzte, KollegInnen, Mitarbeitende und ggf. auch durch KundInnen. Ergänzt wird diese Fremdeinschätzung durch eine strukturierte Selbsteinschätzung. Die unterschiedlichen Blickwinkel ermöglichen ein umfassendes Bild der wahrgenommenen Verhaltensweisen und lassen bis zu einem gewissen Umfang Rückschlüsse auf zugrundeliegende Kompetenzen zu.

- *Critical-Incident-Technik*
  Ein weiteres etabliertes Instrument zur Analyse von Entwicklungsbedarfen ist die sogenannte *Critical-Incident-Technik* (Flanagan, 1954), die bereits in Abschn. 6.3.1 erwähnt wurde. Dabei werden besonders erfolgskritische Situationen aus dem beruflichen Alltag systematisch analysiert. Im Zentrum steht die Frage: *Was genau hat in dieser Situation zum Erfolg oder Misserfolg beigetragen?* Durch die detaillierte Beschreibung und Bewertung kritischer Vorfälle lassen sich konkrete Verhaltensmuster und Kompetenzanforderungen identifizieren. Die Methode eignet sich besonders gut zur Ableitung bedarfsgerechter Trainingsinhalte und zur Entwicklung aussagekräftiger Verhaltensanker für Kompetenzmodelle.

Die Auswahl geeigneter Instrumente zur Erhebung des Entwicklungsbedarfs hängt von den jeweiligen Zielsetzungen und den zur Verfügung stehenden Ressourcen ab. Ideal ist eine Kombination aus objektiven Verfahren (z. B. gut eingeführte psychometrische Tests), subjektiven Einschätzungen (z. B. 360-Grad-Feedback) und praxisnahen Methoden (z. B. mittels der Critical-Incident-Technik), um ein ganzheitliches Bild der jeweiligen Entwicklungsfelder zu erhalten.

Wurde der Entwicklungsbedarf erhoben, sollten Führungskraft und Mitarbeitende – ggf. unter Einbeziehung eines/r ExpertIn für Personalentwicklung – gemeinsam überlegen, welche Maßnahmen ergriffen werden könnten, um die Weiterentwicklung des Mitarbeitenden gezielt zu fördern. Nachfolgend werden einige Impulse für mögliche Entwicklungsmaßnahmen vorgestellt.

Zur gezielten Förderung *fachlicher Kompetenzen* könnte der Besuch regelmäßiger Fachveranstaltungen oder Konferenzen genutzt werden. Mitarbeitende sollten dadurch ermutigt werden, eigene Lernbedarfe zu identifizieren und sich aktiv und kontinuierlich mit neuen Entwicklungen in ihrem Fachgebiet auseinanderzusetzen. Außerdem können sie diese Veranstaltungen für den Ausbau ihres beruflichen Netzwerkes nutzen.

Im Bereich der *Methodenkompetenz* bieten sich konkrete Tools und Trainings an, etwa zur Aufgabenplanung, Priorisierung oder Problemlösung. Auch die Teilnahme an Zertifizierungsprogrammen beispielsweise zum Projektmanagement können zur Entwicklung und Förderung beitragen.

Soziale Kompetenzen lassen sich vor allem durch erfahrungsbasiertes Lernen weiterentwickeln – etwa im Rahmen kollegialer Fallberatungen oder durch die Teilnahme an Kommunikations- oder Feedbacktrainings. Der gezielte Einsatz von Kommunikationsmodellen wie beispielsweise zu gewaltfreier Kommunikation und die Reflexion von Gruppendynamiken können dazu beitragen, Empathie oder Konfliktfähigkeit zu stärken. Auch On-the-Job Maßnahmen (siehe Abschn. 6.5.4) wie beispielsweise Job-Rotation in Kombination mit einem Coaching könnten angedacht werden.

Zur Entwicklung *persönlicher Kompetenzen* wie Selbstführung oder Resilienz eignen sich beispielsweise Reflexionsformate wie Journaling, Achtsamkeitsübungen oder Off-the-job PE Maßnahmen (siehe Abschn. 6.5.4).

Als nächstes werden verschiedene Formen der Personalentwicklung vorgestellt, mit denen Unternehmen diese Entwicklungsprozesse gezielt fördern können.

Praxisbeispiel

Lea übernimmt die Leitung eines Entwicklungsteams bei AeroSpace Dynamics. Obwohl sie fachlich erfahren ist, fühlt sie sich in der neuen Führungsrolle unsicher – vor allem im Umgang mit Konflikten und in der Kommunikation mit dem Team. Ein 360-Grad-Feedback zeigt, dass sie fachlich geschätzt wird, jedoch in kritischen Situationen dazu neigt, sich zurückzuziehen. Daraufhin nimmt sie an einem Kommunikations- und Konflikttraining teil und startet ein begleitendes Coaching, in dem sie verschiedene herausfordernde Führungssituationen reflektiert und so ihre Selbstwirksamkeit stärkt. Zusätzlich nutzt sie ein Journaling-Format zur Selbstreflexion. ◄

6.5.4 Formen der Personalentwicklung

In der Praxis haben sich unterschiedliche Maßnahmen etabliert, um Mitarbeitende in ihrer beruflichen und persönlichen Entwicklung zu fördern. Diese lassen sich in zwei Hauptkategorien unterteilen: *On-the-Job-Maßnahmen*, die direkt im Arbeitskontext stattfinden, sowie *Off-the-Job-Maßnahmen*, die außerhalb des unmittelbaren Arbeitsumfelds durchgeführt werden.

Zu den *On-the-Job-Massnahmen* zählt beispielsweise die *Job-Rotation*. Sie bezeichnet den systematischen Wechsel von Mitarbeitenden zwischen verschiedenen Aufgabenbereichen, Abteilungen oder Positionen innerhalb eines Unternehmens. Das Ziel besteht darin, ein breiteres Verständnis für unterschiedliche Prozesse und Schnittstellen zu fördern. Gleichzeitig wird durch Job-Rotation die Flexibilität der Mitarbeitenden gesteigert und es wird ihnen möglich, Kompetenzen in verschiedenen Kontexten zu entwickeln. Insbesondere für Nachwuchskräfte oder zur Vorbereitung auf die Übernahme von Führungsaufgaben ist sie geeignet, da sie hilft, vielfältige Erfahrungen im Unternehmen zu sammeln und die Vernetzung innerhalb der Organisation zu fördern.

Mentoring und Coaching sind personenbezogene Entwicklungsformate, bei denen Lernprozesse durch eine gezielte Begleitung unterstützt werden. Im Rahmen eines unternehmensinternen Mentoring-Programms findet die Förderung durch eine erfahrene Person aus dem Unternehmen statt, die ihr Erfahrungswissen weitergibt und möglicherweise auch ihr Netzwerk für den/die Mentee öffnet. Demgegenüber fokussiert sich Coaching stärker auf individuelle Fragestellungen – im Sinne einer „Hilfe zur Selbsthilfe" – und dient vorrangig der Reflexion, Potenzialentfaltung und Problembewältigung, insbesondere in Übergangs- oder Entscheidungssituationen. Coaching wird in der überwiegenden Zahl der Fälle von externen qualifizierten Fachkräften durchgeführt.

Der *Einsatz in wechselnden Projekten* kann als eine weitere sinnvolle On-the-Job-Maßnahme betrachtet werden. Im Rahmen von Projekten werden Mitarbeitende mit der eigenverantwortlichen Übernahme von Aufgaben betraut, die das Alltagsgeschäft überschreiten. Diese Praxisform fördert die Problemlösefähigkeiten der Teilnehmenden, interdisziplinäres Denken und Selbstorganisation. Die Arbeit in dynamischen Projektteams fördert zudem die Entwicklung sozialer Kompetenzen wie Teamfähigkeit, Kommunikationsfähigkeit und Koordination.

▶ *Praxistip* Solche Maßnahmen der Personalentwicklung können von internen Peer-Coaching-Programmen, in denen Mitarbeitende kollegial voneinander lernen, flankiert werden (-> kollegiale Beratung). Der damit verbundene gezielte Wissens- und Erfahrungsaustausch kann dazu beitragen, im einer Organisation eine lernförderliche Kultur zu entwickeln.

Zu den poulärsten *Off-the-Job-Maßnahmen* gehören *Seminare und Trainings.* Sie stellen strukturierte Lernformate dar, die außerhalb des Arbeitsplatzes stattfinden und eine fokussierte Auseinandersetzung mit spezifischen Themengebieten, häufig in kompakten Lerneinheiten, ermöglichen. Die räumliche Trennung vom Arbeitsumfeld schafft einen Rahmen, der zur Reflexion und zum Perspektivwechsel einlädt. Sie zeichnen sich in der Regel durch eine ausgewogene Mischung von Kurzvorträgen, Einzel- und Gruppenaufgaben, interaktiven Methoden, Fallarbeiten oder Rollenspiele aus.

E-Learning und Blended Learning sind zeitgemäße Lernformate, die digitale Medien nutzen, um Lerninhalte orts- und zeitunabhängig zu vermitteln. E-Learning-Programme umfassen meist Videos, interaktive Übungen oder digitale Tests. Die Verbindung von Präsenzphasen mit e-learning Anteilen wird als Blended Learning bezeichnet. Diese Formate ermöglichen ein relativ weitreichendes individualisiertes Lernen im eigenen Tempo und sind insbesondere für größere Organisationen mit heterogenen Lernbedürfnissen geeignet.

Fachkonferenzen stellen eine gute Gelegenheit für den Austausch von aktuellem Expertenwissen, zum Netzwerken oder für die Diskussion innovativer Ansätzen aus der jeweiligen Branche dar. Dadurch wird nicht zuletzt der Blick über den eigenen betrieblichen Tellerrand hinaus gefördert.

▶ *Praxistip* Insbesondere *Blended-Learning-Konzepte* gelten als besonders effektiv, da sie praxisnahe Inhalte mit flexibler Umsetzung kombinieren. Außerdem kann die Integration digitaler Lernphasen in klassische Präsenzformate den Lerntransfer – also die Umsetzung des Gelernten in den Arbeitsalltag – erheblich unterstützen (vgl. Salas et al., 2012).

6.5.5 Bewertung des Erfolgs von Personalentwicklung

Die Effektivität von Personalentwicklungsmaßnahmen lässt sich nicht allein anhand der Teilnahmequote oder der Zufriedenheit mit einem Seminar bemessen, sondern vor allem an der erfolgreichen Anwendung des Gelernten im beruflichen Alltag. Der sogenannte *Lerntransfer* kann daher als ein zentraler Erfolgsindikator jeder Personalentwicklungsmaßnahme gelten (vgl. Baldwin & Ford, 1988).

Ein erfolgreicher Transferprozess lässt sich idealtypisch in drei Phasen gliedern:

- *Vor der Maßnahme* steht die Klärung von Erwartungen im Mittelpunkt. Dabei sollten Führungskräfte als auch Teilnehmende im Vorfeld gemeinsam definieren, welche Ziele mit der jeweiligen PE-Maßnahme verfolgt werden und in welchen konkreten Situationen und in welcher Weise das Gelernte später am Arbeitsplatz zur Anwendung kommen soll. Diese Phase schafft Orientierung und stellt sicher, dass die mit einer Maßnahme verbundenen Lernziele mit den Anforderungen des Arbeitsalltags in Einklang stehen.
- *Während der Maßnahme* sollten Inhalte praxisnah und anwendungsorientiert vermittelt werden. Der Transfer gelingt umso besser, je stärker die Teilnehmenden aktiv in den Lernprozess eingebunden werden und an das anknüpfen können, was sie in ihrem Arbeitsalltag erleben. Dazu zählen beispielsweise Fallanalysen, Simulationen, Rollenspiele oder Projektarbeiten, die einen angemessenen Bezug zum eigenen Arbeitskontext haben sollten. Der Einsatz interaktiver Lernformate erhöht nicht nur die Aufmerksamkeit, sondern auch das Verarbeiten der Lerninhalte (–> Elaborieren) und die Bereitschaft zur Umsetzung des Gelernten.
- *Nach der Maßnahme* ist eine strukturierte Nachbereitung der Intervention wichtig. Reflexionsphasen helfen dabei, Lernerfahrungen zu konsolidieren, individuelle Umsetzungshürden zu identifizieren und konkrete Anwendungsschritte zu planen. Entscheidend ist, dass Führungskräfte ihre Mitarbeitenden in dieser Phase gezielt begleiten – zum Beispiel durch gemeinsame Transfersitzungen oder die Einbettung der Lerninhalte in bestehende Arbeitsprozesse. Erst durch diese kontinuierliche Begleitung entsteht nachhaltige Veränderung.

Dabei kommt – einmal mehr – der jeweiligen Führungskraft eine wichtige Bedeutung zu. Sie sollte als Lernbegleitung agieren, was nicht nur die Rahmenbedingungen für Lernen schafft, sondern auch maßgeblich dazu beiträgt, dass das Gelernte in den Arbeitskontext integriert werden kann. Führungskräfte, die Feedback geben, Umsetzungserfolge sichtbar machen und Hindernisse adressieren und beseitigen, tragen maßgeblich dazu bei, dass Personalentwicklungsmaßnahmen ihre volle Wirkung entfalten (vgl. Burke & Hutchins, 2007).

Und wie kann gemessen werden, wie erfolgreich die Teilnahme an einer Personalentwicklungsmaßnahme tatsächlich war? Ein etabliertes Instrument zur Evaluierung der Effektivität von Lernmaßnahmen ist in diesem Zusammenhang das *Vier-Stufen-Modell* von Kirkpatrick (1994). Es ermöglicht eine systematische Evaluation auf mehreren Ebenen und hilft, nicht nur oberflächliche bzw. spontane Reaktionen, sondern auch nachhaltige Effekte zu erfassen:

1. *Reaktion:* Wie zufrieden waren die Teilnehmenden mit der Maßnahme? Hier geht es um subjektive Eindrücke und Akzeptanz (z. B. durch das Ausfüllen von Feedbackbögen direkt nach dem Training).
2. *Lernen:* Was wurde tatsächlich gelernt? Dieser Aspekt umfasst die Überprüfung des Wissenszuwachses, z. B. durch Tests, die Auseinandersetzung mit Fallbeispielen oder Fragen zur Selbstreflexion.
3. *Verhalten:* Wird das Gelernte im Arbeitsalltag angewendet? Diese Transfer-Ebene analysiert Veränderungen im beruflichen Handeln, idealerweise durch Arbeitsplatzbeobachtungen oder 360°-Feedback.
4. *Ergebnisse:* Welche Wirkung zeigt sich auf Organisationsebene? Dies kann z. B. gesteigerte Produktivität, höhere Qualität oder geringere Fehlerquoten umfassen.

In diesem Modell wird betont, dass die tatsächliche Wirkung in erster Linie mit dem Transfer und den messbaren Resultaten zusammenhängt. In einer überarbeiteten Version wird der Ansatz um zentrale kontextuelle Erfolgsfaktoren detailliert (vgl. Kirkpatrick & Kirkpatrick, 2016). Das Ziel besteht darin, den Transfer von Lerninhalten nicht nur zu messen, sondern diesen Prozess auch aktiv zu gestalten und abzusichern. Im Fokus stehen dabei drei zentrale Ergänzungen:

1. *„Required Drivers" – Transferfördernde Faktoren im Alltag:*
   Gemeint sind gezielte Maßnahmen und Strukturen, die die Umsetzung des Gelernten im Arbeitskontext fördern – etwa regelmäßige Transfersitzungen, Reflexionstools, Peer-Coachings oder Unterstützung durch die Führungskraft.
2. *„Critical Behaviors" – Schlüsselverhalten identifizieren und beobachten:*
   Bereits vor der Maßnahme sollten die konkreten Verhaltensweisen definiert werden, die sich durch das Training verändern oder stabilisieren sollen. Diese „kritischen Verhaltensanker" ermöglichen eine gezielte Erfolgskontrolle nach der Maßnahme – etwa durch Beobachtung, Selbstreflexion oder Feedback im Team.
3. *„Leading Indicators" – Frühindikatoren als Vorboten des Erfolgs:*
   Neben klassischen Kennzahlen auf Organisationsebene (z. B. zu Umsatz, Qualität oder Effizienz) helfen Leading Indicators, frühzeitig Hinweise auf einen gelungenen Transfer zu erkennen – etwa die gestiegene Nutzungshäufigkeit eines IT-Systems, proaktive Initiativen von Teilnehmenden oder das Etablieren neuer Routinen im Team.

Die zentrale Idee der überarbeiteten Version lautet, dass Lernen nicht mit einer PE-Maßnahme wie einem Training enden darf, sondern systematisch in den Alltag überführt werden muss. Der nachhaltige Transfer von Lerninhalten wird insbesondere dann gewährleistet, wenn Führungskräfte eine aktive Rolle als Lernbegleiter einnehmen und Organisationen ein lernförderliches Umfeld etablieren, das neues Verhalten nicht nur misst, sondern auch fördert und das erforderlichenfalls auch gewillt ist, organisationale Strukturen auf den Prüfstand zu stellen und anzupassen.

Nachfolgend sind einige Fragen aufgeführt, die dazu einladen sollen, über die eigene bisherige Weiterbildung und persönliche Entwicklung nachzudenken.

Reflexionsimpuls für Sie
Übergreifende Frage: Welche Entwicklungsmaßnahmen haben bei mir gewirkt – und warum?

- War es eher formelles Lernen (Seminar, Training) oder informelles Lernen (Feedback, Erfahrungen in der Projektarbeit)? Oder beides?
- In welchen Situationen habe ich mich am meisten weiterentwickelt? Was war das Besondere an diesen Situationen?
- Was hat mich motiviert, mich wirklich weiterzuentwickeln?
- Was brauche ich, um neues Wissen langfristig zu verankern?
- Welche Rahmenbedingungen haben mein Lernen erleichtert oder erschwert?
- Wer hat mich in meiner Entwicklung unterstützt – und wie?
- Was möchte ich künftig noch gezielter für meine Weiterentwicklung nutzen?

Während der Fokus der Personalentwicklung auf der Förderung individueller Kompetenzen liegt, widmet sich das nächste Kapitel der Fragestellung, wie sich Organisationen als Ganzes gezielt weiterentwickeln können.

6.6 Organisationsentwicklung und Change Management

Bevor der Blick auf Möglichkeiten der organisationalen Begleitung von Veränderungsprozessen gerichtet wird, geht es zunächst um typisch menschliche Reaktionen auf Veränderungen. Wie diese Reaktionen aussehen, ist individuell unterschiedlich und hängt unter anderem von den bisherigen persönlichen Erfahrungen, Kompetenzen und natürlich auch der jeweiligen Situation ab.

6.6.1 Wie reagieren Menschen auf Veränderungen?

Veränderungsprozesse in Organisationen haben stets auch Auswirkungen auf die emotionale und kognitive Ebene der Mitarbeitenden. Die Reaktion auf Neuerungen variiert von Person zu Person – abhängig von individuellen Kompetenzen, bisherigen Erfahrungen und der jeweiligen Situation. Streich (1997) entwickelte ein Phasenmodell, das typische Reaktionen in sieben emotionalen und kognitiven Stufen beschreibt. Es eignet sich als Grundlage für die Konzeption von Maßnahmen, die flankierend zu Veränderungsvorhaben konzipiert werden können, um Betroffene angemessen durch die jeweilige Phase zu begleiten. Daher wird diesem Modell nachfolgend vorgestellt:

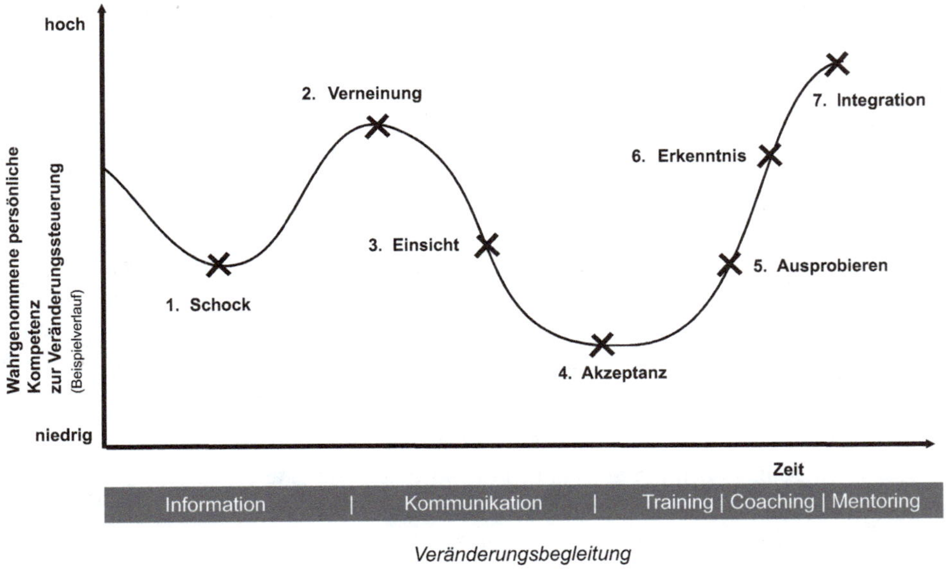

Abb. 6.3 Sieben-Phasen-Modell in Anlehnung an Streich (1997), aus Schleidt (2018c)

In der *initialen Phase* kann es bei Betroffenen oft zu einer Art Schockzustand kommen. Der Unterschied zwischen den ursprünglichen Erwartungen und der tatsächlichen Veränderung kann Gefühle wie Überraschung oder Irritation auslösen. In der *zweiten Phase, der Verneinung*, kann ein trügerisches Sicherheitsgefühl entstehen: Veränderungen werden kleingeredet oder ignoriert, da davon ausgegangen wird, dass sie das eigene Handeln und den eigen Arbeitsplatz kaum beeinflussen werden. In der Phase der *Einsicht* beginnt die Anerkennung der Veränderung – jedoch häufig verbunden mit Frustration, da möglicherweise eigene Kompetenzdefizite im Umgang mit den Veränderungen deutlich werden. In der vierten Phase, der *Akzeptanz*, setzt in der Regel ein kognitiver Anpassungsprozess ein. Alte Denk- und Handlungsmuster werden losgelassen, die emotionale Belastung und Anspannung ist jedoch weiterhin hoch. In der Folge wird eine Vielzahl neuer Verhaltensweisen *ausprobiert*, um herauszufinden, welche Handlungsweisen zum Erfolg führen und welche nicht. Die abschließende Phase ist die *Integration*, in der erfolgreiche Verhaltensstrategien internalisiert und in das persönliche Verhaltensrepertoire übergenommen werden. Die Betroffenen fühlen sich nun wieder kompetent und sicher im neuen System. Abb. 6.3 veranschaulicht den Verlauf und auch – als thematischer Vorgriff – welche Art der Veränderungsbegleitung in den verschiedenen Phasen sinnvoll sein kann.

Wie erkennbar ist, verlaufen Veränderungen auf individueller Eben nicht linear, vielmehr können einzelne Phasen übersprungen oder auch mehrmals durchlebt werden.

So stehen in den frühen Phasen Information und Kommunikation im Fokus. Später werden PE-Maßnahmen wie Trainings, Coachings und Mentoring wichtiger, um beispielsweise Kompetenzaufbau und Handlungssicherheit zu fördern.

Praxisbeispiel

Lea arbeitet seit nunmehr drei Jahren bei AeroSpace Dynamics in der Entwicklung. Eines Tages wird angekündigt, dass der gesamte Bereich auf ein agiles Projektmodell umgestellt wird. Was zunächst wie eine rein methodische Veränderung klingt, hat weitreichende Folgen: Rollen verändern sich, Abstimmungsprozesse werden neu gedacht, bisherige Planungen müssen angepasst werden. Für Lea bedeutet das zunächst einmal Verunsicherung – insbesondere, weil die Veränderung sehr kurzfristig kommuniziert wurde und viele Fragen offenblieben.

Anfangs fühlt sie sich überfordert: Wer trifft künftig welche Entscheidungen? Was passiert mit ihrer bisherigen Verantwortung? In einem Workshop erkennt sie, dass es nicht nur ihr so geht. Ihre Führungskraft nimmt sich Zeit, die Hintergründe der Maßnahme zu erläutern und gemeinsam mit dem Team eine neue Vision zu entwickeln. Statt direkter Antworten werden zunächst viele Fragen zugelassen, was Lea anfangs irritiert, sie dann jedoch zunehmend als wertschätzend erlebt. Mit der Zeit beginnt sie, die Veränderung als Lernfeld zu begreifen. Sie lernt, in interdisziplinären Teams mit unterschiedlichen Arbeitsstilen produktiv zu kooperieren, setzt sich mit neuen Visualisierungsmethoden für ihre Projektarbeit auseinander und übt sich darin, Entscheidungen schneller zu treffen, auch wenn nicht alle Informationen vorliegen – ein wichtiger Schritt im Umgang mit Ambiguität und Dynamik.

Als besonders hilfreich empfindet sie ein Coachingangebot, das sie in Anspruch nehmen darf. Dort hat sie die Möglichkeit, eigene Widerstände zu reflektieren, zu lernen, mit Unsicherheiten umzugehen und ihren Beitrag zum Wandel aktiv einzubringen.

Nach einigen Monaten spürt Lea: Die anfängliche Skepsis ist einem gestärkten Selbstverständnis gewichen. Sie hat nicht nur agile Methoden kennengelernt, sondern vor allem erlebt, was gute Veränderungsbegleitung bedeutet. ◄

An diesem Beispiel wird deutlich: Veränderungen betreffen nicht nur Abläufe und Strukturen, sondern greifen oftmals stark in das Erleben und letztlich auch das Verhalten der Mitarbeitenden ein. Sie verlangen die Bereitschaft, sich von Vertrautem zu lösen und Neues zuzulassen – ein Prozess, der gezielte Begleitung erforderlich macht. Hier setzt Organisationsentwicklung als nachhaltiger, systemisch orientierter Ansatz an, der sowohl kulturelle als auch strukturelle Dimensionen von weitgreifenden organisationalen Veränderungsvorhaben berücksichtigt.

6.6.2 Begriff „Organisationsentwicklung" und Ziele

Organisationsentwicklung (OE) bezeichnet einen gezielten, systematisch gesteuerten und langfristig angelegten Veränderungsprozess, der darauf abzielt, Organisationen als Ganzes oder in Teilbereichen an veränderte interne und externe Bedingungen anzupassen. Dabei geht es nicht allein um strukturelle oder technische Änderungen, sondern ebenso um die Weiterentwicklung von Unternehmenskultur, Führungsverhalten, Kommunikationsprozessen und Zusammenarbeit (vgl. French & Bell, 1999; French et al., 2005).

Nach Schleidt (2018c) umfasst Organisationsentwicklung alle systematischen Vorgehensweisen, Methoden und Maßnahmen, mit denen die Absicht verbunden ist, komplette Organisationen oder einzelne Organisationseinheiten bis auf die Ebene der Mitglieder bzw. Mitarbeitenden in Hinblick auf die jeweils vorhandenen Ziele zu verändern und somit die Organisation aktiv und vorausschauend zu gestalten. Besonderes Augenmerk liegt dabei auf dem sozialen Wandel und der möglichst weitreichenden Beteiligung der betroffenen Mitarbeitenden.

Als ein bewährter Bezugsrahmen zur Gestaltung von Veränderungsprozessen kann dabei der *soziotechnische Systemansatz* gelten. In ihm gelten Organisationen als ganzheitliche Systeme, in denen technische und soziale Subsysteme in einem dynamischen Wechselverhältnis zueinanderstehen. Veränderungen betreffen in der Regel entweder die Technik, die Abläufe oder die Zusammenarbeit – in den meisten Fällen aber auch zwei oder auch alle drei Elemente gleichzeitig.

Dabei lassen sich drei grundlegende Perspektiven unterscheiden:

Technikorientierte Perspektive: Hier steht die Einführung oder Optimierung technischer Systeme im Fokus. Die Organisation und ihre Mitarbeitenden werden dabei häufig als flexible Einheiten betrachtet, die sich den neuen technischen Rahmenbedingungen anzupassen haben. Erfahrungen legen jedoch nahe, dass Maßnahmen, die sich mehr oder weniger ausschließlich auf technikorientierte Maßnahmen konzentrieren und die Mitarbeitenden nicht angemessen einbinden, mit hoher Wahrscheinlichkeit zum Scheitern verurteilt sind oder aber einen suboptimalen Nutzen mit sich bringen. Das Potenzial, das mit technischen Veränderungen einhergeht, kann nicht voll ausgeschöpft werden, wenn die neue Technologie nicht angemessen auf die Bedürfnisse der Menschen abgestimmt ist, die mit ihr umgehen.

Prozessorientierte Perspektive: Diese Vorgehensweise fokussiert sich schwerpunktmäßig auf organisatorische Prozesse mit dem Ziel, Effizienzpotenziale zu erschließen. In diesem Kontext nimmt der Mensch primär die Rolle des ausführenden Elements innerhalb des Systems ein, während psychologische und soziale Aspekte, wie etwa Werte, Einstellungen oder Motivation, eine eher untergeordnete Rolle spielen. Ein Beispiel ist die Optimierung von Kreditbearbeitungsprozessen in Banken, bei der das Ziel verfolgt wird, die Durchlaufzeiten zu reduzieren.

Arbeitsorientierte Perspektive: Im Zuge einer arbeitsorientierten Technikgestaltung steht der Mensch als aktiver Gestalter des Systems im Mittelpunkt. Technologische Veränderungen werden nur dann als nachhaltig erfolgreich angesehen, wenn sie von den betroffenen Mitarbeitenden akzeptiert werden, diese in der Ausübung ihrer Tätigkeiten unterstützen und ihnen einen klaren Nutzen bieten. Die arbeitsorientierte Perspektive integriert psychologische Aspekte wie Motivation, Partizipation, Selbstwirksamkeit und organisationales Lernen als zentrale Erfolgsfaktoren für gelingende Veränderung.

Organisationsentwicklung verfolgt das Ziel, die Leistungsfähigkeit, Innovationskraft und Wandlungsfähigkeit von Organisationen gezielt zu stärken – immer mit Blick auf eine menschengerechte Gestaltung von Arbeit. Im Zentrum steht dabei die Frage, wie Strukturen, Prozesse, Technologien und Kultur so gestaltet werden können, dass sie sowohl aktuellen Anforderungen gerecht werden als auch die Anpassung an zukünftige Entwicklungen ermöglichen.

Ein Fokus liegt auf der Steigerung der Effektivität bzw. Wirksamkeit – etwa durch effizientere Abläufe, klarere Zuständigkeiten oder verbesserte Kommunikation. Gleichzeitig wird Raum für Innovation geschaffen, indem kreative Gestaltungsmöglichkeiten und interdisziplinärer Austausch gefördert werden. In einer dynamischen Umwelt gewinnt auch die Anpassungsfähigkeit einer Organisation an Bedeutung: Hierzu können zum Beispiel agile Arbeitsformen oder selbstorganisierte Teams beitragen, die schneller und flexibler auf Veränderungen reagieren können.

Zu typischen Anlässen zählen strategische Neuausrichtungen, die Intergation neuer Technologien bzw. technologische Innovationen, Fusionen oder Reorganisationen. Auch eine hohe Fluktuation, sinkende Zufriedenheit der Mitarbeitenden oder wachsende Komplexität im Tagesgeschäft können Zeichen dafür sein, dass weitgreifende Veränderungen notwendig sind.

Praxisbeispiel

AeroSpace Dynamics steht vor der Herausforderung, seine Entwicklungsprozesse effizienter und innovationsfreundlicher zu gestalten, da sich in den letzten Monaten Projektlaufzeiten zuletzt zunehmend verlängert hatten und Schnittstellenprobleme zu erheblichen Reibungsverlusten führten. Die Geschäftsleitung beschloß deshalb, eine bereichsübergreifende Organisationsentwicklung zu initiieren, mit dem Ziel, die interdisziplinäre Zusammenarbeit zu stärken und die Abstimmung zwischen Entwicklung, Qualität und Einkauf zu verbessern.

Lea wurde früh in diesen Prozess eingebunden – zunächst als Teammitglied, später auch als Projektpatin für ein Pilotprojekt zur Einführung sogenannter *Feature-Teams*. Anders als klassische Abteilungsstrukturen wurden diese Teams entlang von Systemkomponenten (z. B. Triebwerksgehäuse oder Sensorikmodule) als autonome Teams zusammengesetzt und vereinten je ein bis zwei Personen aus Konstruktion, Qualitätssicherung, Einkauf und Fertigungsplanung. Das OE-Projekt wurde durch eine externe Beratung und Moderation begleitet und beinhaltete u. a. regelmäßige Lernschleifen, kollegiale Feedbackformate und die Erarbeitung gemeinsamer Teamziele – abgeleitet aus den Zielen des Gesamtprojektes.

Für Lea war die neue Arbeitsweise anfangs ungewohnt: „Plötzlich haben wir nicht mehr nur technische Lösungen entworfen, sondern gemeinsam mit anderen Funktionen abgewogen, wie diese umsetzbar, kostenverträglich und qualitätsgesichert realisiert werden können." Die offene Kommunikation, klar definierte Verantwortlichkeiten und regelmäßige Review-Termine förderten jedoch schnell ein neues Verständnis von Zusammenarbeit und steigerten nicht nur die Produktivität, sondern auch das Teamklima deutlich. ◄

Das Praxisbeispiel zeigt beispielhaft, wie tiefgreifend Veränderungen in Organisationen wirken können und wie komplex OE-Projekte letztlich sein oder werden können. Damit die angestrebten Veränderungen wirksam und nachhaltig umgesetzt werden, braucht es ein klares Verständnis, welche Dynamik hinter diesen Prozessen steht.

6.6.3 Veränderung als Prozess

Ein klassisches Modell zur Beschreibung von Veränderungsprozessen in Organisationen ist das *Drei-Phasen-Modell* von Lewin (1947). Es beschreibt OE als Prozess in drei aufeinanderfolgenden Schritten:

Tab. 6.4 Zentrale Themen in den jeweiligen Prozessphasen als Checkliste

1. Phase: Unfreeze (Auftauen)
Ziel: Veränderungsbereitschaft schaffen, bestehende Routinen hinterfragen
• Warum-Frage klären: Warum ist Veränderung notwendig?
• Stakeholder frühzeitig einbinden
• Emotionale Reaktionen antizipieren (z. B. Angst, Unsicherheit) und angemessen berücksichtigen
• Offene Kommunikation: Transparenz zu Anlass, Ziel und Ablauf
• Raum für Sorgen und Widerstände schaffen (z. B. durch Dialogformate)
• Führungskräfte als Vertrauenspersonen aktivieren
2. Phase: Moving (Verändern)
Ziel: Neue Strukturen und Verhaltensweisen einführen und einüben
• Konkrete Maßnahmen und Schritte definieren
• Lernformate zur Unterstützung des Wandels (Trainings, Pilotphasen etc.) etablieren
• Rollen und Verantwortlichkeiten ggf. neu klären
• Erfolge sichtbar machen („Quick Wins")
• Reflexionsräume schaffen – z. B. Retrospektiven, Feedbackrunden
• Führungskräfte als aktive Lernbegleiter positionieren
3. Phase: Refreezing (Stabilisieren)
Ziel: Neues Verhalten festigen und verankern
• Neue Routinen sichtbar verankern (z. B. im Leitbild, in Prozessen, in Meetings)
• Anerkennung und Belohnung neuer Verhaltensweisen
• Evaluation: Was funktioniert gut? Was braucht Anpassung?
• Strukturelle Verankerung (z. B. in Zielsystemen, Rollenprofilen, Tools)
• Kulturentwicklung begleiten (z. B. über Vorbilder, Wertekommunikation)
• Nachhaltigkeit sichern durch beispielsweise Follow-up Aktivitäten

Die erste Phase des Veränderungsprozesses, „Unfreeze“, markiert den Auftakt des Wandels. In ihr werden bestehende Denkweisen, Strukturen und Verhaltensmuster gezielt in Frage gestellt. Es geht darum, das bisher Selbstverständliche zu lockern und Raum für Neues zu schaffen. Dabei kommt der Kommunikation eine zentrale Rolle zu: Informationen über bevorstehende Veränderungen müssen transparent gemacht, Sorgen ernst genommen und Widerstände sensibel adressiert werden. Ziel ist es, eine offene Haltung in Bezug auf die angestrebten Veränderungen zu fördern.

Die zweite Phase, „Moving“, ist geprägt von aktiver Umsetzung und Erprobung neuer Wege - beispielsweise die Zusammenarbeit betreffend. In dieser Phase werden Veränderungen konkret gestaltet. Neue Arbeitsweisen, Prozesse oder Strukturen werden eingeführt, erprobt und schrittweise in den Alltag integriert. Die Organisation befindet sich in einem Zustand des Übergangs, in dem sich alte Sicherheiten auflösen und neue Routinen noch nicht gefestigt sind. Führungskräfte sind nun besonders gefordert, Orientierung zu geben, die Mitarbeitenden möglichst umfassend einzubinden und Veränderung als gemeinsamen Lernprozess zu gestalten. In dieser Phase entscheidet sich, ob die Mitarbeitenden die Veränderungen akzeptieren und ob sie gewillt sind, ihr Verhalten entsprechend anzupassen.

Die dritte Phase, „Refreeze“, dient der Stabilisierung und Verankerung des Neuen. Ziel ist es, dass die angestoßenen Veränderungen langfristig Bestand haben und sich als „das neue Normal“ etablieren. Unterstützungsmaßnahmen wie Trainings, Coachings oder gezielte Impulse durch die Führungskraft können dabei helfen, neue Routinen zu festigen und die Nachhaltigkeit der Veränderung zu sichern.

Tab. 6.4 beinhaltet ausgewählte Impulse zu den einzelnen Phasen von Veränderungsprozessen entlang des Drei-Phasen-Modells. Sie können als Orientierungshilfe dienen, um bei der Planung und Umsetzung von OE-Projekten zentrale Fragestellungen im Blick zu behalten.

Bevor die psychologischen Prinzipien bei der Gestaltung von OE-Projekten betrachtet werden, geht es im nächsten Abschnitt um die Frage, warum viele OE-Projekte scheitern, also die gesetzten Ziele nicht oder nur teilweise erreicht werden.

6.6.4 Warum scheitern OE-Projekte?

Trotz sorgfältig durchdachter Konzepte, präzise formulierter Ziele und erheblichem Ressourceneinsatz scheitern viele Projekte im Bereich der Organisationsentwicklung in der Praxis – teils mit gravierenden Folgen für die Mitarbeitenden, die Führungskräfte und die gesamte Organisation. Untersuchungen belegen, dass bis zu 70 % aller Change-Projekte ihre angestrebten Wirkungen nicht vollständig erreichen oder vorzeitig abgebrochen werden (vgl. Beer & Nohria, 2000). Die Gründe dafür sind vielschichtig und liegen in den meisten Fällen nicht nur auf der operativen Ebene, sondern oft in der psychologischen und kulturellen „Tiefenstruktur“ der Organisation begründet. Nachfolgend werden einige von ihnen aufgeführt.

Mangelnde Kommunikation Ein wiederkehrender Aspekt, der zu Schwierigkeiten führt, ist eine unzureichende oder inkonsistente Kommunikation über Ziele, Nutzen und Auswirkungen des Veränderungsvorhabens. Die selektive Weitergabe von Informationen oder deren wenig nachvollziehbare Vermittlung kann zu Unsicherheiten, dem Entstehen von Gerüchten („Flurfunk") oder Widerständen führen.

Top-down-Vorgehen Veränderungen, die ausschließlich durch die Führungsebene konzipiert und „von oben herab" implementiert werden, stoßen oft auf geringe Akzeptanz. Wird der Wissens- und Erfahrungsschatz der Mitarbeitenden nicht oder rudimentär berücksichtigt, fühlen sich diese mindestens übergangen. Demgegenüber basieren erfolgreiche OE-Projekte auf partizipativen Ansätzen (-> bottom-up), bei denen Betroffene zu Beteiligten werden. Die Partizipation an der Gestaltung des eigenen Arbeitsumfelds ist ein wesentlicher Faktor für die Förderung einer starken Identifikation mit den anstehenden Veränderungen (vgl. Kotter, 1996).

Widerstände und Ängste Veränderungen rufen in der Regel emotionale Reaktionen hervor, die von Skepsis über Angst bis hin zu offener Ablehnung reichen können (siehe Abschn. 6.6.1). Die Ignoranz oder Bagatellisierung dieser psychologischen Dynamiken kann zu einer Verstärkung von Widerständen führen und den Veränderungsprozess verlangsamen oder sogar blockieren. Eine zentrale Aufgabe der Führung besteht daher darin, emotionale Sicherheit zu schaffen, Sorgen ernst zu nehmen und durch transparente und authentische Kommunikation Vertrauen aufzubauen - nicht zuletzt dadurch, dass die Mitarbeitenden angemessen eingebunden werden.

Fehlende Ressourcen Auch das Fehlen von ausreichenden Ressourcen trägt in einer Vielzahl der Fälle zum Scheitern bei. Als Beispiele sind hier zu wenig Zeit, keine klaren Verantwortlichkeiten oder das Fehlen von Unterstützungsmaßnahmen wie Qualifizierungen und Coachings zu nennen. Wenn Veränderungen „nebenbei" erfolgen sollen, werden sie häufig zur zusätzlichen Belastung – sowohl für die am Veränderungsprojekt Beteiligten als auch für den laufenden Betrieb. Die Implementierung nachhaltiger OE erfordert einen angemessenen zeitlichen Rahmen, ein entsprechendes finanzielles Budget sowie eine strategische Priorisierung.

Fehlende Anpassung der Unternehmenskultur Schließlich scheitern viele OE-Projekte daran, dass sie in eine Unternehmenskultur eingebettet sind, die mit den angestrebten Veränderungen nicht kompatibel ist und eine entsprechende Veränderung nicht mitgedacht wird. Wenn beispielsweise hierarchisches Denken tief verankert ist, wird es schwierig sein, agile oder selbstorganisierte Arbeistformen zu etablieren. Kulturveränderung ist ein zentraler, jedoch oft unterschätzter Hebel für nachhaltige Veränderung und sie erfordert Geduld, vorbildliches Verhalten und eine systematische Verankerung neuer Werte und Routinen.

Die bisherigen Ausführungen zeigen: Organisationsentwicklung ist weit mehr als das Einführen neuer Strukturen oder Prozesse – verbunden mit der Hoffnung, dass die Mitarbeitenden dann schon „mitziehen“ werden. Sie tangiert unmittelbar die Haltung, das Miteinander und das Selbstverständnis einer Organisation und der in ihr tätigen Menschen. Damit die Veränderungen, die im Rahmen von OE-Prozessen angestoßen werden, erfolgreich umgesetzt werden, ist daher – einmal mehr – sehr wichtig, den „Faktor Mensch“ zu berücksichtigen. Im nächsten Abschnitt wird daher beleuchtet, welche Rolle psychologische Prinzipien bei der Gestaltung von erfolgreicher OE spielen.

6.6.5 Psychologische Gestaltung von OE-Projekten

Wie bereits herausgearbeitet wurde, betreffen Veränderungen in Organisationen stets auch die vom Wandel betroffenen Mitarbeitenden. Daraus ergibt sich, dass der Erfolg eines OE-Projekts im hohen Maß von der psychologischen Qualität seiner Umsetzung abhängig ist. Neben strategischer Klarheit und operativer Effizienz spielen dabei insbesondere soziale, emotionale und motivationale Faktoren eine bedeutende Rolle. In der wissenschaftlichen Literatur und betrieblichen Praxis haben sich drei Erfolgsfaktoren als besonders wirksam erwiesen, die die Akzeptanz von Veränderungsvorhaben fördert. Sie sind in Abb. 6.4 dargestellt und werden im Folgenden erläutert.

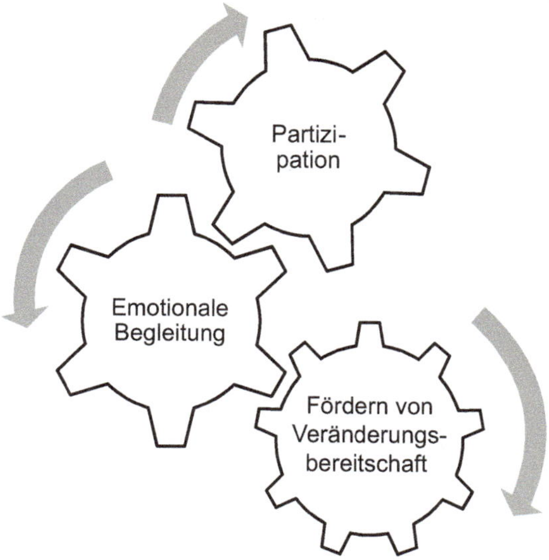

Abb. 6.4 Psychologische Prinzipien zur Steigerung der Akzeptanz von OE-Prozessen

1. *Partizipation – Beteiligung als Schlüssel zur Identifikation*
   Die aktive Einbindung der Mitarbeitenden in den Veränderungsprozess fördert die Identifikation mit den neuen Strukturen, reduziert Widerstände und erhöht die Qualität der Ergebnisse. Partizipative Ansätze, wie etwa Workshops, Feedbackschleifen oder Change-Agents aus dem Kreis der Mitarbeitenden, ermöglichen die Integration von Erfahrungen und Perspektiven aus dem Arbeitsalltag in den Gestaltungsprozess. Dies fördert das Gefühl von Selbstwirksamkeit und erzeugt ein Gefühl der gemeinsamen Verantwortung für die Entwicklungen.

Praxisbeispiel

Bei AeroSpace Dynamics stand die Einführung eines neuen digitalen Dokumentationssystems für Entwicklungsprozesse an. Anstatt die Auswahl und Umsetzung ausschließlich durch die IT- und Projektleitung zu gestalten, wurde frühzeitig ein interdisziplinäres Projektteam gebildet – darunter auch Lea, die ihre Perspektive als Ingenieurin einbrachte. In mehreren moderierten Workshops wurden Anforderungen aus dem Praxisalltag gesammelt, technische Bedarfe geklärt und erste Prototypen bewertet. Durch iterative Feedbackrunden konnte das System an reale Arbeitsabläufe angepasst werden. Das Ergebnis: Die Akzeptanz für das neue System im Team stieg deutlich, die Einarbeitungszeit wurde verkürzt und die Fehlerquote in der Dokumentation sank nach der Einführung spürbar. ◄

2. *Emotionale Begleitung – Unsicherheiten aktiv begegnen*
   Veränderungen können – wie bereits in Abschn. 6.6.1 thematisiert – bei den Betroffenen eine Vielzahl emotionaler Reaktionen auslösen. Diese reichen von Skepsis bis hin zu Unsicherheit bzw. Angst oder Trauer über den Verlust vertrauter Routinen. Führungskräfte und Projektverantwortliche sind folglich aufgefordert, diesen Emotionen mit Empathie und Dialog zu begegnen. Daher sind Führungskräfte und Projektverantwortliche dazu aufgefordert, sich frühzeitig mit möglichen emotionalen Themen zu befassen und ihnen einen angemessenen Raum zu geben - beispielsweise durch das Schaffen von Gesprächsangeboten.

Praxisbeispiel

Bei AeroSpace Dynamics wurde beschlossen, die künftige Entwicklungsarbeit stärker standortübergreifend zu organisieren. Teams sollten nicht mehr nur lokal zusammengesetzt sein, sondern Expertise aus verschiedenen Niederlassungen bündeln – inklusive internationaler Partnerstandorte. Diese Maßnahme versprach zwar Synergieeffekte und schnellere Innovationszyklen, rief jedoch bei vielen Mitarbeitenden zugleich starke Verunsicherung hervor. Insbesondere langjährige Teammitglieder äußerten die Sorge, dass gewachsene Arbeitsbeziehungen verloren gehen könnten und vertraute Kommunikationswege durch virtuelle Abstimmungsprozesse ersetzt würden. Um dem zu begegnen, initiierte Lea gemeinsam mit der OE-Projektleitung eine Reihe von moderierten

Austauschformaten, in denen Mitarbeitende ihre Sichtweisen offen teilen konnten. Zusätzlich wurden in der Entwicklungsabteilung Tandem-Partnerschaften eingeführt, um den Übergang zu erleichtern und den persönlichen Kontakt auch über Distanz aufrechtzuerhalten. Führungskräfte wurden sensibilisiert, emotionale Reaktionen ernst zu nehmen und aktiv auf die Sorgen ihrer Mitarbeitenden einzugehen. Durch den offenen Dialog und gezielte Unterstützungsmaßnahmen wuchs allmählich das Vertrauen in das Veränderungsvorhaben und die anfängliche Skepsis wich zunehmend der Bereitschaft, sich aktiv auf die neue Art der Zusammenarbeit einzulassen. ◄

3. *Veränderungsbereitschaft fördern*
   Wie bereits deutlich wurde: Veränderung kann nicht top down angeordnet werden, vielmehr sie muss von den Mitarbeitenden verstanden, gewollt und als sinnvoll erlebt werden. Im Zuge von OE-Projekten sollten also gezielt Anreize gesetzt werden, um die Lernbereitschaft und intrinsische Motivation fördern. Zu geeigneten Maßnahmen zählen in diesem Zusammenhang beispielsweise niedrigschwellige Weiterbildungsangebote, das Sichtbarmachen erster Erfolge („Quick Wins") oder die Verknüpfung mit persönlichen Entwicklungszielen. Wenn die Mitarbeitenden den Nutzen erkennen, sind sie eher bereit, an den damit verbundenen Veränderungen mitzuwirken.

Praxisbeispiel

Im Zuge der Einführung eines neuen, KI-gestützten Entwicklungstools zur Optimierung von Konstruktionsprozessen plante AeroSpace Dynamics, sämtliche technische Abteilungen innerhalb eines Jahres auf das neue System umzustellen. Frühzeitig zeigte sich jedoch Zurückhaltung, denn viele Mitarbeitende befürchteten unter anderem, dass ihre gewohnten Arbeitsweisen nicht mehr gefragt seien oder ihre Fähigkeiten abgewertet werden könnten. Lea, die das Projekt im Entwicklungsteam mitbegleitete, schlug daher vor, mit einem freiwilligen Pilotprojekt zu starten. Gemeinsam mit fünf technikaffinen KollegInnen – oft „Early Adopters" genannt – testete sie das neue Tool an einem realen, aber überschaubaren Projektabschnitt. Parallel dazu bot das Unternehmen kurze, praxisorientierte Lerneinheiten in Kleingruppen an, in denen Mitarbeitende erste Anwendungserfahrungen sammeln konnten.Durch die schnelle Sichtbarkeit konkreter Vorteile – etwa eine deutlich verkürzte Berechnungszeit – stieg das Interesse auch bei skeptischen Teammitgliedern. Zudem wurden die Erfahrungen aus dem Pilotprojekt regelmäßig im Team geteilt. Die Verbindung zur persönlichen Weiterentwicklung – z. B. durch das Angebot zusätzlicher Qualifikationen im Bereich Datenanalyse – verstärkte die Motivation zusätzlich, sich mit dem neuen Entwicklungstool zu befassen. ◄

Damit Organisationsentwicklung psychologisch wirksam sein kann sollte also nicht zuletzt eine weitgehende Beteiligung der von ihr betroffenen Menschen angestrebt werden. Damit Organisationsentwicklung langfristig erfolgreich und nachhaltig gelingt, sollten entsprechend rationale genauso wie emotionale, strukturelle und – last but not least – kulturelle Faktoren bei der Planung und Umsetzung berücksichtigt werden. Dies erfordert unter ande-

Tab. 6.5 Change Management und OE im Vergleich

Aspekt	Change Management (CM)	Organisationsentwicklung (OE)
Zielsetzung	Gezielte Unterstützung zeitlich begrenzter Veränderungsprojekte	Ganzheitliche, langfristige Weiterentwicklung und Verbesserung der Organisation
Fokus	Einzelne Maßnahmen (z. B. Softwareeinführung, neue Struktur) werden flankierend mit CM begleitet	Kultur, Struktur, Prozesse und Menschen im Zusammenspiel
Zeithorizont	Kurz- bis mittelfristig	Langfristig und auf Kontinuität ausgelegt
Anstoß	Häufig reaktiv und als Antwort auf äußeren Druck (Markt, Technologie, Krise)	Häufig proaktiv mit einem Fokus auf kontinuierliche Verbesserung von innen heraus
Einbindung der Mitarbei-tenden	Häufig punktuell (z. B. Informationsveranstaltungen, Trainings)	Systematisch und dialogisch, Mitarbeitende als aktive (Mit-) GestalterInnen der Veränderungen
Verantwor-tung	Sollte bei ausgewählten Führungskräften ggf. unterstützt von externen BeraterInnen liegen	Oftmals geteilte Verantwortung zwischen Führung, Mitarbeitenden, ggf. internen Change Agents, ggf. unterstützt von externen BeraterInnen

rem ein systemisches Verständnis von Organisationen sowie eine gewisses psychologisches „Fingerspitzengefühl" im Umgang mit Gefühlen wie Unsicherheit oder mit unterschiedlichen Erwartungen und sozialen Dynamiken, die sich ergeben können. Wie das konkret aussehen kann, ist Thema des nächsten Abschnitts, in dem es um Change Management geht.

6.6.6 Begriff „Change Management" und Ziele

Auch wenn die Begriffe Change Management (CM) und Organisationsentwicklung im Sprachgebrauch häufig synonym oder „in einem Atemzug" genannt werden, unterscheiden sie sich in ihren Prinzipien und in der methodischen Ausrichtung in einigen wesentlichen Punkten, auf die nun kurz eingegangen wird.

Change Management bezeichnet die strukturierte Planung, Steuerung und Begleitung von Veränderungsprozessen innerhalb von Organisationen, wobei der Fokus auf den betroffenen Mitarbeitenden liegt. Im Gegensatz zur ganzheitlich und langfristig angelegten Organisationsentwicklung konzentriert sich Change Management meist auf zeitlich abgegrenzte Veränderungsvorhaben. Trotz dieser Unterschiede sind beide Ansätze nicht als Gegensätze zu verstehen. So kann Change Management beispielsweise innerhalb von OE-Prozessen als flankierendes Werkzeug eingesetzt werden, um die wirkungsvolle Umsetzung der angedachten Maßnahmen zu unterstützen. Trotz dieser Unterschiede sind beide Ansätze nicht als Gegensätze zu verstehen. So kann Change Management beispielsweise innerhalb von OE-Prozessen als flankierendes Werkzeug eingesetzt werden, um die wirkungsvolle Umsetzung der angedachten Maßnahmen zu unterstützen.

In Tab. 6.5 werden die beiden Ansätze in Bezug auf ausgewählte Aspekte gegenübergestellt.

Als typische Anwendungsfelder können die Einführung neuer Technologien im Rahmen der digitalen Transformation – beispielsweise durch KI-gestützte Prozesse zur Steigerung von Effizienz und Wettbewerbsfähigkeit genauso gelten wie strukturelle Reorganisationen, bei denen bestehende Abläufe neu konzipiert und Teams neu zusammengesetzt werden (vgl. Kotter, 1996).

Change Management Programme werden in der Regel als Projekte organisiert, orientieren sich an vorab festgelegten Zielen und werden in der Regel von Führungskräften innerhalb eines Unternehmens verantwortet, die sich ggf. externe ExpertInnen zur Seite nehmen.

Entscheidend für den Erfolg ist auch hier, dass die vom Wandel betroffenen Mitarbeitenden die mit dem jeweiligen Projekt verbundenen Veränderungen verstehen, akzeptieren und als sinnvoll und nutzbringend einordnen.

6.6.7 Prinzipien für erfolgreiches Change Management

Ein erfolgreicher Veränderungsprozess sollte sich auf grundlegende strategische und psychologische Prinzipien stützen. Wirksames Change Management kann sich dabei an verschiedenen Leitgedanken orientieren, die im Folgenden überblicksartig vorgestellt werden.

1. *Klare Vision und transparente Kommunikation*
   Eine klare Begründung für die Veränderung – das *Warum* – sollte möglichst frühzeitig und verständlich vermittelt werden. Mitarbeitende wollen wissen, worauf sie sich einstellen müssen und welchen Nutzen die Veränderung mit sich bringt.
2. *Schrittweise Umsetzung*
   Veränderungen sollten in Etappen geplant und umgesetzt werden, um die mit dem Vorhaben verbundene Komplexität zu reduzieren und eine potenzielle Überforderung der Beteiligten zu vermeiden. Sogenannte *Quick Wins bzw. Short-Term Wins* (Kotter, 1996) also früh sichtbare Erfolge, können dazu beitragen, die Motivation zu steigern und das Vertrauen in den Veränderungsprozess zu stärken.
3. *Führung als Schlüsselrolle*
   Führungskräfte fungieren als Vorbilder, Vermittler und erste Ansprechpersonen bei jeglicher Form von Unsicherheit oder Widerstand bei ihren Mitarbeitenden. Glaubwürdige Kommunikation, aktives Zuhören und kontinuierliche Präsenz im Sinne einer Ansprechbarkeit fördern entsprechend das Vertrauen in die angestrebten Veränderungen. Praktisch hilfreich sein können beispielsweise regelmäßige Question & Answer (Q&A) Sessions oder eine Art „1:1 Sprechstunde mit der Führungskraft", in denen Mitarbeitende offen Fragen stellen und ihre Bedenken äußern können.

4. *Flexibilität und Feedbackschleifen*
   Veränderungsprojekte verlaufen oft nicht so, wie sie ursprünglich geplant wurden. Umso wichtiger ist es daher, im Sinne einer kontinuierlichen Mitarbeitenden-Beteiligung regelmäßig und systematisch Feedback zu erheben, zu reflektieren und entsprechende Anpassungen vorzunehmen. Dabei können bei Bedarf digitale Tools wie beispielsweise Mentimeter oder Slido als niederschwellige Plattformen eingesetzt werden.
   In diesem Zusammenhang sei ausdrücklich auf Abschn. 5.7.2 verwiesen, in dem das Change Management Modell nach Kotter u.a. 1996 vorgestellt und anschaulich in Leas Arbeitswelt und auf ihre Rolle als Führungskraft übertragen wird.

Auch wenn Change Management Projekte häufig in sehr „greifbaren" Bereichen wie Strukturen und Prozessen, die verändert werden sollen, ihren Ausgangspunkt haben, bleiben sie jedoch wirkungslos, wenn sie nicht - wie bereits erwähnt - durch die bestehende Unternehmenskultur (mit)getragen werden. Die wahrgenommende Kultur entscheidet im erheblichen Maß mit darüber, welche Werte im Alltag gelebt bzw. erlebt werden und wie Mitarbeitende auf Neues reagieren. Veränderungsprozesse können daher nur dann langfristig erfolgreich sein, wenn sie mit einer entsprechenden kulturellen Entwicklung einhergehen. Doch was ist eigentlich Kultur? Und wie lässt sie sich gezielt gestalten? Diese Fragen werden im folgenden Abschnitt beleuchtet.

6.7 Organisationskultur

6.7.1 Was ist Organisationskultur?

Organisationskultur kann als das von den Mitgliedern einer Organisation geteilte System von Werten, Normen, Überzeugungen und Annahmen, das die Verhaltensweisen und das Miteinander im Unternehmen prägt, beschrieben werden (vgl. Schein, 2004). Sie wirkt wie ein zumeist unsichtbares Steuerungssystem, das definiert, „wie wir hier die Dinge tun", unabhängig davon, ob explizit benannt oder implizit als „mentales Modell" verinnerlicht. Kultur beeinflusst damit nicht nur das tägliche Handeln, sondern auch die Wahrnehmung, Bewertung und den Umgang mit Herausforderungen, die sich beispielsweise durch Veränderungsprojekte ergeben können.

Schein (2004) unterscheidet in seinem bekannten Drei-Ebenen-Modell der Organisationskultur zwischen Artefakten, Werten und grundlegenden Annahmen.

- *Artefakte* stellen die sichtbarste Ebene dar. Hierzu zählen beispielsweise bauliche Gegebenheiten, Dresscodes, Sprache, betriebliche Rituale oder in welcher Form miteinander kommuniziert wird. Sie sind zwar relativ gut beobachtbar, aber schwer interpretierbar, da sie wenig darüber aussagen, warum etwas wie getan wird.

- *Werte und Überzeugungen* bilden die normative Grundlage des organisationalen Handelns. Sie geben an, was in einer Organisation als erstrebenswert, richtig oder wichtig angesehen wird. Beispiele dafür können Leistungsbereitschaft, Offenheit oder Loyalität sein. Diese Werte prägen entsprechend Zielsysteme, Führungsgrundsätze, Entscheidungsprozesse und den täglichen Umgang miteinander.
- *Grundlegende Annahmen* sind die tiefste und zugleich am schwierigsten zugängliche Ebene. Es handelt sich um unbewusste Überzeugungen über Menschen und das damit zusammenhängende Menschenbild oder was als „Wahrheit" angesehen wird. Sie werden so gut wie nie infrage gestellt und wirken sich gleichzeitig stark auf das Handeln der Mitglieder einer Organisation aus. In vielen Fällen wird dabei auch von der *kulturellen DNA* einer Organisation gesprochen.

Die Organisationskultur kann für den Einzelnen mehrere zentrale Funktionen erfüllen: Sie kann der Abgrenzung gegenüber anderen Unternehmen dienen, Identität und Zugehörigkeitsgefühle sowie die Bindung an die Organisation fördern. Neuen Mitarbeitenden kann sie Orientierung beispielsweise durch implizite Verhaltensmaßstäbe geben und dadurch ihre Sozialisation unterstützen (vgl. Kauffeld, 2018). Neuen Mitarbeitenden kann sie Orientierung beispielsweise durch implizite Verhaltensmaßstäbe geben und dadurch ihre Sozialisation unterstützen (vgl. Kauffeld, 2018).

Damit beispielsweise Werte nicht bloße Schlagworte auf Hochglanzbroschüren oder in Führungskräfteweiterbildungen bleiben, sollten sie im Rahmen gemeinsamen Workshops konkretisiert werden – zum Beispiel durch Fragen wie: „Wie zeigt sich Respekt in unserem Alltag als Team?" Entscheidend ist, dass die definierten Werte in operative Prozesse integriert werden, etwa in Zielvereinbarungen oder in Personalauswahlverfahren. Darüber hinaus können sie durch gezieltes Storytelling, interne Kommunikation und symbolische Handlungen – wie etwa Auszeichnungen für wertebasiertes Verhalten – im Arbeitsalltag sichtbar und erlebbar gemacht werden.

Neben offiziellen *Regeln* – wie beispielsweise zu Dresscodes oder Verfahrensanweisungen – sind es vor allem *implizite Normen*, die das tägliche Miteinander und damit auch das soziale Miteinander in Organisationen prägen. Sie beeinflussen, wie Menschen zusammenarbeiten, kommunizieren oder – siehe nächster Abschnitt – mit Fehlern umgehen, und gelten oft mehr oder weniger als selbstverständlich. Gerade weil sie meist nicht explizit benannt werden, sind sie wenig greifbar und lassen sich nur mit relativ hohem Aufwand verändern.

Um sie bewusst zu gestalten, braucht es zunächst eine systematische Reflexion. Kulturdiagnosen wie Interviews, Beobachtungen oder Shadowing (= zeitweise Begleitung von Mitarbeitenden, um Einblicke in den Arbeitsalltag, Aufgaben etc. zu erhalten) können dabei helfen, verborgene Muster wie beispielsweise informelle Machtstrukturen, Netzwerke oder Tabuthemen sichtbar zu machen. Auf Basis dieser Erkenntnisse lassen sich gezielt neue Verhaltensweisen initiieren, zum Beispiel durch Pilotprojekte oder klare Leitlinien *(→ Code of Conduct bzw. Verhaltenscodex)* für eine gewünschte zukünftige Zusammenarbeit.

Symbole und Rituale verleihen der Unternehmenskultur eine sicht- und spürbare Gestalt. Sie können das Gefühl der Zugehörigkeit stärken und gemeinsame Werte erlebbar machen. Begrüßungsrituale für neue Mitarbeitende oder Auszeichnungen bei Betriebsjubiläen können das Wir-Gefühl unterstützen.

Um Kultur gezielt weiterzuentwickeln, lohnt sich dabei zunächst ein Blick auf bereits bestehende Rituale: Welche Praktiken unterstützen die gewünschte Kultur, und wo werden womöglich ungewollte Muster verstärkt? Aufbauend darauf lassen sich neue Impulse setzen – beispielsweise durch Gesprächsformate, in denen gemeinsame Erfahrungen reflektiert werden. Auch Symbole spielen eine wichtige Rolle: Die Gestaltung von Arbeitsräumen oder die Sprache – im Sinne einer positiven Handlungssprache (–> Gewaltfreie Kommunikation nach Rosenberg) – in der internen Kommunikation können Kulturveränderungen nachhaltig unterstützen.

Führung und Führungskommunikation dürfen auch an dieser Stelle als zentrale Hebel jeder Kulturentwicklung gelten. Führungskräfte wirken als Vorbilder und prägen durch ihr Verhalten – bewusst oder unbewusst – maßgeblich das, was in einer Organisation als erstrebenswert gilt. Ob beispielsweise Vertrauen, Respekt, Beteiligung oder Lernbereitschaft gefördert werden, hängt stark davon ab, wie Führung erlebt und die Kommunikation zwischen Führungskraft und Mitarbeitenden gestaltet wird.

Kulturentwicklung kann also als ein tiefgreifender, aber durchaus gestaltbarer Prozess verstanden werden. Er beginnt mit dem Sichtbarmachen der gelebten Realität, der bewussten Auseinandersetzung mit Werten und Haltungen und dem Mut, neue Verhaltensweisen auszuprobieren. Dabei kommt – einmal mehr – vor allem den Führungskräften eines Unternehmens eine Schlüsselrolle zu. Daher sollten sie im Rahmen gezielter Personalentwicklung (siehe Abschn. 6.5) durch Maßnahmen wie Trainings oder Coachings dazu dazu befähigt werden, auch Kulturentwicklungsprozesse angemessen zu begleiten.

Im Zusammenhang mit der Unternehmenskultur aber auch im Zuge von Organisationsentwicklungsprojekten wird mitunter der Begriff *Organisationsklima* erwähnt. Es beschreibt die *wahrgenommene Atmosphäre innerhalb einer Organisation*, also ein „gefühltes Betriebsklima“, das Mitarbeitende in ihrem Arbeitsalltag erleben. Es handelt sich dabei um eine Art kollektive Wahrnehmung dazu, wie beispielsweise Zusammenarbeit, Führung, soziales Miteinander oder Kommunikation im Unternehmen zu einem bestimmten Zeitpunkt empfunden werden. Während *Unternehmenskultur* also die eher tief verankerten Werte und Normen beschreibt, ist das Organisationsklima gewissermaßen die momentane, wahrnehmbare Stimmung in einer Organisation.

Praxisbeispiel

Im Zuge eines größeren Digitalisierungsprojekts bei AeroSpace Dynamics, das die Einführung eines neuen, unternehmensweiten Projektmanagement-Tools vorsieht, wurde frühzeitig erkannt, dass der Erfolg des Vorhabens wesentlich von der Akzeptanz der

Mitarbeitenden abhängt. Lea, Teamleiterin im Bereich Entwicklung, schlug vor, die Stimmung bei den Mitarbeitenden gezielt zu erheben, um frühzeitig mögliche Bedenken oder Widerstände sichtbar zu machen. Gemeinsam mit der internen Organisationsentwicklung wurde eine kurze Klimaabfrage konzipiert. Ziel war es, ein aktuelles Stimmungsbild einzuholen – nicht nur zur technischen Umsetzung, sondern auch zur erlebten Kommunikation, Transparenz und Beteiligung im Veränderungsprozess. ◄

Nachfolgend sind bezogen auf das Praxisbeispiel beispielhafte Fragen aufgeführt, die in einem Klimacheck gestellt werden könnten.

- *Wie klar sind Ihnen die Ziele und Hintergründe des Veränderungsprojekts?*
- *Wie gut fühlen Sie sich über den aktuellen Stand der Veränderung informiert?*
- *Haben Sie das Gefühl, dass Ihre Anliegen im Projekt gehört und berücksichtigt werden?*
- *Wie erleben Sie die Rolle Ihrer Führungskraft im Umgang mit der Veränderung?*
- *Wie schätzen Sie Ihre persönliche Bereitschaft ein, sich auf die Veränderungen einzulassen?*
- *Welche Auswirkungen erwarten Sie durch das Projekt auf Ihre tägliche Arbeit?*
- *Wie würden Sie die aktuelle Stimmung im Unternehmen in Bezug auf das Veränderungsvorhaben beschreiben?*
- *Was würde Ihnen helfen, die Veränderung besser zu bewältigen?*
- *Was würden Sie sich in Bezug auf die weitere Entwicklung des Veränderungsvorhabens wünschen?*

Wird das Organisationsklima als positiv und unterstützend wahrgenommen, ist damit eine Grundlage dafür gelegt, dass Mitarbeitende eher bereit sind, Verantwortung zu übernehmen, eigene Ideen einzubringen und im Bedarfsfall auch eigene Unsicherheiten offen anzusprechen. Ob Mitarbeitende unabhängig davon bereit sind, über Fehler zu sprechen und aus ihnen zu lernen, hängt stark davon ab, wie gut in der Organisationskultur Werte wie beispielsweise Offenheit oder Wachstum verankert sind und wie in der Organisation mit Fehlverhalten umgegangen wird – und genau darum geht es im folgenden Abschnitt zur Fehler- bzw. Just Culture.

6.7.2 Just Culture und Fehlerkultur

Fehler sind ein natürlicher Bestandteil des Arbeitslebens. Entscheidend ist jedoch der Umgang damit – insbesondere im Hinblick auf Lernen und Weiterentwicklung. Die Idee der *Just Culture* (gerechte Kultur) zielt darauf ab, ein Arbeitsumfeld zu schaffen, in dem offen über Fehler und kritische Vorfälle gesprochen werden kann, ohne dass Mitarbeitende in der Folge Sanktionen befürchten müssen (vgl. Dekker, 2016; Reason, 2000). Zugleich betont dieses Konzept die individuelle Verantwortung: Wer einen Fehler macht, übernimmt Verantwortung – doch nicht im Sinne von Schuldzuweisung, sondern als Ausgangspunkt für Reflexion und die Verbesserung von beispielsweise betrieblichen Abläufen. In sicherheitskritischen Branchen wie der Luftfahrt stellt eine Just Culture eine wesentliche Voraussetzung für verantwortungsbewusstes und sicheres Handeln am Arbeitsplatz dar – und damit letztlich auch für den sicheren Betrieb von Luftfahrzeugen (vgl. Schleidt, 2018b).

Zentral ist dabei die Unterscheidung zwischen einerseits unbeabsichtigten Fehlhandlungen, verursacht beispielsweise durch Müdigkeit, Ablenkung oder systemische Mängel und andererseits bewusstem risikobehaftetem Verhalten, bei dem Regeln oder Sicherheitsvorgaben willentlich missachtet werden. Diese Differenzierung basiert auf dem Modell von Reason (1997, 2000), das verschiedene Fehlerarten unterscheidet: *Slips* (z. B. Flüchtigkeitsfehler), *Lapses* (z. B. Vergessen), *Rule-based mistakes* (Fehlerhafte Regelanwendung) und *Violations* (bewusste Regelverstöße). Nur Letztere erfordern in der Regel disziplinarische Maßnahmen, während die übrigen wertvolle Hinweise auf Verbesserungsbedarfe in den Prozessen oder im System selbst liefern können.

► ***Best Practice*** In der Luftfahrtindustrie setzen Hersteller von Luftfahrzeugen wie beispielsweise Airbus seit Jahren auf sogenannte *Just-Culture*-Ansätze, um sicherheitsrelevante Fehler frühzeitig zu erkennen und systematisch aufzuarbeiten. Ein zentrales Element dieser Kultur ist der offene Umgang mit sogenannten *Abweichungen* – damit sind bewusst oder unbewusst erfolgte Abweichungen von etablierten Prozessen, Standards oder Sicherheitsvorgaben gemeint, die potenziell zu kritischen Situationen führen können. Dafür werden in aller Regel sogenannte *(Critical) Incident Reporting Systeme* bzw Ereignismeldesysteme genutzt, in denen unvorhergesehene Ereignisse erfasst, dokumentiert und analysiert werden.

In einer lebendigen Lust Culture werden Mitarbeitende ausdrücklich dazu ermutigt, Vorfälle oder Beinahe-Fehler zu melden, ohne dass sie disziplinarische Konsequenzen befürchten müssen. Dieses Vertrauen in einen konstruktiven, nicht-punitiven Umgang mit Fehlern stärkt nicht nur die individuelle psychologische Sicherheit, sondern fördert auch die kollektive Bereitschaft zur Reflexion und kontinuierlichen Weiterentwicklung. Auf diese Weise wird *organisationales Lernen* ermöglicht: Die Organisation nutzt die systematische Auswertung gemeldeter Abweichungen, um Prozesse, Strukturen und Verhaltensweisen immer wieder auf den „Prüfstand zu stellen" und gezielt zu verbessern vgl. Schleidt, 2018b, c)

Eine ausgereifte und gut eingeführte Just Culture wirkt sich auf verschiedenen Ebenen positiv aus:

1. *Fehler werden als Möglichkeit für Lernen betrachtet*

   In einer Kultur, in der Fehler nicht bestraft sondern analysiert werden, entstehen neben einem offenen Miteinander auch ein regelmäßiger Austausch. Mitarbeitende haben unter diesen Umständen keinen Grund, Fehler zu vertuschen – ganz im Gegenteil: Sie werden ermutigt, sie sichtbar zu machen und gemeinsam daraus zu lernen. Das ermöglicht systematische Verbesserungen beispielsweise in Abläufen, Produkten oder Entscheidungen.

Statt Schuldige zu suchen, wird nach Ursachen gefragt: *Was hat dazu geführt? Was können wir daraus ableiten? Was braucht es, damit es beim nächsten Mal besser läuft?*

Praxisbeispiel

In Leas Projektteam bei AeroSpace Dynamics sind monatliche „Lessons Learned"-Meetings fest etabliert. Lea eröffnet diese Runden oft selbst mit kurzen Anekdoten aus eigenen Fehlversuchen – etwa einer gescheiterten Schnittstellenabstimmung. Das Team diskutiert offen, was bei wem nicht gut lief, welche Annahmen korrigiert wurden und welche Verbesserungen daraus entstehen können. Sofern es Meldungen im Incident Reporting System gibt, werden diese thematisiert. ◄

2. *Innovation und Freude am Ausprobieren von Neuem werden gefördert*

   Kreativität und Innovation setzen immer voraus, dass man etwas wagt und damit auch scheitern *darf*. Eine lebendige Fehlerkultur schafft psychologische Sicherheit: Menschen trauen sich, neue Ideen zu äußern, auszuprobieren und damit auch – oft gedankliche – Grenzen zu verschieben. Wenn Mitarbeitende nicht automatisch Risiken mit Sanktionen verbinden, können Experimentieren und Ausprobieren zum festen Bestandteil des Arbeitsalltags werden und daraus kann sich letztlich Fortschritt ergeben.
3. *Vertrauen und Teamzusammenhalt wachsen*

   Eine gelebte Fehlerkultur schafft eine gute Grundlage, damit sich die Mitarbeitenden gegenseitig vertrauen. Wenn innerhalb eines Teams deutlich wird, dass Fehler als Lerngelegenheiten verstanden werden, fördert das in der Regel ein unterstützendes Miteinander. Anstelle von Schuldzuweisungen rückt das Prinzip kollegialer Hilfe in den Vordergrund, das heißt, dass Mitarbeitende untereinander um Hilfe bitten und sich gegenseitig aktiv unterstützen, wenn Herausforderungen oder Missgeschicke auftreten. Diese Art des Miteinanders wappnet ein Team dann übrigens auch im Umgang mit größeren Krisen.

Praxisbeispiel

In Leas Team hat sich durch ihr Vorbild eine offene Fehlerkultur etabliert. KollegInnen geben sich direktes Feedback, sprechen Unsicherheiten frühzeitig an und nutzen regelmäßige Rückblicke zur konstruktiv-kritischen Reflexion, auch wenn es um brisante Themen geht. ◄

Aus psychologischer Sicht und dabei speziell aus der Perspektive der Personalentwicklung kann eine Just Culture auf individueller, struktureller und kultureller Ebene durch verschiedene gezielte Maßnahmen systematisch gefördert werden. Sie werden nachfolgend kurz umgerissen.

1. *Klare Differenzierung von Fehlertypen*
   In einer Just Culture wird wie bereits ausgeführt zwischen verschiedenen Ursachen für Fehlverhalten differenziert. Diese Unterscheidung muss im Unternehmen klar kommuniziert und von allen Mitarbeitenden verstanden werden.
2. *Fehler als Lernanlass kommunizieren*
   Führungskräfte sollten Fehler durch entsprechende Kommunikation als Teil organisationaler Lernprozesse rahmen und nicht als individuelle Schwäche des Einzelnen. Formate wie „Lessons Learned“, „Fehler der Woche“ oder strukturierte Fallanalysen fördern eine konstruktive Haltung im Umgang mit Fehlern als Voraussetzung für die Vitalität der Kultur.
3. *Psychologische Sicherheit stärken*
   Mitarbeitende müssen sich ausreichend sicher fühlen, um Bedenken, Zweifel oder Fehler offen anzusprechen (vgl. Edmondson, 1999). Dies gelingt unter anderem durch eine wertschätzende Kommunikation beispielsweise durch aktives Zuhören und den Verzicht auf vorschnelle Schuldzuweisungen oder persönliche Anschuldigungen.
4. *Vertrauensvolle Führung leben*
   Führungskräfte übernehmen auch hier eine Vorbildfunktion: Wenn sie offen und authentisch eigene Irrtümer reflektieren, werden Glaubwürdigkeit oder im Team gefördert. Schulungen zu Feedback, Selbstreflexion und emotionaler Kompetenz sind hierzu ggf. hilfreich.
5. *Strukturelle Rahmenbedingungen schaffen*
   Anonyme Meldesysteme wie der klassische Briefkasten für ein Stück Papier, standardisierte Feedbackprozesse oder strukturierte Fehleranalysen beispielsweise im Rahmen von den bereits erwähnten Critical Incident Reporting Systemen (CIRS) ermöglichen einen systematischen Umgang mit Fehlern. Wichtig ist dabei, dass für allen betroffenen Mitarbeitenden transparent sein muss, wie mit gemeldeten Fehlern umgegangen wird und was sich daraus ergibt. In der kommerziellen Luftfahrt werden solche sicherheitsrelevanten Prozesse in Betriebshandbüchern, die einer jährlichen behördlichen Auditierung unterliegen, festgeschrieben und bei Bedarf angepasst.
6. *Kulturentwicklung als regelmäßige Aufgabe*
   Eine Just Culture entsteht nicht zuletzt durch kontinuierliche Arbeit an Werten, Normen und/oder Routinen. Es braucht daher neben einem Konzept zur Kultur(weiter)entwicklung regelmäßig wiederkehrende Dialogformate, die eine kontinuierliche und kollektive Reflexion auf allen Ebenen einer Organisation ermöglichen, beispielsweise Teamtage oder Klausurtagungen, in denen der Punkt Kultur auf der Agenda steht.

Die Kultur in einer Organisation beeinflusst also maßgeblich das Verhalten und Wohlbefinden ihrer Mitarbeitenden. Gleichzeitig ist sie ein entscheidender Hebel für beispielsweise Produktivität, Innovationskraft, Sicherheit oder Mitarbeiterbindung. Eine wertebasierte, psychologisch sichere und fehlertolerante Kultur in Form einer Just Culture unterstützt nicht nur das tägliche Miteinander, sondern auch die Fähigkeit einer Organisation, sich mit allem, was sie ausmacht, immer wieder in Frage zu stellen und sich weiterzuentwickeln.

6.8 Zusammenfassung

In Kap. 6 wird der Blick von der einzelnen Person und der unmittelbaren Teamumgebung auf den übergeordneten Rahmen, in dem Arbeit stattfindet, geweitet: die Organisation. Der Mensch steht dabei nicht mehr nur als Individuum im Zentrum, sondern als Teil eines organisationalen Systems, das durch Strukturen, Prozesse, Kultur(en) und formale wie informelle Regeln geprägt ist. Dabei wird deutlich, dass die Anwendung psychologischen Wissens entscheidend ist, um diese systemische Einbettung zu verstehen, und um gesundheitsförderlich, entwicklungsorientiert und wirksam mit ihr umzugehen.

Organisationen sind auf eine Art formale Gebilde - gekennzeichnet von Hierarchien, Abläufen oder Stellenbeschreibungen. Sie sind jedoch vor allem *soziale Systeme* mit eigenen Dynamiken, Kommunikationsmustern und ungeschriebenen Gesetzen. Menschen bringen ihre Biografie, ihre Erwartungen, Erfahrungen und Werte mit und treffen auf eine Organisation, die ihrerseits Erwartungen, Werte und Kulturen aufweist. Dieses Zusammenspiel prägt das Erleben des Einzelnen in Bezug auf Gefühle wie Zugehörigkeit, Sinnhaftigkeit oder Selbstwirksamkeit.

Ein zentrales Konzept ist dabei die *Person-Organisation-Passung*: Je besser die Passung zwischen dem, was eine Person beim Eintritt in eine Organisation „mitbringt" und den organisationalen Rahmenbedingungen bis auf den Job bzw. die Arbeit heruntergebrochen, desto höher sind in der Folge Zufriedenheit, Motivation, Leistungsfähigkeit und eine langfristige Bindung an die Organisation – entlang des Mitarbeiterlebenszyklus.

Der erste Kontaktpunkt zwischen Individuum und Organisation ist häufig die *Personalauswahl*. Auf Basis einer fundierten Anforderungsanalyse lassen sich Kompetenzprofile entwickeln, die sowohl fachliche als auch persönliche Merkmale und Kompetenzen einbeziehen. Das Ziel ist dabei, Menschen finden, die nicht nur die Aufgaben erfüllen können, sondern auch zum jeweiligen sozialen Arbeitsumfeld, zur Kultur und den Werten der Organisation passen.

Dabei spielen diagnostische Verfahren, strukturierte Interviews und simulationsbasierte Methoden (z. B. Assessment Center) eine wichtige Rolle. Doch auch Intuition und „Passung auf den ersten Blick" sollten kritisch reflektiert werden – hier können oft unbewusste Vorurteile und Wahrnehmungsverzerrungen wirken.

Die ersten Wochen am neuen Arbeitsplatz sind entscheidend für die langfristige Integration. *Onboarding* wird daher als strukturierter, psychologisch fundierter Prozess definiert, dessen Ziel ist es, neue Mitarbeitende nicht nur mit Aufgaben und Abläufen vertraut zu machen, sondern auch emotional und sozial ins Team und in die jeweilige Kultur zu integrieren.

Mentoring, regelmäßige Feedbackgespräche und ein klar kommunizierter Erwartungsrahmen können diesen Übergang erleichtern. Gelingendes Onboarding erhöht nicht nur unter anderem die Leistungsfähigkeit, sondern kann auch potenzielle psychische Belastungen in der Anfangsphase reduzieren.

Personalentwicklung wird als systematischer Prozess vorgestellt, der Menschen in ihrer beruflichen und persönlichen Entwicklung begleitet. Psychologisch fundierte Personalentwicklung bezieht individuelle Bedürfnisse, Potenziale und Lernstile ebenso ein wie organisationale Ziele. Im Zentrum stehen dabei Kompetenzen – sowohl fachliche und methodische als auch soziale und persönliche.

Lernformate wie Coaching, Training-on-the-Job oder Lernplattformen entfalten nur dann Wirkung, wenn sie zu den Mitarbeitenden passen und in den Arbeitsalltag integrierbar sind. Verhaltensveränderung – ein zentrales Ziel vieler PE-Maßnahmen – gelingt besonders dann, wenn sie mit Reflexion, Feedback und positiver Verstärkung verbunden ist.

In einer sich ständig wandelnden Arbeitswelt sind Organisationen gefordert, sich regelmäßig anzupassen.

Organisationsentwicklung ist dabei ein meist langfristig angelegtes Veränderungsvorhaben, um Strukturen, Prozesse und Kultur(en) kontinuierlich zu verbessern. Psychologische Perspektiven liefern hier wertvolle Beiträge – etwa zur Motivation, zum Umgang mit Unsicherheit oder auf dem Weg zu einer lernenden Organisation.

Parallel dazu adressiert Change Management Emotionen, Ängste oder Widerstände als individuelle Begleiterscheinungen von Veränderungsgeschehen und wie der Umgang damit aktiv gestaltet werden kann. Erfolgreiches Change Management berücksichtigt dementsprechend Themen wie Beteiligung der vom Wandel Betroffenen, Kommunikation, Sinnvermittlung oder psychologische Sicherheit.

Den Abschluss bildet die Organisationskultur, die oft unsichtbar, aber hochwirksam als eine Art „Betriebssystem" bzw. DNA von Organisationen gelten kann. Am Beispiel der Just Culture wird aufgezeigt, dass eine Kultur, die Offenheit, Lernbereitschaft und Fehlertoleranz fördert, sich direkt auf psychisches Wohlbefinden, Innovationsfähigkeit und eine konstruktive Teamdynamik auswirkt.

Literatur

Allen, T. D., Eby, L. T., Poteet, M. L., Lentz, E., & Lima, L. (2004). Career benefits associated with mentoring for protégés: A meta-analysis. *Journal of Applied Psychology, 89*(1), 127–136.

Ashforth, B. E., Sluss, D. M., & Saks, A. M. (2007). Socialization tactics, proactive behavior, and newcomer learning: Integrating socialization models. *Journal of Vocational Behavior, 70*(3), 447–462. https://doi.org/10.1016/j.jvb.2007.02.001

Baldwin, T. T., & Ford, J. K. (1988). Transfer of training: A review and directions for future research. *Personnel Psychology, 41*(1), 63–105.

Bauer, T. N., & Erdogan, B. (2011). Organizational socialization: The effective onboarding of new employees. In S. Zedeck (Hrsg.), *APA handbook of industrial and organizational psychology (Vol. 3, pp. 51–64)*. American Psychological Association.

Beer, M., & Nohria, N. (2000). Cracking the code of change. *Harvard Business Review, 78*(3), 133–141.

Brinkmann, R. (2014). *Angewandte Gesundheitspsychologie*. Pearson.

Burke, L. A., & Hutchins, H. M. (2007). Training transfer: An integrative literature review. *Human Resource Development Review, 6*(3), 263–296.

Costa, P. T., Jr., & McCrae, R. R. (2008). The revised NEO personality inventory (NEO-PI-R). In G. J. Boyle, G. Matthews, & D. H. Saklofske (Hrsg.), *The SAGE handbook of personality theory and assessment, Bd. 2. Personality measurement and testing* (S. 179–198). Sage Publications, Inc. https://doi.org/10.4135/9781849200479.n9

Dekker, S. (2016). *Just culture: Restoring trust and accountability in your organization* (3. Aufl.). Routledge.

Edmondson, A. C. (1999). Psychological safety and learning behavior in work teams. *Administrative Science Quarterly, 44*(2), 350–383. https://doi.org/10.2307/2666999

Edwards, J. R. (1991). Person-job fit: A conceptual integration, literature review, and methodological critique. In C. L. Cooper & I. T. Robertson (Hrsg.), *International review of industrial and organizational psychology* (Bd. 6, S. 283–357). John Wiley & Sons.

Erpenbeck, J., & Rosenstiel, L. v. (2007). *Handbuch Kompetenzmessung*. Schäffer-Poeschel.

Flanagan, J. C. (1954). The critical incident technique. *Psychological Bulletin, 51*(4), 327–358. https://doi.org/10.1037/h0061470

Fleishman, E. A., & Reilly, M. E. (1992). *Handbook of human abilities: Definitions, measurements, and job task requirements*. Consulting Psychologists Press.

French, W. L., & Bell, C. H. (1999). *Organization Development: Behavioral Science Interventions for Organization Improvement* (6. Aufl.). Prentice Hall.

French, W. L., Bell, C. H., & Zawacki, R. A. (2005). *Organization development and transformation: Managing effective change* (6. Aufl.). McGraw-Hill.

Hossiep, R., & Paschen, M. (2003). *Das Bochumer Inventar zur berufsbezogenen Persönlichkeitsbeschreibung (BIP)* (2., überarb. Aufl.). Hogrefe.

Hurrelmann, K., Richter, M., Klotz, T., & Stock, S. (2018). *Referenzwerk Prävention und Gesundheitsförderung* (5. Aufl.). Hogrefe.

Jordan, U., Külpp, B., & Bruckschen, I. (2012). *Das erfolgreiche Einstellungs-interview: Potenziale für morgen sicher erkennen und gewinnen*. Springer.

Kammeyer-Mueller, J. D., Wanberg, C. R., Rubenstein, A. L., & Song, Z. (2013). Support, undermining, and newcomer socialization: Fitting in during the first 90 days. *Academy of Management Journal, 56*(4), 1104–1124.

Kanning, U. P. (2019). *Standards der Personaldiagnostik. Personalauswahl professionell gestalten* (2., überarb. u. erw. Aufl.). Hogrefe.

Kauffeld, S. (2018). *Arbeits-, Organisations- und Personalpsychologie für bachelor*. Springer.

Kirkpatrick, D. L. (1994). *Evaluating training programs*. Berrett-Koehler Publishers.

Kirkpatrick, J. D., & Kirkpatrick, W. K. (2016). *Kirkpatrick's four levels of training evaluation*. ASTD Press.

Klein, H. J., & Polin, B. (2012). Are organizations on board with best practices onboarding? In C. R. Wanberg (Hrsg.), *The Oxford handbook of organizational socialization* (S. 267–287). Oxford University Press.

Korte, R., & Lin, S. (2013). Getting on board: Organizational socialization and the contribution of social capital. *Human Relations, 66*(3), 407–428.

Kossek, E. E., Valcour, M., & Lirio, P. (2014). The sustainable workforce: Organizational Strategies for Promoting Work–Life Balance and Wellbeing. In Chen, P.Y. & Cooper, C.L. (Hrsg.), Wellbeing: A complete reference guide, work and wellbeing, *Bd.* III (S. 295–319). Wiley-VCH.

Kotter, J. P. (1996). *Leading change.* Harvard Business School Press.

Kristof-Brown, A. L., Zimmerman, R. D., & Johnson, E. C. (2005). Consequences of individual's fit at work: A meta-analysis of person-job, person-organization, person-group, and person-supervisor fit. *Personnel Psychology, 58*(2), 281–342. https://doi.org/10.1111/j.1744-6570.2005.00672.x

Lewin, K. (1947). Frontiers in group dynamics: Concept, method and reality in social science; social equilibria and social change. *Human Relations, 1*(1), 5–41.

Mintzberg, H. (1979). *The structuring of organizations: A synthesis of the research.* Prentice Hall.

Nijstad, B. A., & Van Knippenberg, D. (2014). Gruppendynamik. In K. Jonas, W. Stroebe, & M. Hewstone (Hrsg.), *Sozialpsychologie* (6. Aufl., S. 439–467). Springer.

Reason, J. (2000). Human error: Models and management. *BMJ, 320*(7237), 768–770. https://doi.org/10.1136/bmj.320.7237.768

Reason, J. (1997). *Managing the risk of organizational accidents.* Ashgate.

Robertson, I. T., & Smith, M. (2001). Personnel selection. *Journal of Occupational and Organizational Psychology, 74*(4), 441–472.

Salas, E., Tannenbaum, S. I., Kraiger, K., & Smith-Jentsch, K. A. (2012). The science of training and development in organizations: What matters in practice. *Psychological Science in the Public Interest, 13*(2), 74–101.

Sackett, P. R., Zhang, C., Berry, C. M., & Lievens, F. (2021). Revisiting meta-analytic estimates of validity in personnel selection. *Journal of Applied Psychology, 106*(7), 1115–1135.

Schein, E. H. (2004). *Organizational culture and leadership* (3. Aufl.). John Wiley & Sons.

Schleidt, B. (2018a). Personalentwicklung. In R. Brinkmann (Hrsg.), Angewandte Wirtschaftspsychologie (S. 253–294). Pearson.

Schleidt, B. (2018b). Psychologie sicheren Handelns bei der Arbeit. In R. Brinkmann (Hrsg.), *Angewandte Wirtschaftspsychologie* (S. 417–447). Pearson.

Schleidt, B. (2018c). Organisationsentwicklung. In R. Brinkmann (Hrsg.), *Angewandte Wirtschaftspsychologie* (S. 501–520). Pearson.

Schleidt, R. (2009). Kompetenzen für Ingenieure in der unternehmensübergreifenden virtuellen Produktentwicklung. Dissertation. In M. Eigner (Hrsg.), *Schriftenreihe VPE. Technische Universität Kaiserslautern*, Bd. 7.

Schuler, H. (2006). Arbeits- und Anforderungsanalyse. In H. Schuler (Hrsg.), *Lehrbuch der Personalpsychologie* (2. Aufl., S. 45–68). Hogrefe.

Streich, R. K. (1997). Veränderungsprozessmanagement. In M. Reiß, L. v. Rosenstiel, & A. Lanz (Hrsg.), *Change management* (S. 237–254). Schäffer-Poeschel.

Ulich, E. (2011). *Arbeitspsychologie* (7. Aufl.). Schäffer-Poeschel.

Ulich, E. (1997). Mensch, Technik, Organisation: ein europäisches Produktionskonzept. In O. Strohm & E. Ulich (Hrsg.) *Unternehmen arbeitspsychologisch bewerten* (S. 5–17). Schriftenreihe Mensch – Technik – Organisation. Bd. 10. vdf Hochschulverlag AG an der ETH Zürich.

Van Maanen, J., & Schein, E. H. (1979). Toward a theory of organizational socialization. *Research in Organizational Behavior, 1*, 209–264.

Wilson, M. A. (2007). A history of job analysis. In L. L. Koppes (Hrsg.), *Historical perspectives in industrial and organizational psychology* (S. 219–241). Lawrence Erlbaum Associates Publishers.

World Health Organization. (2010). *Healthy workplaces: A model for action.* Geneva: WHO Press. https://iris.who.int/bitstream/handle/10665/44307/9789241599313_eng.pdf?sequence=1. Zugegriffen: 23. Mai 2025.

FSC
www.fsc.org
MIX
Papier | Fördert
gute Waldnutzung
FSC® C083411

Kolibri 360 GmbH
Ferdinand-Jühlke-Straße 7
99095 Erfurt, Deutschland
produktsicherheit@kolibri360.de